PLC 应用技术:三菱 FX2N 系列

主编　周永坤

图书在版编目(CIP)数据

PLC应用技术：三菱FX2N系列 / 周永坤主编. —杭州：浙江大学出版社，2017.5

ISBN 978-7-308-16479-5

Ⅰ.①P… Ⅱ.①周… Ⅲ.①PLC技术 Ⅳ.①TM571.6

中国版本图书馆CIP数据核字(2016)第292112号

PLC应用技术：三菱FX2N系列

周永坤 主编

责任编辑 王元新
责任校对 汪淑芳 刘 郡 余梦恬
封面设计 杭州林智广告有限公司
出版发行 浙江大学出版社
(杭州市天目山路148号 邮政编码310007)
(网址：http://www.zjupress.com)
排 版 浙江时代出版服务有限公司
印 刷 嘉兴华源印刷厂
开 本 787mm×1092mm 1/16
印 张 17
字 数 424千
版 印 次 2017年5月第1版 2017年5月第1次印刷
书 号 ISBN 978-7-308-16479-5
定 价 37.00元

浙江大学出版社发行中心联系方式 (0571)88925591；http://zjdxcbs.tmall.com

前　言

随着自动化技术的飞速发展，作为典型的现代工业控制器件——PLC，在国外先进工业国家中，早已被定义为工业自动化的三大支柱之一。目前，PLC技术已在制造业、化工、纺织、冶金等领域得到广泛应用。

可编程逻辑控制器(PLC)，是采用计算机技术的通用自动化控制装置，经历40多年的发展，其功能已得到不断加强和完善，现已成为一种最重要、最普及、应用场合最广的工业控制器。为了职业的需求，并结合多年的教学和工程实践经验，选择了功能较为齐全、具有一定代表性的日本三菱FX_{2N}系列的PLC为蓝本，编写了本教材。本教材根据高职高专培养应用型技术人才的特点，并按照“工、学、教、做”为一体的教学模式编写。

本教材以PLC在实际生产中应用的任务驱动为主线，体现“以能力培养为核心，以实践教学为主，理论教学为辅”的教学新思路，坚持“理、实一体化”的原则，加强理论与实践的结合。

站在技术发展的前沿，注重对学生新技术应用能力的培养，以实现学校和企业的无缝对接。本教材以17个任务为切入点，把相关知识融合在任务实施的过程中，每个任务由任务目标、任务描述、任务实施、知识链接、思考练习等几个环节组成。理论部分以知识链接方式编排，体现了当前任务理论知识的系统性和连贯性；实践教学部分以任务为模块，按照基本指令、顺序功能(SFC)、功能指令等技能形成的顺序编排，符合技能的学习规律；在此基础之上，每个任务的知识链接将举例说明与任务相近的PLC程序应用，方便编程练习时参考。

本教材由浙江工业职业技术学院周永坤担任主编，吴思俊、胡敏、林嵩参与编写，在编写过程中得到浙江天煌科技实业有限公司的支持和指导，在此表示衷心感谢。

本教材在编写过程中参考了许多相关图书和论文资料，在此特向这些文献资料的作者致以真挚的谢意！

由于编者水平有限，书中难免存在错误和不当之处，敬请来信(zhouyongkun@163.com)批评指正。

编　者

2016年8月

目　录

任务一　认识 PLC

➢ 任务目标

1. 了解可编程序控制器(PLC)的产生背景、发展过程及其在企业自动控制领域中的应用现状。

2. 理解 PLC 的定义、分类及特点,掌握 PLC 的组成及工作原理。

3. 学会用 PLC 基本指令进行简单编程。

➢ 任务描述

阅读能力训练环节一

常见的几种可编程序控制器(PLC)如图 1-1 所示。

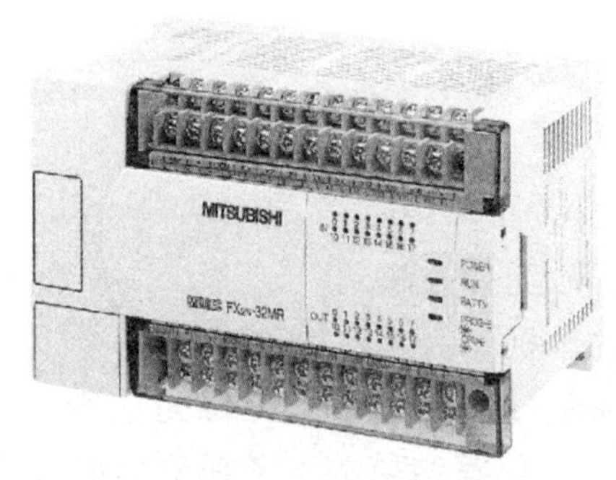

三菱 FX_{2N} 系列

西门子 S7-300 系列

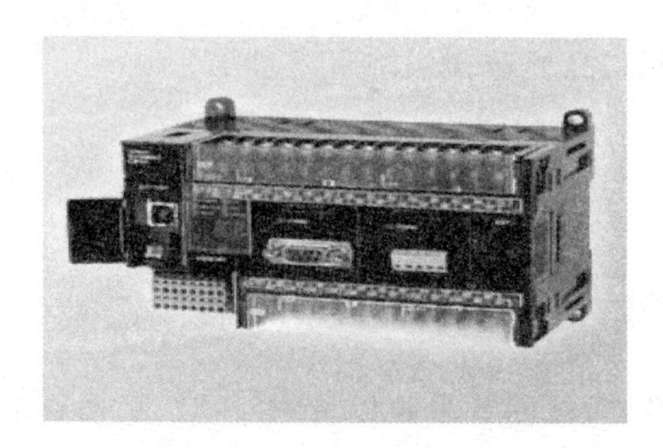

欧姆龙 CPH 系列

通用电气公司 90-30 模块式 PLC

图 1-1　常见的几种可编程序控制器

任务要求:了解本课程的性质、内容、任务及学习方法,了解可编程序控制器(PLC)的产生背景,理解 PLC 的定义、分类、特点、应用范围及技术指标,并进一步学习 PLC 的结构和工作原理。

(1)通过查阅资料了解 PLC 的产生背景及其发展过程。

(2)搜集市场上起主导地位的 PLC 的品牌、分类、系列、型号并配有相关图片。

(3)分析三种以上市场上常用 PLC 的性价比。

(4)理解并掌握 PLC 的定义、特点。

(5)了解 PLC 结构及规模上的分类。

(6)按照上述任务要求,独立咨询相关信息,通过搜集、整理、提炼完成表 1-1 至表 1-4的知识填写训练,重点研究表 1-4 的相关内容,填写结果的参考评分标准如表 1-13 所示。

(7)职业核心能力训练目标:提高自主学习、信息处理、数字应用等能力。

(8)工时:90 分钟,每超时 5 分钟扣 5 分。

(9)配分:本任务满分为 100 分,比重为 30%。

阅读能力训练环节二

任务要求:理解并掌握 PLC 的结构组成及工作原理;了解 PLC 常用的四种编程语言的特点;熟悉 FX 系列 PLC 的编程元件。

(1)理解并掌握 PLC 的硬件组成及工作原理。

(2)熟悉目前常用的四种编程语言,即梯形图编程、指令表编程、状态功能图编程及逻辑功能图编程,并比较各种方法的优、缺点。

(3)了解 FX_{2N}系列 PLC 的特点、型号与规格。

(4)了解 PLC 内部的编程“软元件”的名称、代号、元件分配。

(5)比较 PLC 控制系统与继电接触控制系统的区别。

(6)按照上述任务要求,独立咨询相关信息,通过搜集、整理、提炼完成表 1-6 至表 1-10的知识填写训练,重点研究表 1-6 的相关内容,填写结果的参考评分标准如表 1-13 所示。

(7)职业核心能力训练目标:提高自主学习、信息处理、数字应用等能力。

(8)工时:120 分钟,每超时 5 分钟扣 5 分。

(9)配分:本任务满分为 100 分,比重为 50%。

职业核心能力训练环节

以小组为单位总结以上两个任务的实施经验,并回答教师提出的问题。汇报要求如下:

(1)汇报小组成员及其分工,如图 1-2 所示。

(2)汇报的格式与内容要求：

①汇报用 PPT 的第一页结构如图 1-2 所示。

②汇报用 PPT 的第二页提纲的结构如图 1-3 所示。

③PPT 的背景图案不限，以字体与图片醒目、主题突出，字体颜色与背景颜色对比适当，视觉舒服为准。

④汇报内容由各小组参照汇报提纲自拟。

图 1-2 汇报用 PPT 格式第一页结构

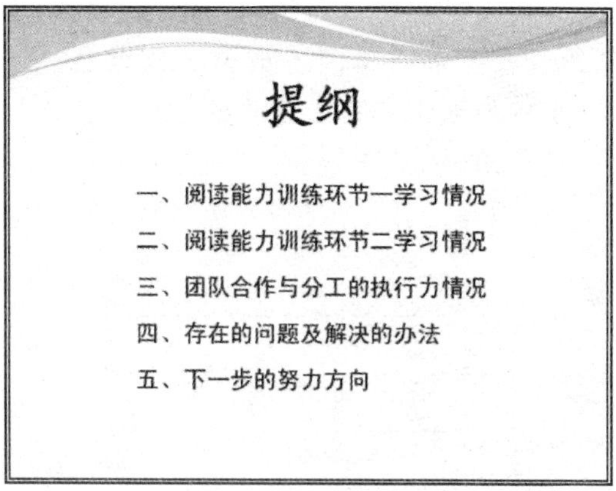

图 1-3 汇报用 PPT 格式第二页提纲的结构

(3)汇报要求：声音洪亮、口齿清楚、语句通顺、体态自然、视觉交流、精神饱满。

(4)职业核心能力训练目标：通过本任务的训练提升各小组成员与人交流、与人合作、解决问题等社会能力，以及提高自我学习、信息处理、数字应用等能力。

(5)企业文化素养目标：自查 6S 执行力。

(6)工时：汇报用时每小组 5 分钟；学生点评用时每小组 1～2 分钟；教师点评用时 15 分钟以上(包含学生学习过程中共性问题的讲解时间)。

(7)评价标准：如表 1-14 至表 1-17 所示。

(8)配分：本任务满分为 100 分，比重为 20%。

➢ 任务实施

一、训练器材

图书馆资料、网络、教师提供资料、PLC 实训室设备、计算机、投影仪、激光笔、翻页笔、一体化教室。

二、预习内容

1. 复习继电器和接触器等常用控制电器的电气结构、动作原理及用途用法。

2. 预习【知识链接】内容。

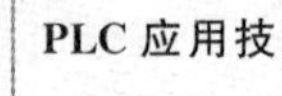

三、训练步骤

“阅读能力训练环节一”训练步骤

1. 对“阅读能力训练环节一”的要求进行简要说明后进行分组，并分配组内各成员的角色（各角色应进行轮换，以保证每个成员能在不同的岗位上体验工作过程），选举产生的组长按要求给组内各成员分配任务，并分头行动，按规定的时间及预定目标完成搜集、整理与编辑工作。工作流程如下：

（1）明确“阅读能力训练环节一”的要求。

（2）分组、分配角色，并填写具体分工表1-1。

表1-1　组别：第一组

序号	姓名	角色（可自拟）	任务分工
1	张三	主讲员	
2	李四	编辑员	
3	王五	点评员	
4	赵六	信息员（组长）	

（3）按照任务分工，各组通过多种途径和方法搜集、归纳并编辑所需资料，完成表1-2至表1-4的填写。本任务建议利用课余时间完成。

（4）全组成员集中，将表格填写过程中存在的问题进行收集、梳理与讨论，提出解决方案，确定问题的解决办法，同时考虑编辑本任务的PPT文件，准备用于学习成果的汇报。注意在汇报中搜集、整理本组学习过程中的创新点与闪光点。

表1-2　“阅读能力训练环节一”信息填写

<table>
<tr><th colspan="3">填写要求</th><th>将合理的答案填入相应栏目</th><th>扣分</th><th>得分</th></tr>
<tr><td rowspan="2">了解PLC的产生背景及发展过程</td><td colspan="2">背景</td><td></td><td></td><td rowspan="2"></td></tr>
<tr><td colspan="2">发展</td><td></td><td></td></tr>
<tr><td rowspan="5">理解并掌握PLC的定义、特点</td><td colspan="2">定义</td><td></td><td></td><td rowspan="5"></td></tr>
<tr><td colspan="2">特点</td><td></td><td></td></tr>
<tr><td colspan="2">应用场合</td><td></td><td></td></tr>
<tr><td rowspan="2">分类</td><td>按结构分</td><td></td><td></td></tr>
<tr><td>按规模分</td><td></td><td></td></tr>
</table>

续表

填写要求		将合理的答案填入相应栏目			扣分	得分
了解目前市场上起主导地位的 PLC 产品	产品照片（占市场份额的 2/3）	知名品牌	型号	产品照片		
		西门子（SIEMENS）公司 PLC（德国）				
		A-B（Allen&Bradly）公司 PLC（美国）				
		施耐德（Schneider）公司 PLC（法国）				
		三菱（MITSUBISHI）公司 PLC（日本）				
		立石（OMRON）公司 PLC（日本）				
初步认知三菱 FX_{2N} 系列 PLC		看到的实物型号	型号含义	照片		

表 1-3　三种以上常用 PLC 的性价比

比较对象	三种品牌的小型 PLC 性价比		
	型号	性能	价格/元

表 1-4　信息获取方式自查

手段/%	整段复制	
	逐字录入	
	软件绘制	
	电脑编辑	
来源/%	网络查询	
	书籍查询	
	咨询教师	
	咨询同学	
	其他	

2. 指定的任务工时到点后，各小组停止任何学习活动，进入本任务的学习效果评价阶段，待指导教师对各小组的“阅读能力训练环节一”进行评价后，各小组成员简要小结

本环节的训练经验并将其填入表1-5中，进入阅读能力训练环节二。

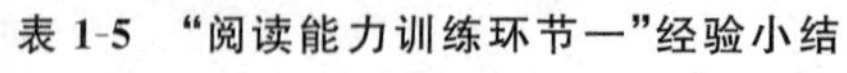
表1-5 “阅读能力训练环节一”经验小结

“阅读能力训练环节二”训练步骤

1. 根据“阅读能力训练环节二”中的要求，继续采用“阅读能力训练环节一”中的方法，对PLC的组成、原理、工作过程、编程语言，以及对FX_{2N}系列PLC特点、型号、内部元件等进行了解和学习，为任务二的开展打下基础。工作流程如下：

(1)明确“阅读能力训练环节二”的要求。

(2)按照前面的分组，重新分配角色，具体分工表参照表1-1。

(3)根据分工，参照“阅读能力训练环节一”中方法搜集所需资料，并按要求进行整理，完成表1-6至表1-10的填写。本任务建议利用课余时间完成。

表1-6 PLC的工作原理学习

学习要求		将合理的答案填入相应栏目			扣分	得分
掌握PLC的工作原理	PLC硬件组成	PLC硬件组成的框图				
		硬件各部分主要功能	中央处理器			
			存储器			
			输入接口			
			输出接口			
			通信接口			
			内部电源			
	PLC的软件组成	系统程序的组成和作用				
		应用程序				

续表

<table>
<tr><td colspan="2">学习要求</td><td colspan="3">将合理的答案填入相应栏目</td><td>扣分</td><td>得分</td></tr>
<tr><td rowspan="13">掌握 PLC 的工作原理</td><td rowspan="4">PLC 的常用外设</td><td colspan="2">控制用 I/O 设备</td><td></td><td rowspan="4"></td><td rowspan="4"></td></tr>
<tr><td colspan="2">现场操作/显示设备</td><td></td></tr>
<tr><td colspan="2">编程/调试设备</td><td></td></tr>
<tr><td colspan="2">数据输入/输出设备</td><td></td></tr>
<tr><td rowspan="4">PLC 的等效工作电路及各部分含义</td><td colspan="2">PLC 的等效工作电路</td><td></td><td rowspan="4"></td><td rowspan="4"></td></tr>
<tr><td rowspan="3">各部分含义</td><td>输入电路</td><td></td></tr>
<tr><td>内部控制</td><td></td></tr>
<tr><td>输出电路</td><td></td></tr>
<tr><td rowspan="4">PLC 的输入/输出接口电路</td><td colspan="2" rowspan="2">输入接口电路图及特点</td><td></td><td rowspan="4"></td><td rowspan="4"></td></tr>
<tr><td>含义：</td></tr>
<tr><td colspan="2" rowspan="2">输出接口电路图及特点</td><td></td></tr>
<tr><td>含义：</td></tr>
<tr><td colspan="3">PLC 的工作过程</td><td></td><td></td><td></td></tr>
</table>

表 1-7　PLC 常见的编程语言

<table>
<tr><td colspan="2">特点</td><td>将合理的答案填入相应栏目</td><td>扣分</td><td>得分</td></tr>
<tr><td rowspan="3">PLC 的编程语言</td><td>梯形图编程的特点</td><td></td><td></td><td rowspan="3"></td></tr>
<tr><td>指令表编程的特点</td><td></td><td></td></tr>
<tr><td>状态功能图编程的特点</td><td></td><td></td></tr>
</table>

表 1-8　FX_{2N} 系列 PLC 的特点、型号与规格

<table>
<tr><td colspan="2">要求</td><td>将正确的答案填入相应栏目</td><td>扣分</td><td>得分</td></tr>
<tr><td rowspan="4">FX_{2N} 系列 PLC 的特点、型号与规格</td><td>主要特点</td><td></td><td></td><td rowspan="4"></td></tr>
<tr><td>基本单元的型号及规格</td><td></td><td></td></tr>
<tr><td>扩展单元的型号及规格</td><td></td><td></td></tr>
<tr><td>扩展模块的型号及规格</td><td></td><td></td></tr>
</table>

表 1-9 了解 FX_{2N} 系列 PLC 内部的编程软元件

要求		分类	字母代号	元件范围	扣分	得分
了解 PLC 内部的编程软元件	输入继电器					
	输出继电器					
	辅助继电器					
	状态寄存器					
	定时器					
	计数器					
	数据寄存器					
	指针					
	常数					

表 1-10 PLC 控制系统与继电接触器控制系统比较

项目	PLC 控制系统	继电接触器控制系统	扣分	得分
控制逻辑				
工作方式				
可靠性和可维护性				
控制速度				
定时控制				
设计和施工				

2. 指定的任务工时到点后，各小组停止任何学习活动，进入本任务的学习效果评价阶段，待指导教师对各小组的“阅读能力训练环节二”进行评价后，各小组成员简要小结本环节的训练经验并将其填入表 1-11 中，进入职业核心能力训练环节。

表 1-11 “阅读能力训练环节二”经验小结

“职业核心能力训练环节”训练步骤

1. 以小组为单位，集中整理前两个训练环节中的学习内容，简要写出查找、搜集、整理、学习 PLC 基础知识的经验总结报告，进行经验交流。（目的是分享经验、分享成果、发现问题、提高水平、完善自我、增强团队意识、提高协作能力与写作水平、提高语言表达

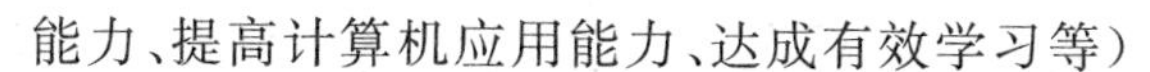
能力、提高计算机应用能力、达成有效学习等）

2. 经验交流的汇报内容及要求参见“职业核心能力训练环节”的任务要求。

3. 利用课余时间完成 PPT 汇报内容的制作，按照教师指定的汇报开始时间进行汇报。各汇报人与点评人要注意表述时间的控制能力锻炼，做好汇报前的预演练。

4. 评价过程的组织，提供以下两种方案供各校自选。

方案一：小组汇报（5 分钟）⟶其余小组点评（1 分钟）⟶教师评价（15 分钟）；下一小组汇报（5 分钟）⟶其余小组点评（1 分钟）⟶教师评价（15 分钟）……直至全部汇报结束。

方案二：全部小组依次汇报（5 分钟×小组数）⟶其余小组点评（1 分钟×小组数）⟶教师评价（15 分钟×小组数）。

5. 评价方式：本任务训练环节的评价采用多元评价方式，即自我评价与互相评价相结合，学生评价与教师评价相结合，定性评价与定量评价相结合。

6. 汇报与点评人员的选派代表由各组组长负责落实，要求每位学生轮流进行汇报或点评不同的任务训练环节。

7. 评价标准：如表 1-14 至表 1-17 所示。评价完毕由第一小组负责计算与登记各学生在职业核心能力训练环节的成绩。

➢ 任务评价

1. 阅读能力训练环节一、二的评价标准如表 1-12 所示。

表 1-12　阅读能力训练环节一、二的评价标准

序号	主要内容	考核要求及评分标准	配分	扣分		得分	
				一	二	一	二
1	资讯与计划	1. 明确任务要求，能独立进行信息资讯的整理和学习计划的制订，有每日学习计划；否则，酌情扣 2～6 分 2. 分解的学习目标制定合理，重点突出，任务安排体现重要与紧急四象限坐标原则；否则，酌情扣 2～6 分 3. 明确各知识点的难易程度和重要程度，合理地分配学习时间；否则，酌情扣 2～6 分 4. 明确现有的学习资源，能充分利用现有的学习资源；否则，酌情扣 2～6 分	30				
2	决策与实施	1. 能较快地对任务的实施计划进行决策，行动计划落实到位；否则，酌情扣 2～6 分 2. 使用不同的行动方式进行学习，任务实施果断，时间利用效率高；否则，酌情扣 2～6 分 3. 能排除学习干扰，学会自我监督与控制；不能将主要精力投入到学习中，自我监控能力弱，学习成效低，任务完成较差，扣 5～10 分 4. 独立将所搜集资料按要求分类、整理，并完成 Word 表格填写；任务完成量少，学习自觉性不高，扣 2～6 分	30				

续表

序号	主要内容	考核要求及评分标准		配分	扣分		得分	
					一	二	一	二
3	检查与评价	1.团队学习过程专门安排时间讨论、检查各自学习结果的正确性,能统一学习成果。对不同的意见能通过其他途径加以解决。没有安排团队讨论与学习检查,扣10分 2.独立进行任务的深入学习,能基本完成学习目标;根据任务完成情况,酌情扣2～10分 3.能对任务实施之后的自我学习效果做正确评价;对存在的问题有相应的解决对策,面对问题积极乐观;否则,酌情扣5～10分 4.按照自己制订的学习计划创新性地开展学习,团队协作效果好,学习成效显著;否则,酌情扣5～10分		40				
安全文明生产		遵守实训室规章制度,执行6S管理;违者酌情扣2～20分(实行倒扣分)	合计	100				

注意:此表的设置侧重对学生学习能力的评价,对任务中要求填写的表格,如表1-2至表1-4及表1-6至表1-10的内容填写的正确与错误的程度不做直接的评述,只作为学生学习能力与学习态度评价的参考因素。主要采取学生自检与互检的方式来判断表格填写的正确性,由学生在团队学习过程中相互讨论来得出相关知识提炼与总结的正确率。

2.职业核心能力训练评价标准如表1-13所示。

表1-13 职业核心能力评价标准

组别	与人交流能力(20分)	与人合作能力(20分)	数字应用能力(10分)	自我学习能力(20分)	信息处理能力(10分)	解决问题能力(10分)	创新能力(10分)	总评
第一组								
第二组								

注:(1)表1-13中职业核心能力分七个评价指标的配分仅供参考,教师可根据实际情况有侧重地进行配分。

(2)表1-13在使用过程中建议参照表1-14至表1-17进行。

表 1-14　“PLC 应用技术”一体化实训课程职业核心能力评价(学生用)

任务一　认识PLC —— 职业核心能力评价标准

评价小组：__________；　点评员签名：__________；评价时间：__________

组别		与人交流能力 配分20分	与人合作能力 配分20分	数字应用能力 配分10分	自我学习能力 配分20分	信息处理能力 配分10分	解决问题能力 配分10分	创新能力 配分10分	总评
第一组	此处填写主讲员姓名								
第二组									
第三组									
第四组									
第五组									
第六组									

注：此表分发给各学习小组，由小组推荐一名点评员负责对各小组的汇报结果进行评价。

表 1-15　“PLC 应用技术”一体化实训课程职业核心能力总评(学生用)

任务一　认识PLC——职业核心能力评价标准

统计与结算小组：__________；　组长签名：__________；统计与结算时间：__________

组别	第一组评价	第二组评价	第三组评价	第四组评价	第五组评价	第六组评价	总评
第一组总评							
第二组总评							
第三组总评							
第四组总评							
第五组总评							
第六组总评							

注：此表由各小组轮流进行统计，由组长负责审核，统计结果交给任课教师。

表 1-16 "PLC 应用技术"一体化实训课程职业核心能力评价(教师用)

任务一 认识PLC —— 职业核心能力评价标准

评价教师签名：___________；评价时间：_______________

组别		与人交流能力配分20分	与人合作能力配分20分	数字应用能力配分10分	自我学习能力配分20分	信息处理能力配分10分	解决问题能力配分10分	创新能力配分10分	点评员姓名	合计得分
第一组	此处填写主讲员姓名									
第二组										
第三组										
第四组										
第五组										
第六组										

注：此表由 1～2 位任课教师填写，通常一体化实训教学要求配备 2 名教师。表格填写完毕后交给统计分数的小组统计各小组的职业核心能力总分。

表 1-17 "PLC 应用技术"一体化实训课程职业核心能力综合评价

任务一 认识PLC —— 职业核心能力评价标准

统计与结算小组：___________；组长签名：___________；统计与结算时间：_______________

组别	学生评价(占30%)		教师评价70%					总评
	各组总评	×30%	×××老师	×50%	×××老师	×50%	小计	
第一组总评								
第二组总评								
第三组总评								
第四组总评								
第五组总评								
第六组总评								

注：此表由各小组轮流进行统计，由组长负责审核，统计结果交给任课教师。

个人单项任务总分评定建议：

单项任务总评成绩＝阅读能力训练环节一(30%)＋阅读能力训练环节二(50%)＋职业核心能力训练环节(20%)。个人单项任务总分评定表如表 1-18 所示。

表 1-18　个人单项任务总评成绩表

阅读能力成绩(配分 80%)		职业核心能力成绩	单项任务总评成绩
阅读能力训练环节一	阅读能力训练环节二		
30%	50%	20%	

➢ 知识链接

一、PLC 的产生和应用

可编程序控制器(PLC)是在传统的顺序控制的基础上引入了微电子技术、计算机技术、自动控制技术和通信技术而形成的一代新型工业控制装置，现已广泛用于工业控制的各个领域。

(一)PLC 的产生

从 20 世纪 20 年代起，人们使用继电接触器控制系统，它结构简单，价格便宜，便于掌握，但也存在明显的缺点，如设备体积大，可靠性差，动作速度慢，功能少，通用性和灵活性差。

20 世纪 60 年代末期，美国的汽车制造业竞争激烈，产品更新周期越来越短，因此对生产流水线的自动控制系统更新也越来越频繁，原来的继电器控制需要经常地重新设计和安装，从而延缓了新款汽车的更新时间。人们希望能有一种通用性和灵活性较强的控制系统来替代原有的继电器控制系统。

1968 年，美国通用汽车公司首先提出将继电接触器控制系统简单易懂、使用方便、价格低廉的优点，与计算机功能完善、灵活性和通用性好的优点结合起来，将继电接触器控制的硬连线逻辑转变为计算机的软件逻辑编程的设想。1969 年，美国数字设备公司根据这些要求研制开发出世界上第一台可编程序控制器 PDP-14，并在通用汽车(GM)公司生产线上首次应用成功。之后，世界各国，特别是日本和联邦德国也相继开发了各自的 PLC。20 世纪 70 年代中期出现了微处理器并被应用到可编程序控制器后，使 PLC 的功能日趋完善，特别是它的小型化、高可靠性和低价格，使它在现代工业控制中崭露头角。到 80 年代初，PLC 的应用已在工业控制领域中占主导地位，PLC 已经被广泛地应用到各种机械设备和生产过程的自动控制系统中。此后，PLC 在民用和家庭自动化设备等领域的应用也得到了迅速的发展。

(二)PLC 的定义

国际电工委员会(IEC)在 1987 年的 PLC 标准草案第 3 稿中，对 PLC 做了如下定义："可编程序控制器是一种数字运算操作的电子系统，专为在工业环境下应用而设计。它采用可编程序的存储器，用来在其内部存储执行逻辑运算、顺序控制、定时、计数和算术运算等操作的指令，并通过数字式、模拟式的输入和输出，控制各种类型的机械或生产过程。可编程序控制器及其有关设备，都应按易于使工业控制系统形成一个整体、易

于扩充其功能的原则设计。”

（三）PLC 的应用

PLC 的主要应用有以下几个方面：

1. 顺序控制

顺序控制是 PLC 应用最广泛的领域，也是最适合 PLC 使用的领域，用以取代传统的继电器顺序控制。PLC 可用于单机控制、多机群控、生产自动线控制等，如机床电气控制、电动机控制、注塑机控制、电镀流水线控制、电梯控制等。

2. 运动控制

PLC 制造商目前已提供了拖动步进电机或伺服电机的单轴或多轴位置控制模块。在多数情况下，PLC 把描述目标位置的数据送给模块，其输出移动轴或数轴到目标位置。每个轴移动时，位置控制模块保持适当的速度和加速度，确保运动平滑。

3. 过程控制

PLC 能控制大量的过程参数，如温度、压力、液位和速度等。PID 模块的提供使 PLC 具有闭环逻辑控制功能，当控制过程中某一变量出现偏差时，PID 控制算法会计算出正确的输出，把变量保持在设定值上。

4. 数据处理

在机械加工中，出现了把支持顺序控制的 PLC 和计算机数值控制设备紧密结合的趋向。

5. 通信网络

PLC 的通信包括 PLC 与远程 I/O 之间的通信、多台 PLC 之间的通信、PLC 与其他智能控制设备（如计算机、变频器、数控装置）之间的通信。PLC 与其他智能控制设备一起，可以组成“集中管理、分散控制”的分布式控制系统。

二、PLC 的基本结构

PLC 的种类繁多，但其基本结构和工作原理相同。PLC 的基本结构由中央处理器（CPU）、存储器、输入接口、输出接口、电源、扩展接口、编程工具、智能 I/O 接口、智能单元等组成，如图 1-4 所示。

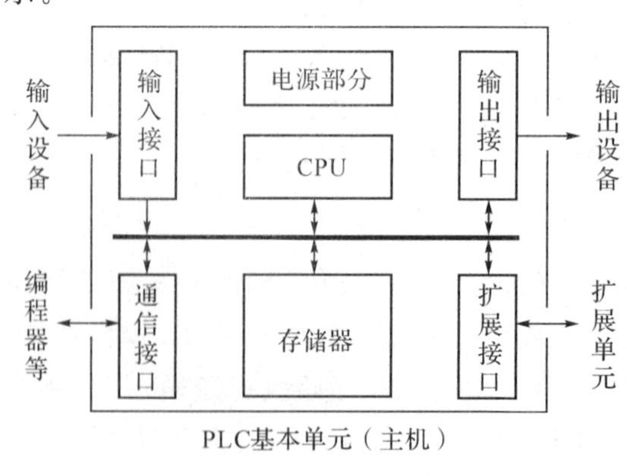

图 1-4　PLC 的结构

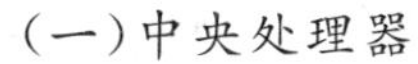

中央处理器(CPU)是 PLC 的核心，它按 PLC 中系统程序赋予的功能指挥 PLC 有条不紊地进行工作，主要作用有：

(1)接收并存储从编程器输入的用户程序和数据。

(2)诊断 PLC 内部电路的工作故障和编程中的语法错误。

(3)用扫描的方式通过 I/O 部件接收现场的状态或数据，并存入输入映像存储器或数据存储器中。

(4)PLC 进入运行状态后，从存储器中逐条读取用户指令，解释并按指令规定的任务进行数据传送、逻辑或算术运算；根据运算结果，更新有关标志位的状态和输出映象存储器的内容，再经输出部件实现输出控制、制表打印或数据通信功能。

(二)存储器

PLC 的存储器用来存放系统程序、用户程序和运行数据单元，按其作用分为系统存储器和用户存储器两部分。

1.系统存储器

系统存储器用来存放由 PLC 生产厂家编写的系统程序，用户不能直接更改。系统存储器在类型上属于只读存储器 ROM，其内容只能读出，不能写入，具有非易失性，因为它的电源断开后，仍能保存存储的内容。系统程序由以下三部分组成：

(1)系统管理程序：控制 PLC 的运行，使整个 PLC 按部就班地工作。

(2)用户指令解释程序：通过用户指令解释程序，将 PLC 的编程语言变为机器语言指令，再由 CPU 执行该指令。

(3)标准程序模块与系统调用：包括许多不同功能的子程序及其调用管理程序，如完成输入、输出及特殊运算等的子程序。

2.用户存储器

用户存储器包括用户程序存储器(程序区)和功能存储器(数据区)两部分。

(1)用户程序存储器用来存放用户针对具体控制任务而用规定的 PLC 编程语言编写的各种用户程序。

(2)功能存储器是用来存放用户程序中使用的 ON/OFF 状态、数值数据等，构成 PLC 的各种内部器件，也称“软元件”。

(三)开关量输入、输出接口

PLC 的输入接口和输出接口是 PLC 与外界的接口。输入接口用来接收和采集两种类型的输入信号，一种是开关量输入信号，另一种是模拟量输入信号。输出接口用来连接被控对象中各种执行元件。

输入接口和输出接口有数字量输入接口和输出接口以及模拟量输入接口和输出接口两种形式。数字量输入接口和输出接口的作用是将外部控制现场的数字信号与 PLC 内部信号的电平相互转换；模拟量输入接口和输出接口的作用是将外部控制现场的模拟信号与 PLC 内部的数字信号相互转换。输入接口和输出接口一般都具有光电隔离和滤波作用，以便与外部电路隔离开，提高 PLC 的抗干扰能力。

PLC 开关量输入接口有三种不同类型的电源，而其输入开关可以是无触点或传感器的集电极开路的晶体管。PLC 开关量输出接口按输出开关器件种类不同有三种形式：第一种是继电器输出型，CPU 输出时接通或断开继电器线圈，用于低速大功率交流、直流负载控制；第二种是晶体管输出型，通过光耦合使开关晶体管截止和饱和导通以控制外部电路，用于高速小功率直流负载；第三种是双向晶体管输出型，采用的是光触发型双向晶体管，仅适用于高速大功率交流负载。

(1)开关量输入接口电路如图 1-5 至图 1-7 所示。

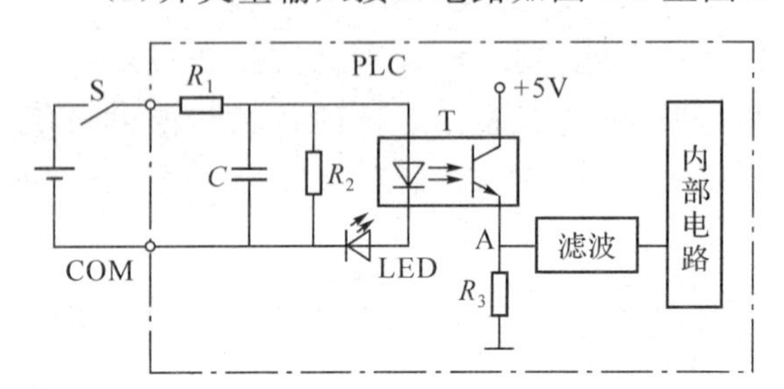

图 1-5　直流输入接口电路

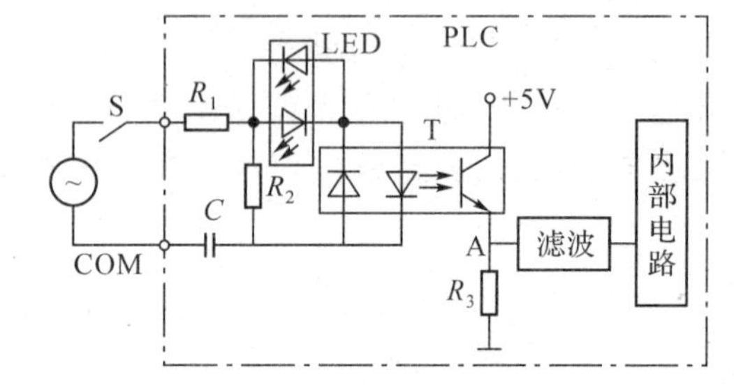

图 1-6　交流输入接口电路

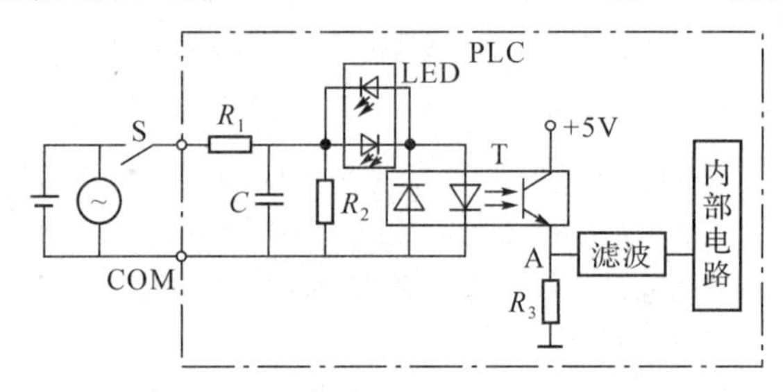

图 1-7　交、直流输入接口电路

(2)开关量输出接口电路如图 1-8 至图 1-10 所示。

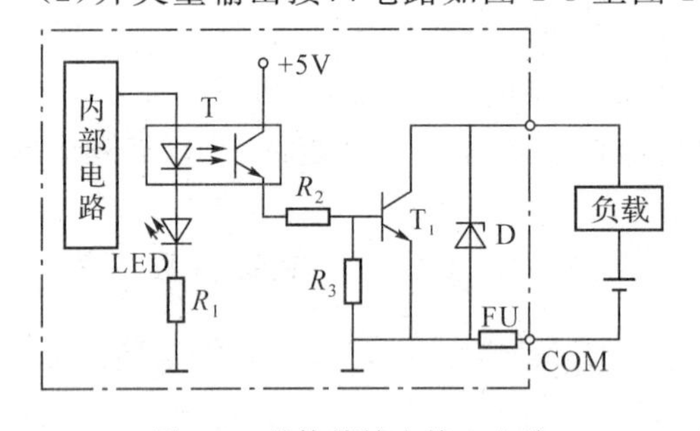

图 1-8　晶体管输出接口电路

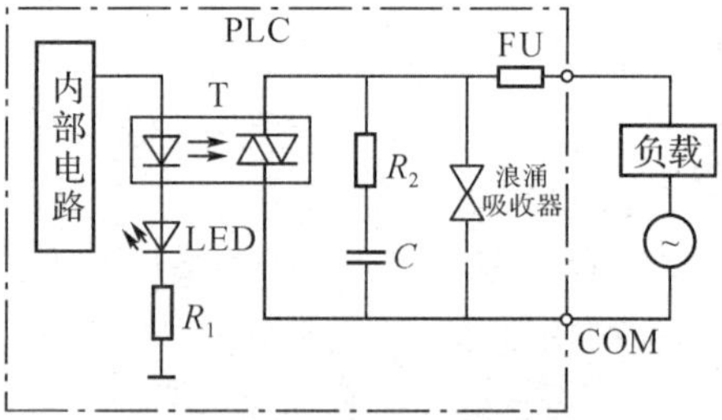

图 1-9　晶闸管输出接口电路

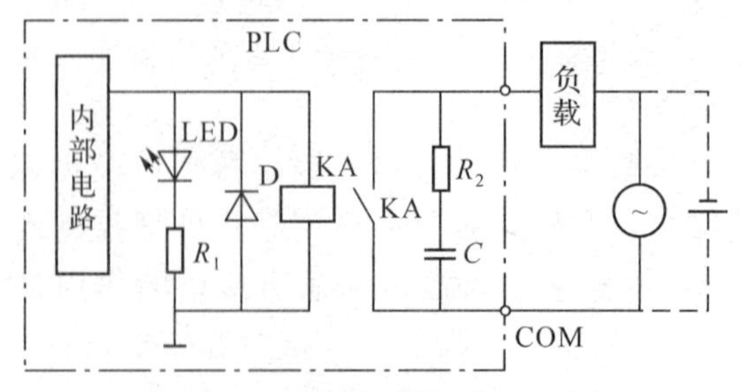

图 1-10　继电器输出接口电路

三、PLC 的工作原理

(一)可编程序控制器的工作方式与运行框图

可编程序控制器的工作方式与运行框图如图 1-11 所示。

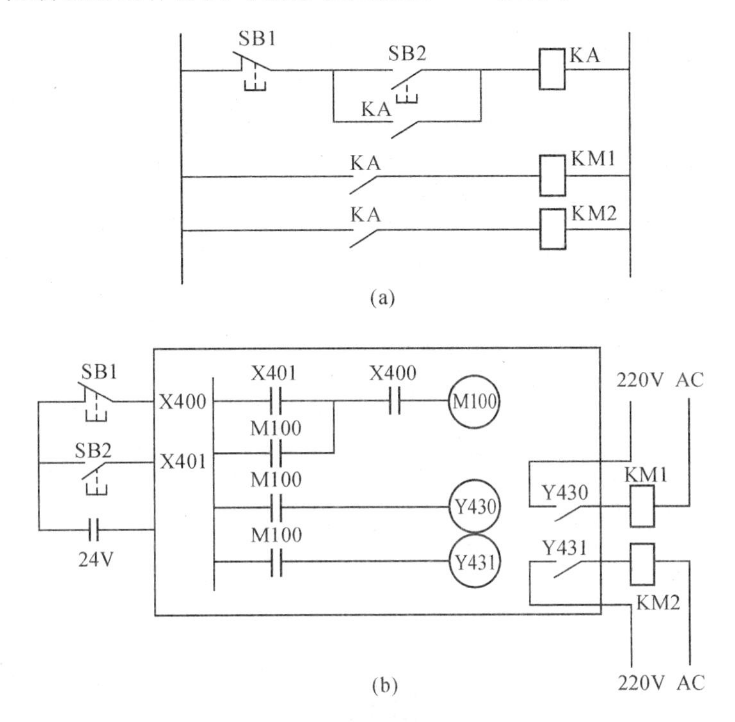

图 1-11 继电接触器控制与 PLC 控制方式比较

PLC 的工作方式是用一个不断循环的顺序扫描,每一次扫描所用的时间称为扫描周期。CPU 从第一条指令开始,按顺序逐条执行用户程序直到用户程序结束,然后返回第一条指令开始新一轮的扫描。PLC 就是这样周而复始地重复上述循环扫描工作的。

概括而言,PLC 是按集中输入、集中输出、周期性循环扫描的方式进行工作的。CPU 从第一条指令执行开始,按顺序逐条地执行用户程序直到用户程序结束,然后返回第一条指令开始新的一轮扫描。整个过程可分为三个部分(见图 1-12):

(1)上电处理。对 PLC 系统进行初始化,包括硬件初始化、I/O 模块配置检查、停电保持范围设定及其他初始化处理等。

(2)扫描过程。先完成输入处理,再完成与其他外设的通信处理,最后进行时钟、特殊寄存器更新。

(3)出错处理。PLC 每扫描一次,就执行一次自诊断检查,确定 PLC 自身的动作是否正常。

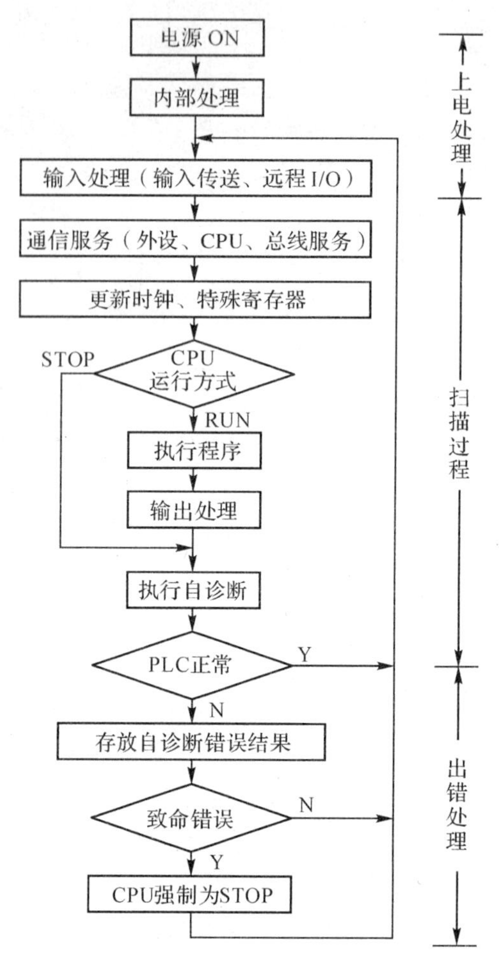

图 1-12　PLC 工作过程

（二）可编程序控制器的工作过程

当 PLC 处于正常运行时，它将不断循环扫描。这个过程可分为输入采样、程序执行、输出刷新三个阶段，如图 1-13 所示。

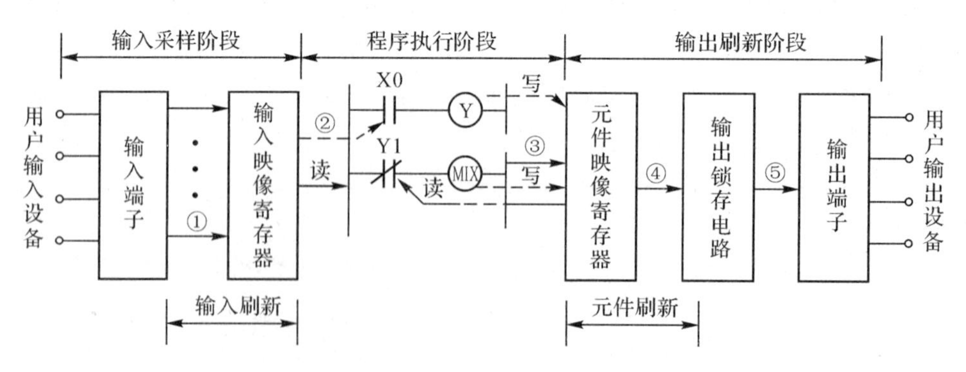

图 1-13　PLC 扫描工作过程

(1)输入采样阶段。扫描所有输入端子,并将各输入状态存入相对应的输入映像寄存器中,输入映像寄存器被刷新。

(2)程序执行阶段。根据 PLC 梯形图程序扫描原则,一般按从左到右、从上到下的顺序执行程序。

(3)输出刷新阶段。在所有指令执行完毕后,元件映像寄存器中所有输出继电器的状态在输出刷新阶段转存至输出锁存电路中,通过一定的方式输出,最后经过输出端子驱动外部负载。

四、PLC 的编程语言

PLC 为用户提供了完整的编程语言,常用的编程语言如图 1-14 所示。

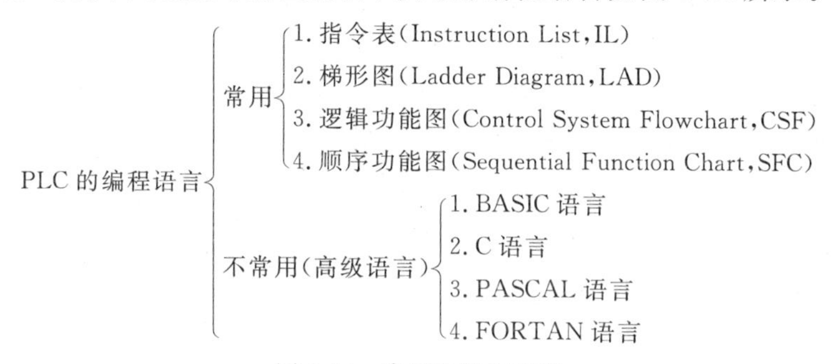

图 1-14　常用的编程语言

下面简要介绍几种常用的 PLC 编程语言。

(一)梯形图编程语言

PLC 的梯形图(LAD)在形式上沿袭了传统的继电器电气控制图,是在原继电器控制系统的继电器梯形图基础上演变而来的一种图形语言。它将 PLC 内部的各种编程元件(如继电器的触点、线圈、定时器、计数器等)和各种具有特定功能的命令用专用图形符号、标号定义,并按逻辑要求及连接规律组合和排列,从而构成了表示 PLC 输入、输出之间控制关系的图形(见图 1-15)。它是目前用得最多的 PLC 编程语言。梯形图编程语言的特点:与电气操作原理图相对应,具有直观性和对应性;与原有继电器控制相一致,电气设计人员易于掌握。梯形图编程语言与原有的继电器控制的不同点:梯形图中的能流不是实际意义的电流,内部的继电器也不是实际存在的继电器,应用时,需要与原有继电器控制的概念区别对待。典型梯形图如图 1-16 所示。

项目	物理继电器	PLC继电器
线圈		
常开触点		
常闭触点		

图 1-15　符号对照

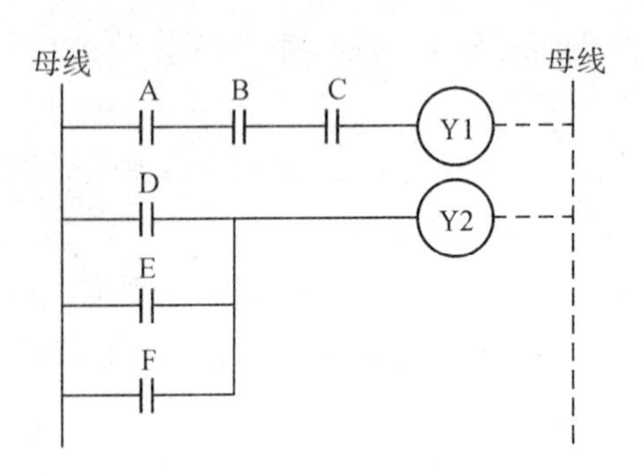

图 1-16　典型梯形结构

（二）指令表编程语言

指令表编程语言是与汇编语言类似的一种助记符编程语言，它是 PLC 各种编程语言中应用最早、最基本的编程语言，和汇编语言一样由操作码和操作数组成。在无计算机的情况下，适合采用 PLC 手持编程器对用户程序进行编制。同时，指令表编程语言与梯形图编程语言一一对应，在 PLC 编程软件下可以相互转换。指令表编程语言的特点：采用助记符来表示操作功能，具有容易记忆、便于掌握的特点；在手持编程器的键盘上采用助记符表示，便于操作，可在无计算机的场合进行编程设计，与梯形图有一一对应关系，其特点与梯形图语言基本一致。

指令表编程举例如图 1-17 所示。

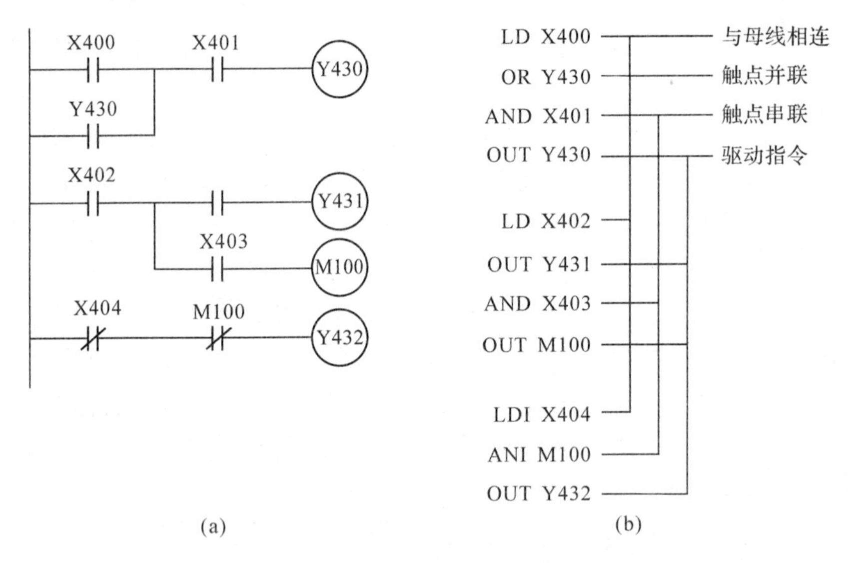

图 1-17　指令表编程举例

（三）顺序功能图编程语言

顺序功能图，又称为功能表图、步进图、状态流程图或状态转移图。它是一种新颖的、按照工艺流程图进行编程、IEC 标准推荐的首选编程语言，是为了满足顺序逻辑控制而设计的编程语言。设计者只需要熟悉对象的动作要求与动作条件，即可完成程序的设计，而无须像梯形图编程那样去过多地考虑种种“互锁”要求与条件。编程时将顺序流程动作的过程分成步和转换条件，根据转移条件对控制系统的功能流程顺序进行分配，一步一步地按照顺序动作。每一步代表一个控制功能任务，用方框表示，在方框内含有用于完成相应控制功能任务的梯形图逻辑，如图 1-18 所示。这种编程语言使程序结构清晰，易于阅读及维护，大大减轻了编程的工作量，缩短了编程和调试时间，适用于系统规模较大、程序关系较复杂的场合。顺序功能流程图编程语言的特点：以功能为主线，按照功能流程的顺序分配，条理清楚，便于理解用户程序；避免梯形图或其他语言不能顺序动作的缺陷，同时也避免了用梯形图语言对顺序动作编程时，由于机械互锁造成用户程序结构复杂、难以理解的缺陷；用户程序扫描时间也大大缩短。顺序功能图编程程序设计简单，对设计人员的要求较低，近年来已经开始普及与推广。

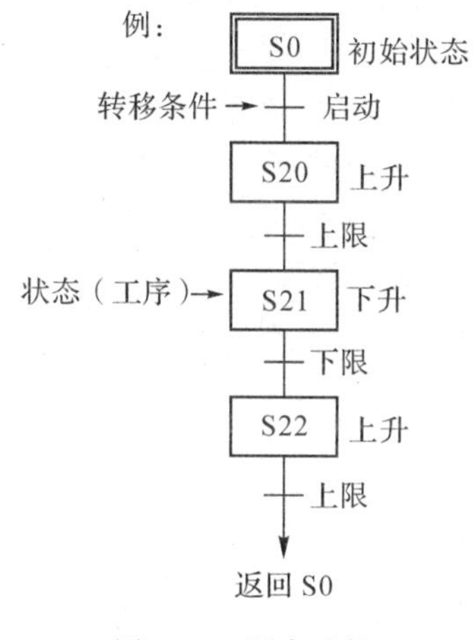

图 1-18 顺序功能

（四）逻辑功能图编程语言

逻辑功能图编程语言是一种沿用了数字电子线路的“与”“或”“非”等逻辑门电路、触发器、连线等图形与符号的图形编程语言。它可以用触发器、计数器、比较器等数字电子线路的符号表示其他图形编程语言（如梯形体）无法表示的 PLC 基本指令与应用指令。其特点是程序直观、形象、设计方便，程序逻辑关系清晰、简洁，特别是对于开关量控制系统的逻辑运算控制，使用逻辑功能图编程比其他编程语言更为方便。但目前可以使用逻辑功能图编程的 PLC 种类相对较少。

（五）高级编程语言

随着软件技术的发展，为增强 PLC 的运算功能和数据处理能力并方便用户使用，许多大中型 PLC 已采用类似 Basic、Pascal、Fortan、C 等高级的 PLC 专用编程语言，实现程序的自动编译。

目前各种类型的 PLC 一般都能同时使用两种以上的语言，且大多数都能同时使用梯形图和指令表。虽然不同的厂家梯形图、指令表的使用方式有差异，但基本编程原理和方法是相同的。三菱 FX_{2N} 产品同时支持梯形图、指令表和顺序功能图三种编程语言。

五、举例说明

图 1-19 是电动机点动运行电路，SB 为启动按钮，KM 为交流接触器。按下启动按钮 SB，KM 的线圈通电，主触点闭合，电动机 M 开始运行；SB 被放开后，KM 的线圈断电，主触点断开，电动机 M 停止运行。用 PLC 控制电动机的点动运行电路的逻辑变量如表 1-19 所示。

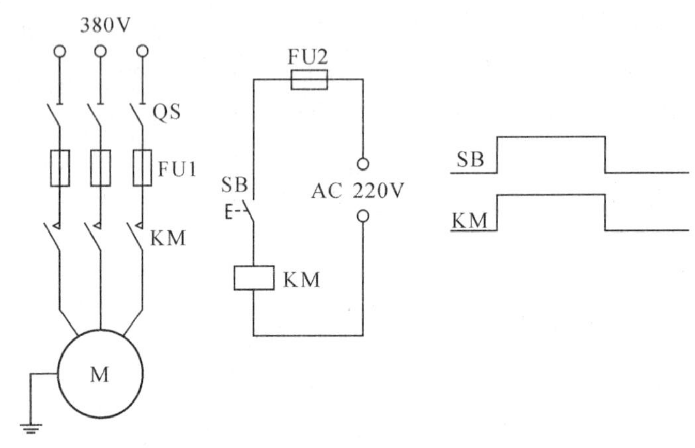

图 1-19　电动机点动运行电路

表 1-19　点动控制电路中的逻辑变量

输入变量 SB	1	触点动作(常开触点闭合，常闭触点断开)
	0	触点不动作(常开触点断开，常闭触点闭合)
输出变量 KM	1	线圈通电吸合
	0	线圈断电释放

为了实现电动机的点动运行控制，PLC 需要一个输入触点和一个输出触点。输入、输出触点分配如表 1-20 所示。

表 1-20　输入、输出触点分配

输　入			输　出		
输入继电器	输入元件	作　用	输出继电器	输出元件	作　用
X0	SB	启动按钮	Y0	KM	控制电动机用交流接触器

画出 PLC 控制电路接线图如图 1-20(a)所示。针对电动机点动运行电路的控制要求画出梯形图，如图 1-20(b)所示。程序也可以写成指令表的形式，如图 1-20(c)所示。

```
LD  X0 ;接在左母线上的 X0 常开触点，逻辑实现的条件
OUT  Y0;Y0 的线圈，逻辑条件满足时的结果
END;程序结束
```

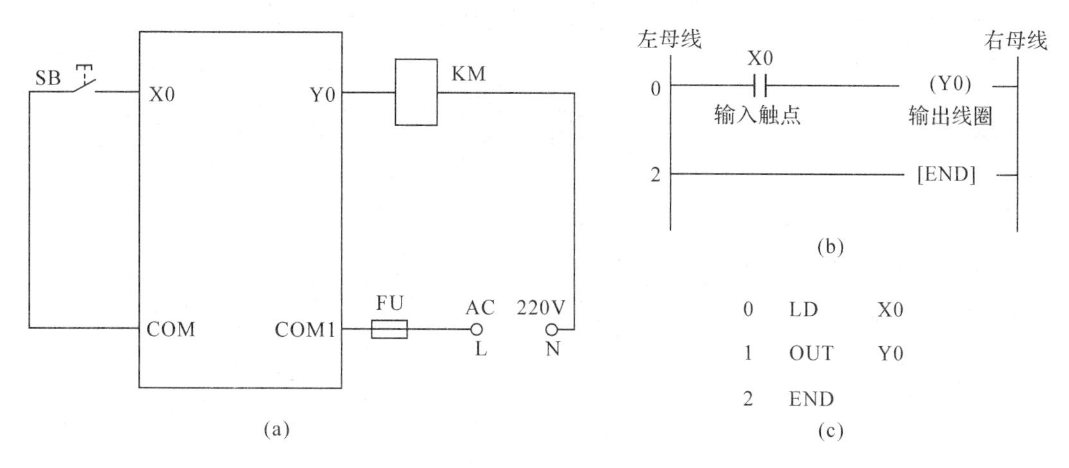

图 1-20 PLC 控制器实现的异步电动机点动控制电路

六、FX_{2N}系列 PLC 的型号与规格及内部软元件

(1)FX_{2N}系列 PLC 的型号及规格如表 1-21 所示。

表 1-21 FX_{2N}系列 PLC 的型号及规格

类型	型号	输入点数(24V DC)	输出点数
基本单元	FX_{2N}—16MR(T)	8	8
	FX_{2N}—24MR(T)	12	12
	FX_{2N}—32MR(T)	16	16(继电器或晶体管输出)
	FX_{2N}—48MR(T)	24	24
	FX_{2N}—64MR(T)	32	32
	FX_{2N}—80MR(T)	40	40
	FX_{2N}—128MR(T)	64	64
扩展单元	FX_{2N}—32ER	16	16(继电器输出)
	FX_{2N}—48ER	24	24(继电器输出)
	FX_{2N}—48ET	24	24(晶体管输出)
扩展模块	FX_{2N}—8EX	8	—
	FX_{2N}—16EX	16	—
	FX_{2N}—8EYR	—	8(继电器输出)
	FX_{2N}—8EYT	—	8(晶体管输出)
	FX_{2N}—8EYS	—	8(晶闸管输出)
	FX_{2N}—16EYR	—	16(继电器输出)
	FX_{2N}—16EYT	—	16(晶体管输出)
	FX_{2N}—16EYS	—	16(晶闸管输出)
	FX_{2N}—8ER	4	4(继电器输出)

(2)FX系列PLC内部软元件一览表,如表1-22所示。

表1-22 FX系列PLC内部软元件

编程元件种类		FX_{0S}	FX_{1S}	FX_{0N}	FX_{1N}	$FX_{2N}(FX_{2NC})$
输入继电器（按八进制编号）		X0～X17（不可扩展）	X0～X17（不可扩展）	X0～X43（不可扩展）	X0～X43（可扩展）	X0～X77（可扩展）
输出继电器（按八进制编号）		Y0～Y15（不可扩展）	Y0～Y15（不可扩展）	Y0～Y27（不可扩展）	Y0～Y27（可扩展）	Y0～Y77（可扩展）
辅助继电器M	普通用	M0～M495	M0～M383	M0～M383	M0～M383	M0～M499
	保持用	M496～M511	M384～M511	M384～M511	M384～M1535	M500～M3071
	特殊用	M8000～M8255(具体见使用手册)				
状态继电器S	初始状态用	S0～S9	S0～S9	S0～S9	S0～S9	S0～S9
	返回原点用	—	—	—	—	S10～S19
	普通用	S10～S63	S10～S127	S10～S127	S10～S999	S20～S499
	保持用	—	S0～S127	S0～S127	S0～S999	S500～S899
	信号报警用	—	—	—	—	S900～S999
定时器T	100ms	T0～T49	T0～T62	T0～T62	T0～T199	T0～T199
	10ms	T24～T49	T32～T62	T32～T62	T200～T245	T200～T245
	1ms	—	—	T63	—	—
	1ms累积	—	T63	—	T246～T249	T246～T249
	100ms累积	—	—	—	T250～T255	T250～T255
计数器C	16位加计数（普通）	C0～C13	C0～C15	C0～C15	C0～C15	C0～C99
	16位加计数（保持）	C14、C15	C16～C31	C16～C31	C16～C199	C100～C199
	32位加/减计数(普通)	—	—	—	C200～C219	C200～C219
	32位加/减计数(保持)	—	—	—	C220～C234	C220～C234
	高速计数器	C235～C255(具体见使用手册)				
数据寄存器D	16位普通用	D0～D29	D0～D127	D0～D127	D0～D127	D0～D199
	16位保持用	D30、D31	D128～D255	D128～D255	D128～D7999	D200～D7999
	16位特殊用	D8000～D8069	D8000～D8255	D8000～D8255	D8000～D8255	D8000～D8255
	16位变址用	V Z	V0～V7 Z0～Z7	V Z	V0～V7 Z0～Z7	V0～V7 Z0～Z7

续表

编程元件种类		FX_{0S}	FX_{1S}	FX_{0N}	FX_{1N}	FX_{2N}（FX_{2NC}）
指针 N、P、I	嵌套用	N0～N7	N0～N7	N0～N7	N0～N7	N0～N7
	跳转用	P0～P63	P0～P63	P0～P63	P0～P127	P0～P127
	输入中断用	100～130	100～150	100～130	100～150	100～150
	定时器中断	—	—	—	—	16～18
	计数器中断	—	—	—	—	1010～1060
常数 K、H	16 位	K：－32768～32767　　H：0000～FFFF				
	32 位	K：－2147483648～2147483647　　H：00000000～FFFFFFFF				

任务二　用 PLC 实现三相异步电动机的点动与连续控制

➢ 任务目标

1. 掌握 PLC 的基本逻辑指令及使用。

2. 掌握梯形图的绘制原则，以及 PLC 的设计原则、步骤和方法。

3. 初步进行三菱 PLC 的 MELSOFT 编程软件的使用，学会 FX_{2N} 系列 PLC 与计算机的连接和通信方法。

4. 熟练按照控制要求设计 PLC 的输入/输出(I/O)地址分配表及接线图，熟练按照控制要求进行 PLC 梯形图程序及指令程序的设计。

➢ 任务描述

专业能力训练环节一

图 2-1 为我们已经学习过的三相异步电动机点动与连续控制电路。现采用 PLC 进行控制，要求如下：

(1)按照控制要求设计 PLC 的输入/输出(I/O)地址分配表。

(2)按照控制要求进行 PLC 的输入/输出(I/O)接线图的设计。

(3)按照控制要求进行 PLC 梯形图程序的设计。

(4)按照控制要求进行 PLC 指令程序的设计。

(5)程序调试正确后，笔试回答表 2-3 的核心问题，评分标准如表 2-9 所示。

(6)工时：90 分钟，每超时 5 分钟扣 5 分。

(7)配分：本任务满分为 100 分，比重 40%。

分析图 2-1 所示电路工作原理，用 PLC 实现电动机点动与连续的控制要求，并在 PLC 学习机上用发光二极管模拟调试程序，即用发光二极管 LED 的亮灭情况代表主电路的接触器 KM 的分合动作情况。发光二极管模拟调试动作分合对照表如表 2-1 所示。

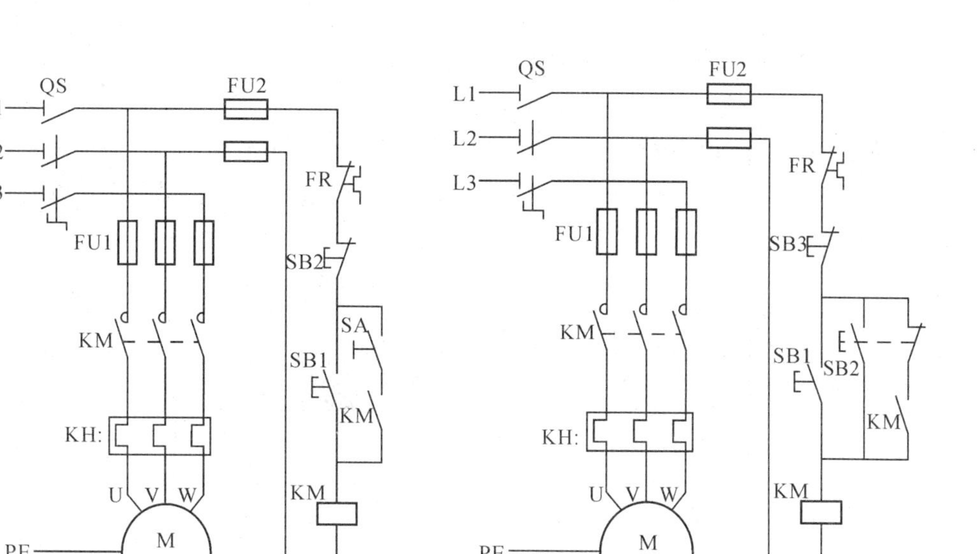

图 2-1　三相异步电动机点动与连续控制电路

表 2-1　发光二极管模拟调试动作分合对照

执行	电动机连续控制	电动机点动控制	电动机停止控制
按下 SB1	LED 持续亮(即 KM 持续吸合)	/	/
按下 SB3	/	/	LED 灭(即 KM 断电)
按下 SB2	/	LED 点动亮(即 KM 点动吸合)	/
操作 FR	在发光二极管 LED 连续发亮的前提下操作 FR,此时相当于过载而熄灭	/	/

专业能力训练环节二

用 PLC 实现的三相异步电动机点动与连续控制电路的程序设计、调试及电气控制线路的安装。具体要求如下：

(1)要求采用 PLC、低压电器、配线板、相关电工材料等实现三相异步电动机点动与连续控制电路的真实控制。

(2)按照控制线路的电动机功率的大小选择所需的电气元件,并填写表 2-2。

(3)元件在配线板上布置要合理,元件布局如图 2-2 所示。安装要正确、牢固,配线要求紧固、美观,导线要入行线槽。

(4)正确使用电工工具和仪表。

(5)按钮盒不固定在配线板上,电源和电动机配线、按钮接线要接到端子排上,进出线槽的导线要有端子标号,引出端子要用别径压端子。

(6)进入实训场地要穿戴好劳保用品并进行安全文明操作。

(7)工时:60 分钟,每超时 5 分钟扣 5 分。

(8)配分:本任务满分 100 分,比重 40%。

(9)回答问题:已知图 2-1 的三相异步电动机 M 的型号为 Y132S-4,规格为 7.5kW、380V、15.2A、△接法、1440r/min。请选择图 2-1 所需的元件,将正确元件明细填入表 2-2,并简要回答选择的依据。

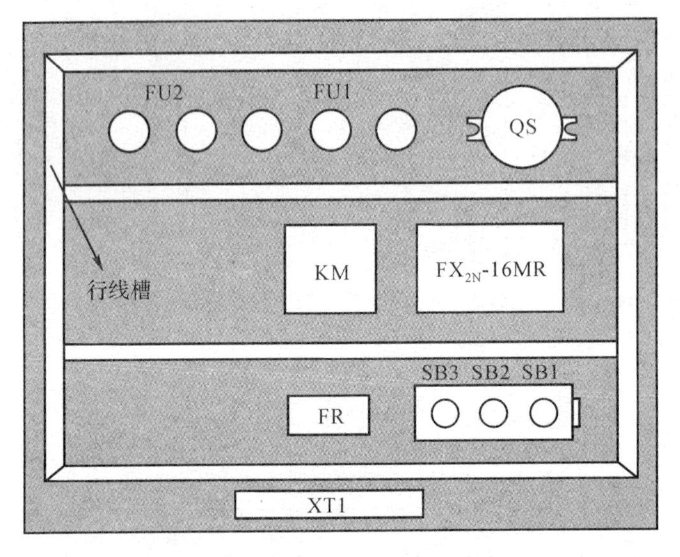

图 2-2 用 PLC 实现三相异步电动机点动与连续控制电路布局

职业核心能力训练环节

以小组为单位总结以上两个任务的实施经验,并回答教师提出的问题。经验汇报要求与任务一的职业核心能力训练环节的要求相同。

配分:本任务满分 100 分,比重 20%。

专业能力拓展训练

用单按钮控制电动机的起停。如图 2-3 所示是三相异步电动机的连续控制电路图,是由 SB1 与 SB2 两个按钮分别控制电动机的启动与停止。下面我们利用 PLC 分别使用两个按钮与一个按钮来实现同一功能的电路控制,并完成表 2-7 的填写。

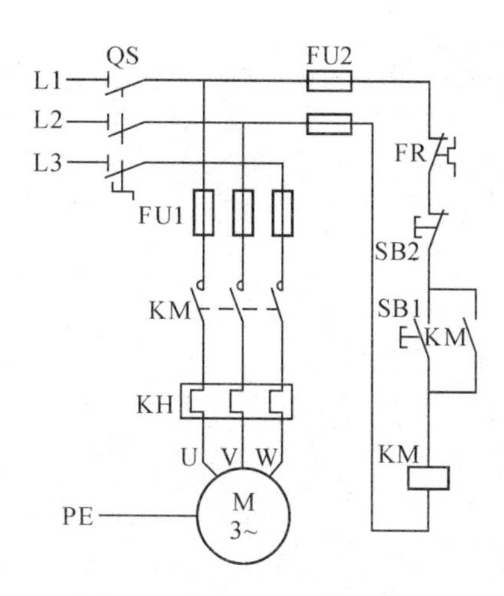

图 2-3　电动机连续控制电路

➢ 任务实施

一、训练器材

验电笔、尖嘴钳、斜口钳、剥线钳、螺钉旋具、万用表、兆欧表、钳形电流表、配线板、一套低压电器、PLC、连接导线、三相异步电动机与电缆、三相四线电源插头与电缆。

二、预习内容

1. 预习 PLC 的选用原则、程序设计步骤、基本指令的应用及线路的连接。

2. 复习组合开关、熔断器、交流接触器、热继电器、按钮、接线端子排等低压电器和配电导线的选用方法，并填写表 2-2 的元件明细表。

表 2-2　元件明细(购置计划或元器件借用情况)

代　号	名　称	型　号	规　格	单位	数量	单价/元	金额/元	用途	备注
M	三相异步电动机	Y132S-4	7.5kW、380V、15.2A、△接法、1440r/min	台	1				
QS									
FU1									
FU2									
KM									
FR									
SB1～SB3									
PLC									
XT1(主电路)									

续表

代　号	名　称	型　号	规　格	单位	数量	单价/元	金额/元	用途	备注
XT2(控制电路)									
	主电路导线								
	控制电路导线								
	电动机引线								
	电源引线								
	按钮线								
	接地线								
	自攻螺丝								
	编码套管								
	U 形接线鼻								
	行线槽								
	配线板		金属网孔板或木质配电板						
合计									

三、训练步骤

“专业能力训练环节一”训练步骤

明确“专业能力训练环节一”的要求后，各组成员在 PLC 学习机上进行点动与连续控制电路的模拟调试。程序设计及调试过程如下：

(1)按照控制要求设计 PLC 的输入/输出(I/O)地址分配表，并将合理的答案填入表 2-3。

(2)按照控制要求进行 PLC 的输入/输出(I/O)接线图的设计，并将合理的答案填入表 2-3。

(3)运行三菱 PLC 的 MELSOFT 编程软件并进行程序的录入。

(4)根据表 2-3 已经设计好的 PLC 输入/输出(I/O)接线图进行 PLC 外围电路的连接。

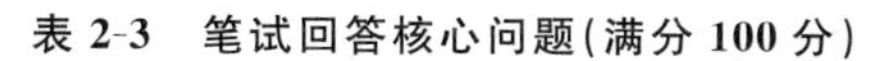

表 2-3 笔试回答核心问题(满分 100 分)

要求	将合理的答案填入相应栏目		扣分	得分
PLC 的输入/输出(I/O)地址分配表	图(a)	图(b)		
PLC 的输入/输出(I/O)接线图	图(a)	FU1 ~220V N L SB1 SB2 SB3 SB4 (FR) X0 X1 X2 X3 X4 COM PLC Y0 Y1 Y2 Y3 Y4 COM1 R LED(KM) FU2 24V		
	图(b)			
PLC 梯形图程序的设计	图(a)			
	图(b)			
PLC 指令程序的设计	图(a)			
	图(b)			

(5)程序调试。

①在 PLC 学习机上接通 PLC 的工作电源与发光二极管的驱动电源。

②按下微型启动按钮 SB1、SB2,观察发光二极管的亮灭情况是否符合点动与连续控制的功能要求。

③按下微型停止按钮 SB3,观察发光二极管的亮灭情况是否符合停机控制要求。

④若不符合控制要求则进行程序的修改;若符合要求,则将正确的答案填入表 2-3。

⑤进行程序调试即试车环节。此环节学生要注意以下几点:

a. 在断开电源的情况下独自进行 PLC 外围电路的连接,如连接 PLC 的输入接口线,连接 PLC 的输出接口线。

b. 检查熔断器的管状熔丝是否安装可靠,熔体的额定电流选择是否恰当。

c. 程序调试完毕拆除 PLC 的外围电路时,必须断电进行。

(6)程序调试成功后按照正确的断电顺序与拆线顺序进行 PLC 外围线路的拆除,并整理好工位,填写好表 2-3,对"专业能力训练环节一"进行评价后,简要小结本环节的训练经验并填入表 2-4,进入"专业能力训练环节二"的能力训练。

表 2-4 "专业能力训练环节一"经验小结

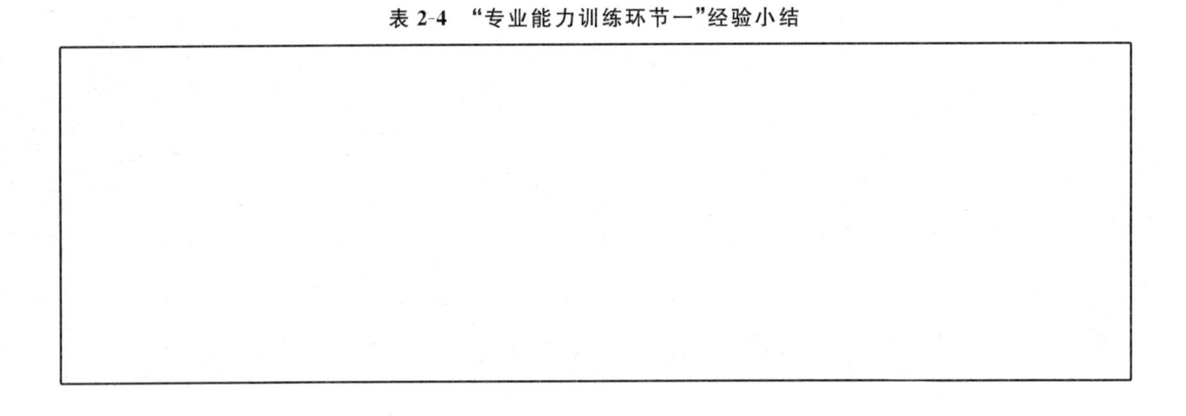

"专业能力训练环节二"训练步骤

(1)因本训练环节要求采用 PLC、低压电器、配线板、相关电工材料等实现三相异步电动机点动连续运转的真实控制,PLC 的输出控制对象由"专业能力训练环节一"的发光二极管变为驱动电压为交流 220V 的交流接触器,PLC 的输入控制电器由微型按钮改为防护式三档按钮,热继电器也为真实的热继电器,因此,表 2-3 的相关信息需要做适当的修改,将修改的结果填入表 2-5。

表 2-5　修改结果

要求	将合理的答案填入相应栏目	扣分	得分
PLC 的输入/输出(I/O)地址分配表			
PLC 的输入/输出(I/O)接线图(即主电路与控制电路设计图)	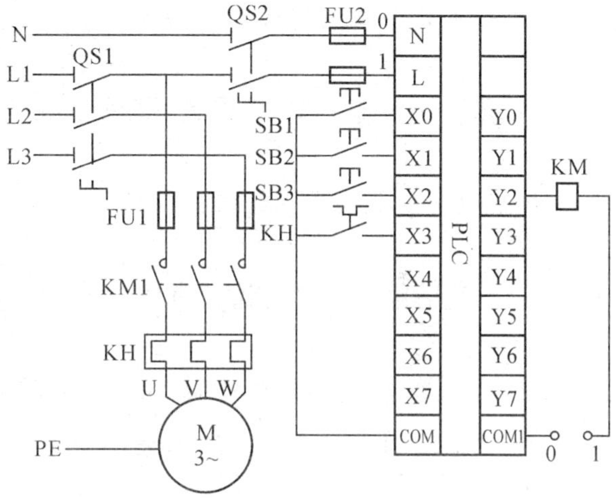		

(2)将数据线可靠地连接在 PLC 与电脑的串口之间,将 PLC 的"L"与"N"端口连接到 220V 交流电源,将"专业能力训练环节一"中保存在电脑中的程序写入 PLC。

(3)程序进行模拟调试无误后,将 PLC 安装在配线板上,电器布局如图 2-2 所示。

(4)元件在配线板上布置要合理,安装要正确紧固,配线要求美观。

(5)由 PLC 组成的控制电路及由接触器控制电动机的主电路全部安装完毕后,用万用表的电阻检测法进行控制线路安装正确性的自检。

(6)自检完毕后进行控制电路板的试车。

(7)进行试车环节要注意以下几点:

①独自进行通电所需的配线板外围电路的连接,如连接电源线、连接负载线及电动机,并注意正确的连接顺序,同时要做好熔断器保险丝的可靠安装。

②正确连接好试车所需的外围电路后,注意正确的通电试车步骤,并在实训指导教师的监护下进行试车。

③插上电源插头,合上组合开关 QS,按下启动按钮 SB2 与制动按钮 SB1 后,注意观察各低压电器及电动机的动作情况,并仔细记录故障现象,以作为故障分析的依据。同时,及时回到各自工位独自进行故障排除训练,而后再次排故,直到试车成功为止。(注意,故障排除时间仍然属于 120 分钟内,超时按规定扣技能分)

④试车成功后按照正确的断电顺序与拆线顺序进行配线板外围线路的拆除,待实训指导教师对自己的"专业能力训练环节二"进行评价后,简要小结本环节的训练经验并填入表 2-6,进入"职业核心能力训练环节"的能力训练。(回到工位后注意不要拆除电路)

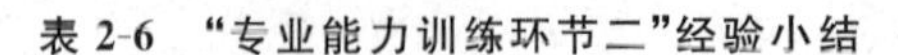
表 2-6 “专业能力训练环节二”经验小结

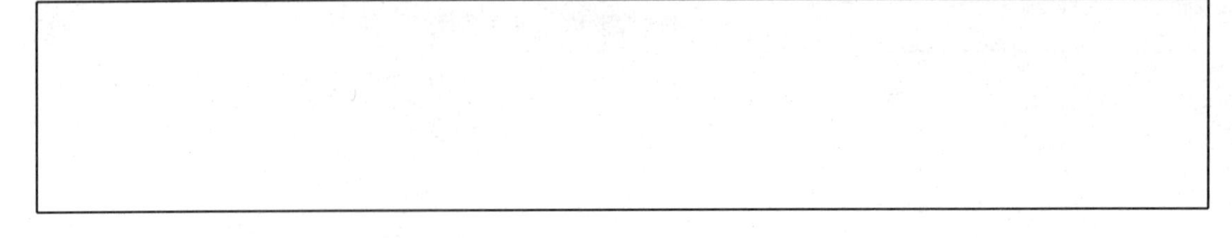

(8)实训指导教师对本任务实施情况进行评价。

“职业核心能力训练环节”训练步骤

职业核心能力的训练步骤与训练要求同任务一。

“专业能力拓展训练”训练步骤

训练步骤参照“专业能力训练环节一”训练步骤,重点填写表 2-7。

表 2-7 笔试回答核心问题

要求	将合理的答案填入相应栏目	
	两个按钮控制	单个按钮控制
设计 PLC 的输入/输出(I/O)地址分配表		
设计 PLC 的输入/输出(I/O)接线图	N, L1, L2, L3, QS1, QS2, FU1, FU2, SB1, SB2, KH, KM1, U, V, W, M 3~, PE, PLC: N, L, X0–X7, COM, Y0–Y7, COM1, KM, 0, 1	N, L1, L2, L3, QS1, QS2, FU1, FU2, SB1, KH, KM1, U, V, W, M 3~, PE, PLC: N, L, X0–X7, COM, Y0–Y7, COM1, KM, 0, 1

续表

要求	将合理的答案填入相应栏目	
	两个按钮控制	单个按钮控制
PLC 梯形图程序的设计		
PLC 指令程序的设计		
得　分		

➢ 任务评价

1. 专业能力训练环节一的评价标准如表 2-8 所示。

表 2-8　专业能力训练环节一的评价标准

序号	主要内容	考核要求	评分标准	配分	扣分	得分
1	电路及程序设计	1. 根据给定的控制线路图，列出 PLC 输入/输出(I/O)地址分配表；设计 PLC 输入/输出(I/O)接线图 2. 根据控制要求设计 PLC 的梯形图和指令表程序	1. PLC 输入/输出(I/O)地址遗漏或有错，扣 5 分/处 2. PLC 输入/输出(I/O)接线图设计不全或设计有错，扣 5 分/处 3. 梯形图表达不正确或画法不规范，扣 5 分/处 4. 接线图表达不正确或画法不规范，扣 5 分/处 5. PLC 指令程序有错，扣 5 分/处	50		
2	程序输入及调试	1. 熟练操作 PLC 编程软件，能正确地将所设计的程序输入 PLC 2. 按照被控设备的动作要求进行模拟调试，达到设计要求	1. 不会熟练操作 PLC 编程软件来输入程序，扣 10 分 2. 不会用删除、插入、修改等命令，扣 6 分/次 3. 缺少功能，扣 6 分/项	30		

续表

序号	主要内容	考核要求	评分标准	配分	扣分	得分
3	通电试验	在保证人身安全和设备安全的前提下，通电试验一次成功	1.热继电器整定值错误，扣5分 2.主、控电路配错熔体，扣5分/个 3.第一次试车不成功，扣10分 4.第二次试车不成功，扣15分 5.第三次试车不成功，扣20分	20		
4	安全要求	1.安全文明生产 2.自觉在实训过程中融入6S理念 3.有组织、有纪律，守时诚信	1.违反安全文明生产规程，扣5～40分 2.乱线敷设，加扣不安全分，扣10分 3.工位不整理或整理不到位，扣10～20分 4.随意走动，无所事事，不刻苦钻研，扣10～20分	倒扣		
备注	除了定额时间外，各项内容的最高分不应超过该项目的配分数；每超5分钟扣5分		合计	100		
定额时间	150分钟	开始时间		结束时间		考评员签字

2.专业能力训练环节二的评价标准如表2-9所示。

表2-9 专业能力训练环节二的评价标准

序号	主要内容	考核要求	评分标准	配分	扣分	得分
1	元件选择	1.元件选择的型号和规格正确、合理、经济 2.元件选择的数量正确 3.元件选择的品名齐全，所需的配置考虑周全 4.元件选择的单价咨询合理	1.选错型号和规格，扣3分/个 2.选错元件数量，扣2分/个 3.型号和规格没有写全，扣1分/个 4.漏选主要元件，扣2分/个 5.单价咨询不合理，扣1分/个	10		
2	元件安装	1.按原理图的要求，正确使用工具和仪表，熟练安装电气元器件 2.元件在配电板上布置要合理，安装要准确牢固	1.元件布置不整齐、不匀称、不合理，扣2分/只 2.元件安装不牢固，扣2分/只 3.损坏元件，扣5～15分/只 4.走线槽安装不符合要求，扣2分/处	15		

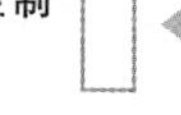

续表

序号	主要内容	考核要求	评分标准	配分	扣分	得分
3	电气布线	1. 接线要求美观、紧固、无毛刺，导线要进行线槽 2. 电源和电动机配线、按钮接线要接到端子排上，进出线槽的导线要有端子标号，引出端要用别径压端子	1. 电动机运行正常，如不按图接线，扣 5 分/处 2. 布线不进行线槽，不美观，主电路、控制电路，扣 1 分/根 3. 接点松动、露铜过长、反圈、压绝缘层，标记线号不清楚、遗漏或误标，引出线无别径压端子，扣 1 分/处 4. 损伤导线绝缘或线芯，扣 1 分/根	35		
4	通电试验	在保证人身安全和设备安全的前提下，通电试验一次成功	1. 热继电器整定值错误，扣 5 分 2. 主、控电路配错熔体，扣 5 分/个 3. 第一次试车不成功，扣 10 分 4. 第二次试车不成功，扣 20 分 5. 第三次试车不成功，扣 30 分	40		
5	安全要求	1. 安全文明生产 2. 自觉在实训过程中融入 6S 理念 3. 有组织、有纪律、守时诚信	1. 违反安全文明生产规程，扣 5～40 分 2. 乱线敷设，加扣不安全分，扣 10 分 3. 工位不整理或整理不到位，扣 10～20 分 4. 随意走动，无所事事，不刻苦钻研，扣 10～20 分	倒扣		
备注	除了定额时间外，各项内容的最高分不应超过该项目的配分数；每超 5 分钟扣 5 分		合计	100		
定额时间	120 分钟	开始时间		结束时间		考评员签字

➢知识链接

一、FX_{2N} 系列内部资源

1. 输入继电器 X(X0～X177)

输入继电器是 PLC 用来接收用户设备发来的输入信号的元件。输入继电器与 PLC 的输入端相连。输入继电器的地址编号采用八进制。输入继电器的线圈由外部信号来驱动，不能在程序内部用指令来驱动。因此，输入继电器只有触点，没有线圈。

2. 输出继电器 Y(Y0～Y177)

输出继电器是 PLC 用来将输出信号传给负载的元件。输出继电器的外部输出触点接到 PLC 的输出端子上。输出继电器的地址编号采用八进制。外部信号无法直接驱动输出继电器，只能在程序内部用指令驱动。

3. 辅助继电器 M

辅助继电器可分为通用型、断电保持型和特殊辅助继电器三种。辅助继电器按十进制编号。

(1)通用辅助继电器 M0～M499(500 点)。

特点:通用辅助继电器和输出继电器一样,在 PLC 电源断开后,其状态将变为 OFF。当电源恢复后,除非因程序使其变为 ON 外,否则它仍保持 OFF。

用途:中间继电器(逻辑运算的中间状态存储、信号类型的变换)。

(2)断电保持辅助继电器 M500～M1023(524 点)。

特点:在 PLC 电源断开后,断电保持辅助继电器具有保持断电前瞬间状态的功能,并在恢复供电后继续断电前的状态。断电保持是依靠 PLC 机内电池来实现的。

(3)特殊辅助继电器 M8000～M8255(256 点)。

特点:特殊辅助继电器是具有某项特定功能的辅助继电器。

PLC 内的特殊辅助继电器各自具有特定的功能:

①只能利用其触点的特殊辅助继电器,线圈由 PLC 自动驱动,用户只利用其触点。如:

M8000:运行监控用,PLC 运行时 M8000 接通。

M8002:仅在运行开始瞬间接通的初始脉冲特殊辅助继电器。

M8011～M8014:产生 10ms、100ms、1s、1min 时钟脉冲的特殊辅助继电器。

②可驱动线圈型特殊继电器,用于驱动线圈后 PLC 做特定动作:

M8030:锂电池电压指示灯特殊继电器。

M8033:PLC 停止时输出保持特殊辅助继电器。

M8034:禁止全部输出特殊辅助继电器。

M8039:定时扫描特殊辅助继电器。

二、FX_{2N}系列 PLC 基本指令

(一)逻辑取和输出线圈指令 LD、LDI、OUT

LD:取指令,用于常开触点与母线的连接指令。

LDI:取反指令,用于常闭触点与左母线连接。

OUT:线圈驱动指令,也叫输出指令。

LD、LDI、OUT 指令的使用说明如表 2-10 和图 2-4 所示。

表 2-10　LD、LDI、OUT 指令的使用说明

梯形图	指 令	功 能	操 作 元 件	程 序 步
	LD	读取第一个常开触点	X、Y、M、S、T、C	1
	LDI	读取第一个常闭触点	X、Y、M、S、T、C	1
	OUT	驱动输出线圈	Y、M、S、T、C	Y、M:1;特 M:2;T:3;C:3～5

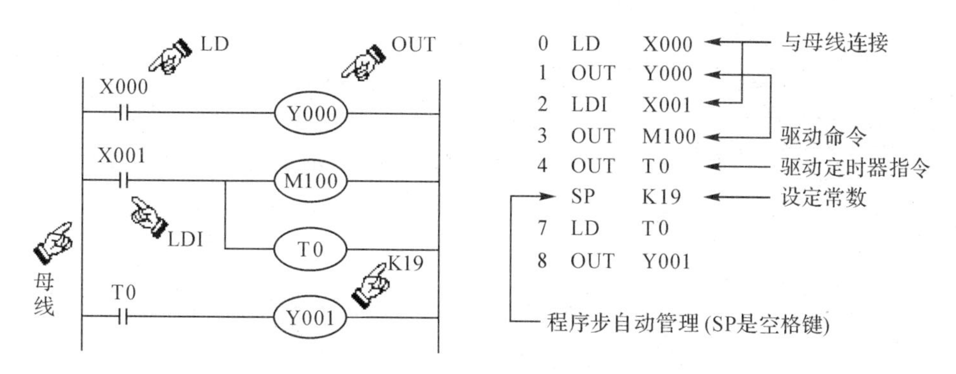

图 2-4　LD、LDI、OUT 指令的使用说明

（二）触点串联指令 AND、ANI

AND：与指令，用于单个常开触点的串联，完成逻辑“与”运算。

ANI：与非指令，用于单个常闭触点的串联，完成逻辑“与非”运算。

AND、ANI 指令的使用说明如表 2-11 和图 2-5 所示。

表 2-11　AND、ANI 指令的使用说明

梯形图	指　令	功　能	操作元件	程 序 步
┤├┤├	AND	串联一个常开触点	X、Y、M、S、T、C	1
┤├┤/├	ANI	串联一个常闭触点	X、Y、M、S、T、C	1

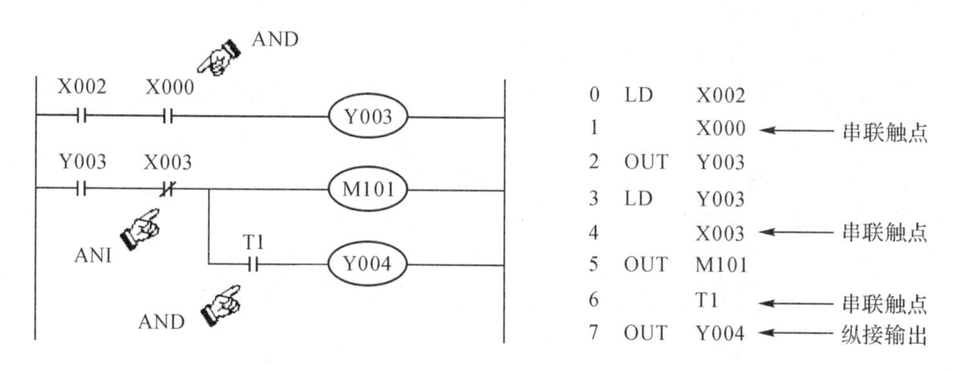

图 2-5　AND、ANI 指令的使用说明

注：触点串联次数不受限制，但受到外围设备输出的限制，最好做到 1 行不超过 10 个触点和 1 个线圈，总共不超过 24 行。

（三）触点并联指令 OR、ORI

OR：或指令，用于单个常开触点的并联，完成逻辑“或”运算。

ORI：或非指令，用于单个常闭触点的并联，完成逻辑“或非”运算。

OR、ORI 指令的使用说明如表 2-12 和图 2-6 所示。

表 2-12　OR、ORI 指令的使用说明

梯形图	指　令	功　能	操作元件	程序步
	OR	与一个常开触点并联	X、Y、M、S、T、C	1
	ORI	与一个常闭触点并联	X、Y、M、S、T、C	1

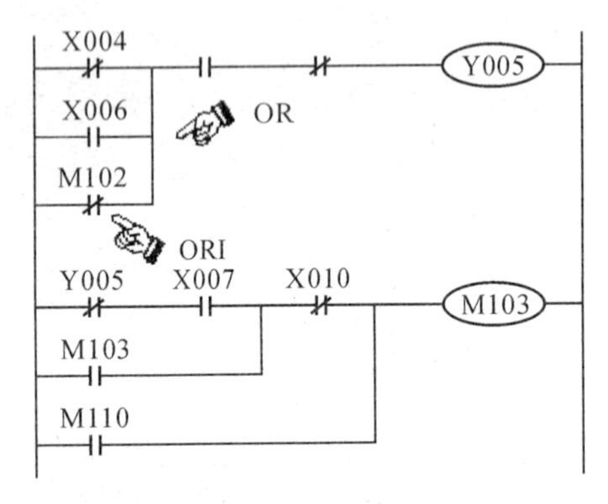

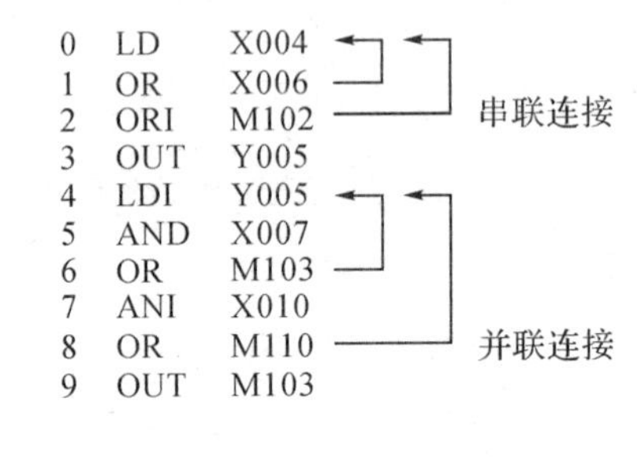

图 2-6　OR、ORI 指令的使用说明

(四)LDP、LDF、ANDP、ANDF、ORP、ORF 指令

LDP:取脉冲上升沿指令,上升沿检测运算开始。

LDF:取下降沿脉冲指令,下降沿检测运算开始。

ANDP:与脉冲上升沿指令,上升沿检测串联连接指令。

ANDF:与脉冲下降沿指令,下降沿检测串联连接指令。

ORP:或脉冲上升沿指令,上升沿检测并联连接指令。

ORF:或脉冲下降沿指令,下降沿检测并联连接指令。

LDP、LDF、ANDP、ANDF、ORP、ORF 指令的使用说明如表 2-13 和图 2-7 所示。

表 2-13　LDP、LDF、ANDP、ANDF、ORP、ORF 使用说明

梯形图	指　令	功　能	操作元件	程序步
	LDP	上升沿检测运算开始	X、Y、M、S、T、C	2
	LDF	下降沿检测运算开始	X、Y、M、S、T、C	2
	ANDP	上升沿检测串联连接	X、Y、M、S、T、C	2
	ANDF	下降沿检测串联连接	X、Y、M、S、T、C	2

续表

梯形图	指　令	功　　能	操作元件	程序步
	ORP	上升沿检测并联连接	X、Y、M、S、T、C	2
	ORF	下降沿检测并联连接	X、Y、M、S、T、C	2

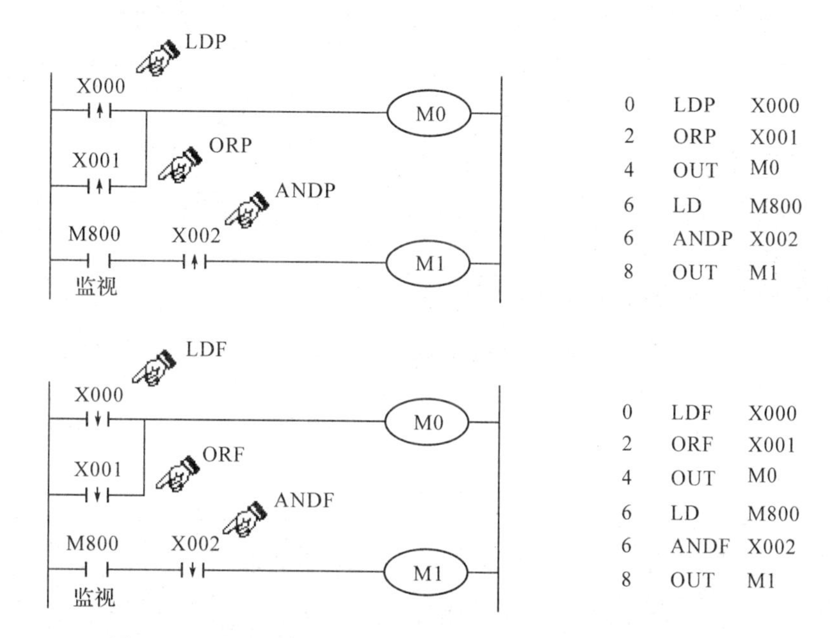

图 2-7　LDP、LDF、ANDP、ANDF、ORP、ORF 指令的使用说明

注:(1)LDP、ANDP、ORP 指令是用来进行上升沿检测的指令,仅在指定位软元件的上升沿时(由 OFF→ON 变化时)接通一个扫描周期,又称上升沿微分指令。

(2)LDF、ANDF、ORF 指令是用来进行下降沿检测的指令,仅在指定位软元件的下降沿时(由 ON →OFF 变化时)接通一个扫描周期,又称下降沿微分指令。

(五)串联电路块的并联指令 ORB

ORB:块或指令,用于两个或两个以上的触点串联连接的电路之间的并联,称之为串联电路块的并联连接,没有操作元件。

ORB 指令的使用说明如表 2-14 和图 2-8 所示。

表 2-14　ORB 指令的使用说明

梯形图	指　令	功　能	操作元件	程序步
	ORB	串联电路块的并联	无	1

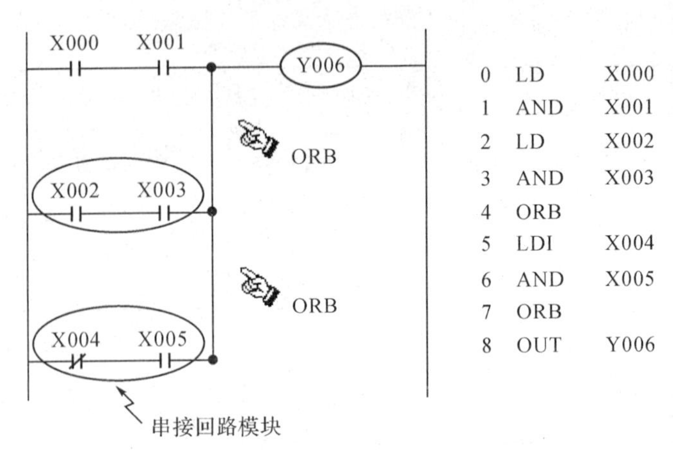

图 2-8 ORB 指令的使用说明

注：几个串联电路块并联时，串联电路块开始时用 LD 或 LDI 指令，结束时用 ORB 指令。

(六)并联电路块的串联指令 ANB

ANB：块与指令，用于两个或两个以上触点并联连接的电路之间的串联，称之为并联电路块的串联连接，没有操作元件。

ANB 指令的使用说明如表 2-15 和图 2-9 所示。

表 2-15 ANB 指令的使用说明

梯形图	指 令	功 能	操作元件	程序步
	ANB	并联电路块的串联	无	1

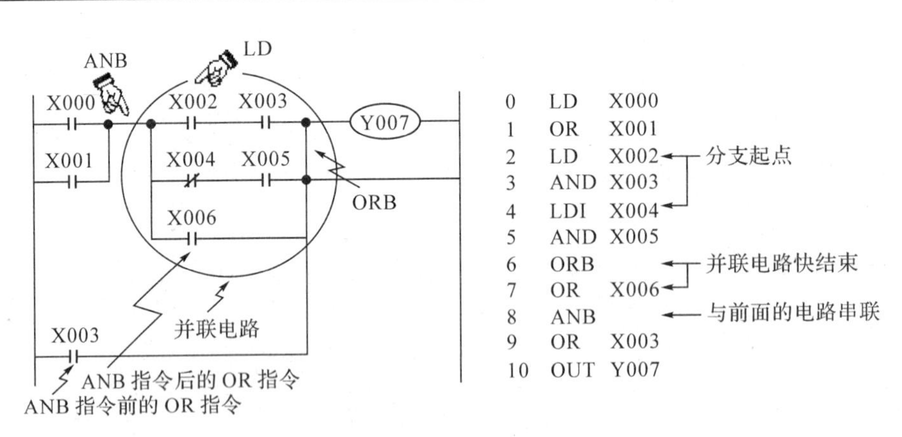

图 2-9 ANB 指令的使用说明

注：(1)几个并联电路块串联时，并联电路块开始用 LD 或 LDI 指令，结束时用 ANB 指令。

(2)单个触点与前面电路并联或串联时不能用电路块指令。

（七）多重输出指令 MPS、MRD、MPP

MPS 为进栈指令。

MRD 为读栈指令。

MPP 为出栈指令。

在 PLC 中有 11 个存储器，是用来存储运算的中间结果的，被称为栈存储器。使用一次 MPS 指令就将此时的运算结果送入栈存储器的第一段。再使用 MPS 指令，又将此时的运算结果送入栈存储器的第一段，而将原先存入的数据依次移到栈存储器的下一段。

MRD 是读出最上段所存最新数据的专用指令，栈存储器内的数据不发生移动。

使用 MPP 指令，各数据按顺序向上移动，将最上段的数据读出，同时该数据就从栈存储器中消失。MPS、MRD、MPP 使用说明如图 2-10 至图 2-13 所示。

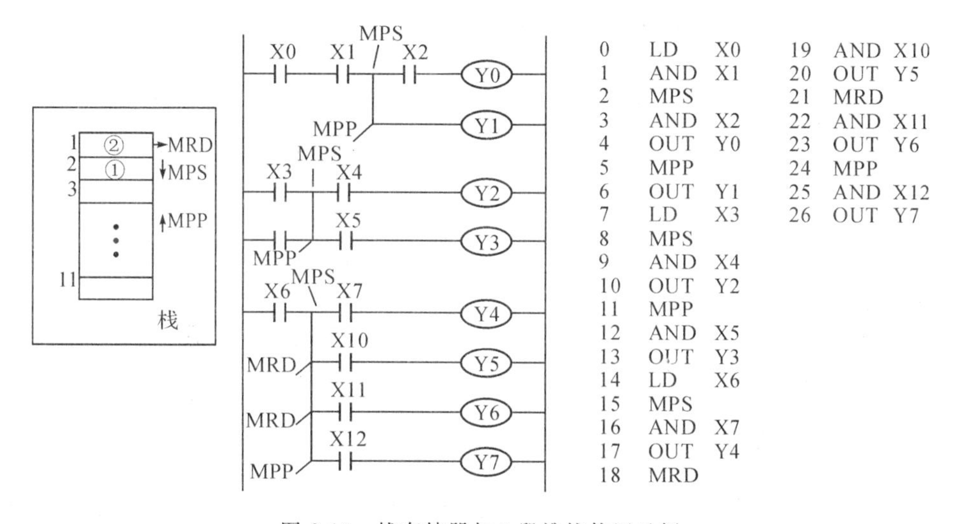

图 2-10　栈存储器与 1 段堆栈使用示例

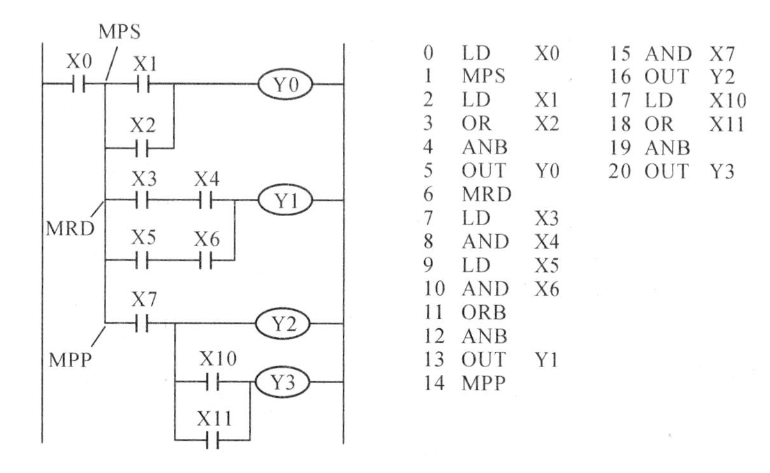

图 2-11　1 段堆栈并用 ANB、ORB 指令示例

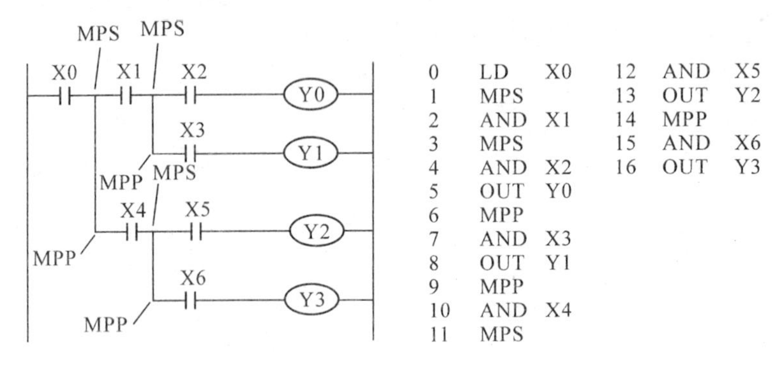

图 2-12　2 段堆栈应用示例

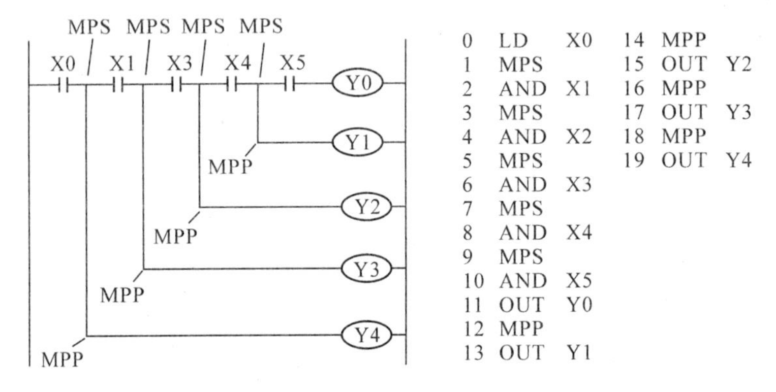

图 2-13　4 段堆栈应用示例

(八)主控指令及主控复位指令 MC、MCR

MC 为主控指令,用于公共串联触点的连接。

MCR 为主控复位指令,用于公共串联触点的消除。

MC 指令后,母线(LD 点、LDI 点)移到主控触点后,MCR 指令为将其返回原母线的指令。通过更改软元件地址号,Y、M 可多次使用主控指令,但不同的主控指令不能使用同一软元件地址号,否则就为双线圈输出。MC、MCR 指令的应用的程序示例如图 2-14 所示。当输入 X0 为接通时,直接执行从 MC 指令到 MCR 指令;当输入 X0 为断开时,成为如下形式:

(1)保持当前状态。主要有积算定时器、计数器、用置位/复位指令驱动的软元件。

(2)变为 OFF 的软元件。主要有非积算定时器、用 OUT 指令驱动的软元件。

在没有嵌套结构时,通常用 N0 编程。N0 的使用次数没有限制,有嵌套结构时嵌套级 N 的地址号增加,即 N0→N1→N2→N3→N4→N5→…→N7。在指令返回时,采用 MCR 指令,则从大的嵌套级开始消除,如图 2-15 所示。

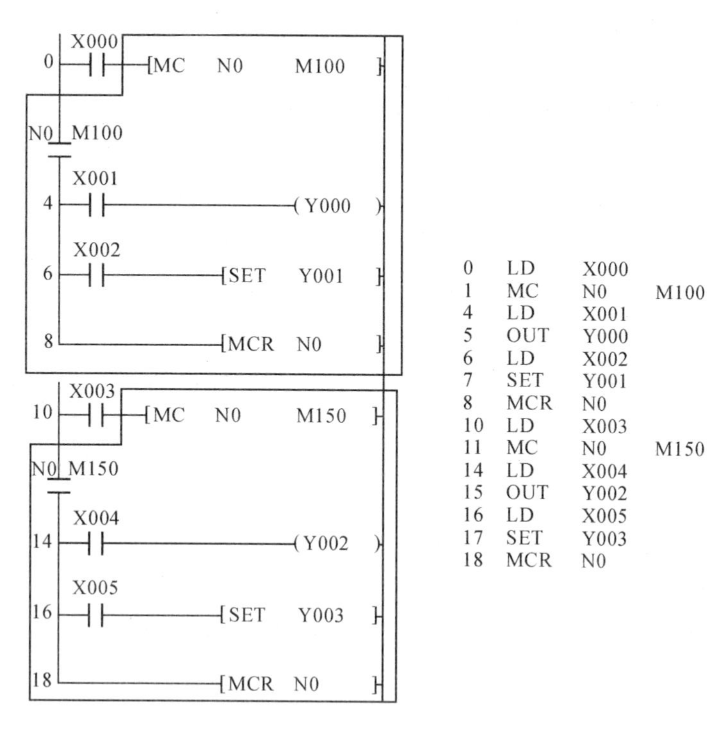

图 2-14　MC、MCR 指令应用示例

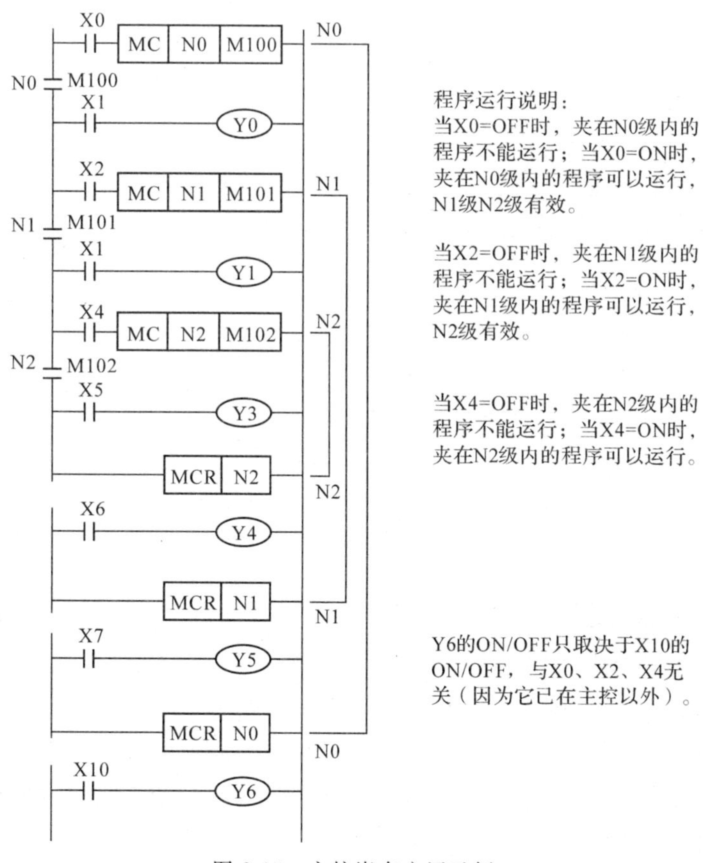

图 2-15　主控嵌套应用示例

(九)取反指令 INV

INV 指令是将执行 INV 指令之前的运算结果反转的指令,是不带操作数的独立指令。使用说明如图 2-16 所示。当 X000 断开,则 Y000 接通;当 X000 接通,则 Y000 断开。

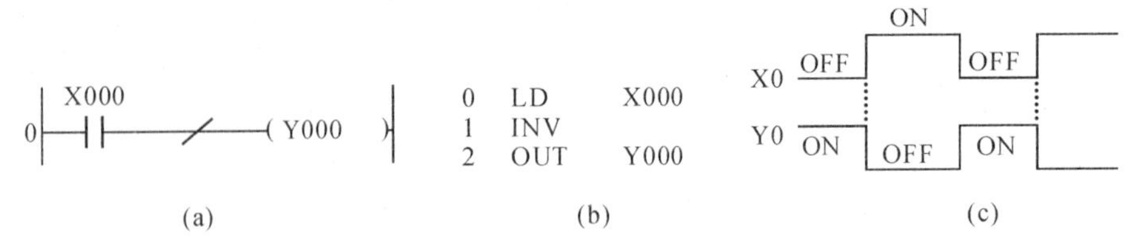

图 2-16 INV 指令的使用说明

(十)置位指令 SET 与复位指令 RST

SET 为置位指令,使动作保持;RST 为复位指令,使操作复位。SET、RST 指令的使用说明如图 2-17 所示。由图 2-17(c)可见,当 X0 接通,即使再断开后,Y0 也保持接通。X1 接通后,即使再断开,Y0 也将保持断开。SET 指令的操作目标元件为 Y、M、S,而 RST 指令的操作元件是 Y、M、S、D、V、Z、T、C。

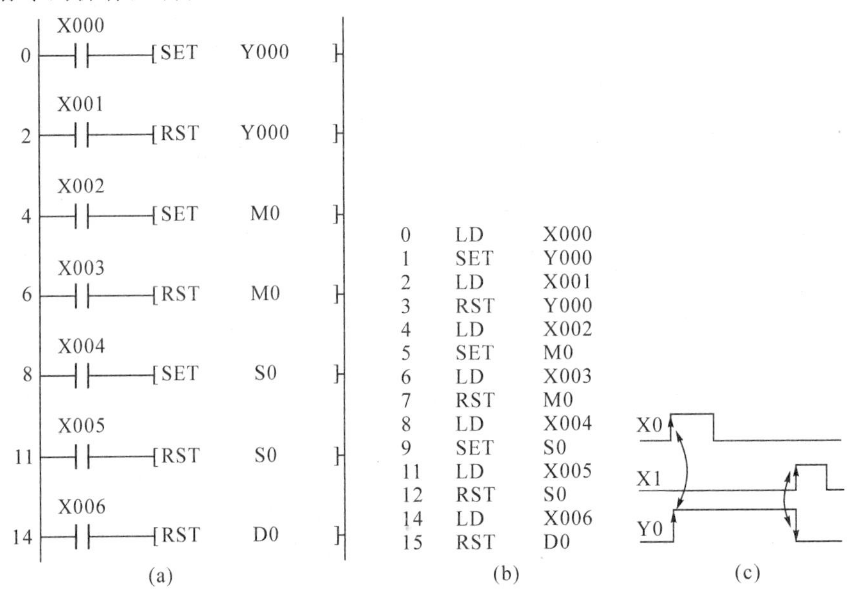

图 2-17 SET、RST 指令的使用说明

(十一)微分输出指令 PLS、PLF

PLS 为上升沿微分输出指令。当输入条件为 ON 时(上升沿),相应的输出位元件 Y 或 M 接通一个扫描周期。

PLF 为下降沿微分输出指令。当输入条件为 OFF 时(下降沿),相应的输出位元件 Y 或 M 接通一个扫描周期。

这两条指令都是两个程序步,它们的目标元件是 Y 和 M,但特殊辅助继电器不能作为目标元件。其使用说明如图 2-18 所示。

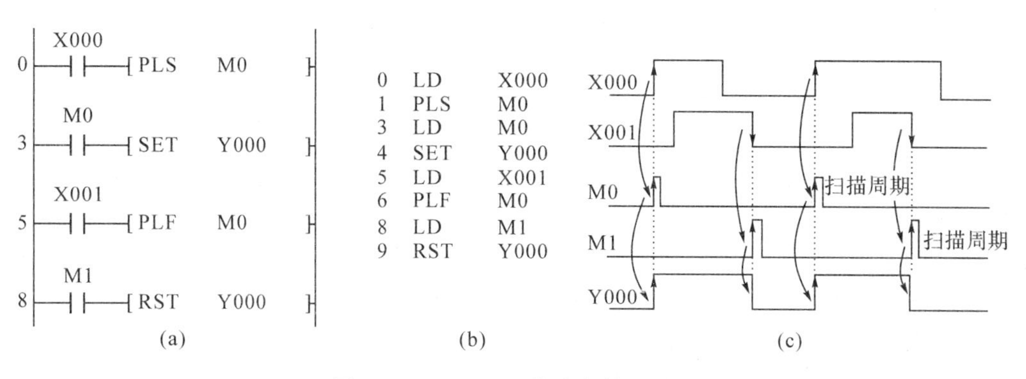

图 2-18　PLS、PLF 指令的使用说明

使用这两个指令时，要特别注意目标元件。例如，在驱动输入接通时，PLC 由运行→停止→运行，此时 PLS M0 动作，但 PLS M600（断电保持辅助继电器）不动作。这是因为 M600 在断电停机时其动作也能保持。

（十二）空操作指令 NOP 与结束指令 END

NOP 是一条无动作、无目标元件的 1 程序步指令。NOP 指令有两个作用：一个是在 PLC 的执行程序全部清除后，用 NOP 显示；另一个是用于修改程序。其具体的操作是：在编程的过程中，预先在程序中插入 NOP 指令，则修改程序时，可以使步序号的更改减少到最少。此外，可以用 NOP 来取代已写入原指令，从而修改电路。NOP 使用说明如图 2-19 所示。

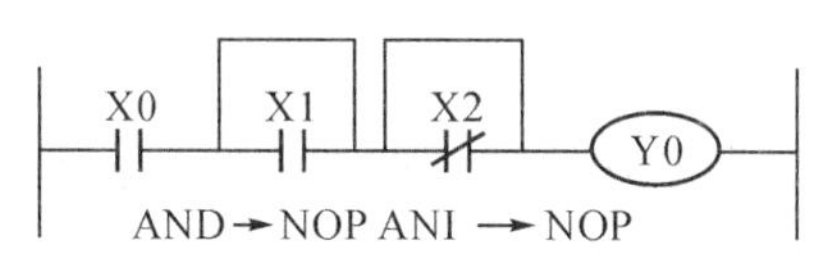

图 2-19　NOP 指令的使用说明

END：用于程序的结束，是一条无目标元件的 1 程序步指令。在程序调试过程中，按段插入 END 指令，可以顺序扩大对各种程序动作的检查。

表 2-16　NOP 及 END 指令的使用说明

梯形图	指　令	功　能	操作元件	程序步
NOP	NOP	无动作	无	1
END	END	输入/输出处理及返回 0 步	无	1

三、编程注意事项

（1）梯形图按自上而下、从左到右的顺序排列。

（2）梯形图最左边是起始母线，每一逻辑行必须从左母线开始画起。左母线右侧放置输入接点和内部继电器触点。

(3)梯形图的最右边是右母线,可以省略不画,用圆圈表示,可以是内部继电器线圈、输出继电器线圈或定时/计数器的逻辑运算结果。输出线圈与右母线之间不能再连有触点。每个继电器线圈为一个逻辑行,即一层阶梯。

(4)触点有各种连接,可以任意串、并联,而输出线圈只能并联,不能串联。

(5)在每一逻辑行中,串联触点多的支路应放在上方。如果将串联触点多的支路放在下方,则语句增多,程序变长。

(6)在每一个逻辑行中,并联触点多的支路应放在左边。如果将并联触点多的电路放在右边,则语句增多、程序变长。

(7)继电器是"软继电器",它不是继电器电路中的物理继电器,实质是存储器中的每位触发器。当它为"1"态时,表示继电器线圈通电,常开触点闭合或常闭触点断开。

(8)一般情况下,某个编号的继电器线圈只能出现一次,而继电器触点则可无限次使用。

(9)输入继电器不能由内部其他继电器的触点驱动,它只供 PLC 接收外部输入信号,故在梯形图中不会出现输入继电器线圈。

(10)输出继电器是由 PLC 作输出控制用,驱动外部负载,故当梯形图中输出继电器线圈接通时,表示相应的输出点有输出信号。

四、PLC 控制系统设计

(一)PLC 控制系统设计的一般原则

任何一种电气控制系统都是为了实现被控对象的工艺要求,以提高生产效率和产品质量。因此,在设计 PLC 控制系统时,应遵循以下基本原则:

(1)最大限度地满足被控对象的控制要求。

(2)在满足控制要求的前提下,力求使控制系统简单、经济、实用,维修方便。

(3)保证控制系统安全、可靠。

(4)考虑到生产发展和工艺改进,在选择 PLC 容量时,应适当留有余量。

(二)PLC 控制系统设计的基本内容

PLC 控制系统是由 PLC 与用户输入、输出设备连接而成的。因此,PLC 控制系统的基本内容包括以下几点:

(1)选择用户输入设备、输出设备以及由输出设备驱动的控制对象。

(2)PLC 的选择应包括机型、容量、I/O 点数的选择、电源模块以及特殊功能模块的选择等。

(3)分配 I/O 点,绘制电气连接接口图,考虑必要的安全保护措施。

(4)设计控制程序,包括梯形图、语句表或控制系统流程图。

(5)必要时还需设计控制台。

(6)编制系统的技术文件,包括说明书、电气图及电气元件明细表等。

(三)PLC 控制系统设计的一般步骤

设计 PLC 控制系统的一般步骤如下:

1. 流程图功能说明

(1)根据生产的工艺过程分析控制要求。

(2)根据控制要求确定所需的用户输入/输出设备,据此确定 PLC 的 I/O 点数。

(3)选择 PLC。

(4)分配 I/O 点,设计 I/O 电气接口连接图。

(5)进行 PLC 程序设计,同时可进行控制台的设计和现场施工。

2. PLC 程序设计的步骤

(1)对于复杂的控制系统,需绘制系统流程图。

(2)设计梯形图。

(3)根据梯形图编制程序清单。

(4)用编程器将程序键入 PLC 的用户存储器中,并检查键入的程序是否正确。

(5)对程序进行调试和修改。

(6)待控制台及现场施工完成后,进行联机调试。

(7)编制技术文件。

(8)交付使用。

五、FX_{2N}系列 PLC 编程软件及使用

不同类型的 PLC,其使用的编程软件是不一样的。这些软件一般都具有编程及程序调试等多种功能,是 PLC 用户不可缺少的开发工具。以下介绍三菱 FX_{2N}系列 PLC 使用的 GX Developer Ver. 8 编程软件,该软件具有丰富的工具箱和直观的视窗界面。支持比它版本低的所有三菱系列的 PLC 进行软件编程。

(一)软件的安装

GX Developer Ver. 8 是基于 Windows 的应用软件,可在 Windows 95/98/2000、Windows 7、Windows 8 及其以上操作系统下运行。GX Developer Ver. 8 可通过梯形图符号、指令表语句和顺序功能图符号创建及编程,也可以在程序中加入中文、英文注释。它还能够监控 PLC 运行时各编程元件的状态及数据变化,而且具有程序和监控结果的打印功能。

安装时,打开 PLC 编程软件文件夹,再打开 EnvMEL 文件,安装 SETUP 应用文档,安装完后返回,双击 SETUP 应用程序安装即可。之后,则可按照软件提示单击确定,输入用户名和公司名称,再输入产品序列号,然后在选择部件过程中直接进行下一步操作,完成安装工作。软件安装路径可以使用默认子目录,也可以用“浏览”按钮弹出对话框选择或新建子目录。在安装结束时,向导会提示安装过程的完成。安装好后可以在开始程序中打开 GX Developer 文件。利用软件编好程序后,必须传给 PLC 才能执行相应的动作,传送的过程需要用专用通信电缆进行连接,电缆的一头接计算机的 RS-232 口,另一头接在 PLC 的 RS-422 通信口上。同时,PLC 要处于 RUN 位置才能正常工作。

(二)软件的使用

1. 编程软件主窗口

(1)启动电脑后,双击桌面上三菱 PLC 的应用程序 MELSOFT 系列的编程软件图标“GX Developer”,弹出如图 2-20 所示的未生成工程的编程软件主窗口。

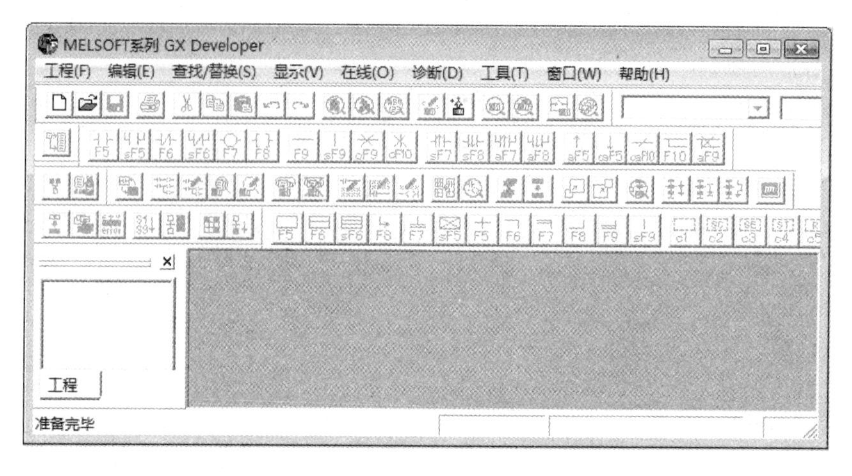

图 2-20　未生成工程的编程软件主窗口

2. 新建一个用户程序

单击“工程”菜单中的“创建新工程”命令,如图 2-21 所示,创建一个新的用户程序。在弹出的“创建新工程”对话框(见图 2-22)中进行下列设置:

选择“PLC 系列”为 FXCPU;

选择“PLC 类型”为 FX_{2N}(C);

选择“程序类型”为梯形图;

选择“驱动器/路径”为 D:/三菱用户程序(建议将用户程序保存在除 C 盘以外的分区中)。

选中“设置工程名”,并将“工程名”命名为三相异步电动机的点动与连续控制程序。

单击“确定”,此时屏幕显示如图 2-23 所示,新建的工程均会弹出“是否新建工程”的对话框,此时选择“是”即可。

最后跳出程序编辑界面,如图 2-24 所示。

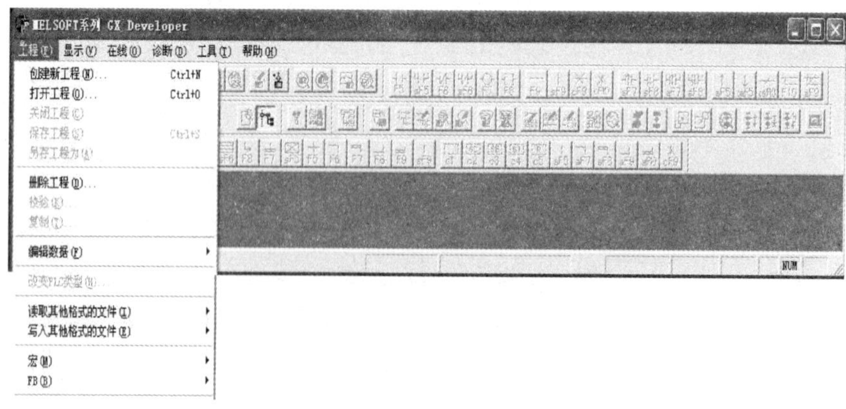

图 2-21　创建新工程

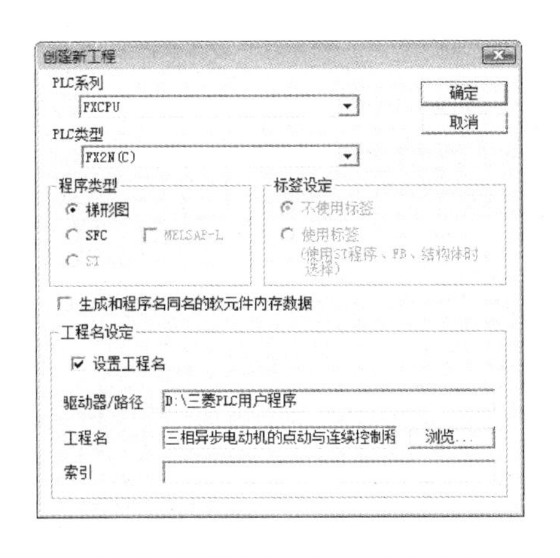

图 2-22　创建新工程的相关设置

图 2-23　新建工程

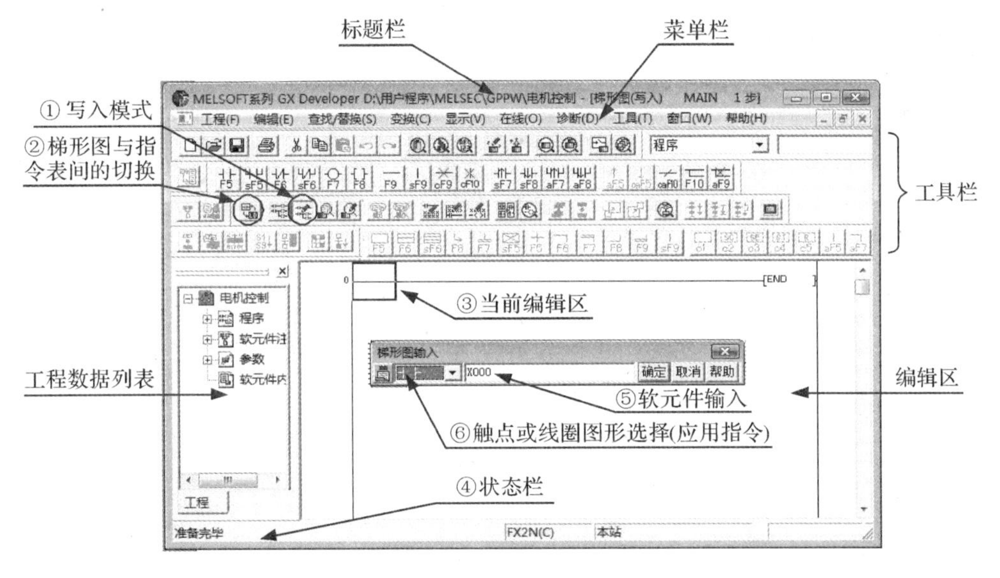

图 2-24　程序编辑界面

3. 梯形图程序的录入与编辑

图 2-25 是如图 2-3 所示三相异步电动机连续控制线路对应的梯形图。下面以此为例说明用“GX Developer”软件录入程序的操作步骤。

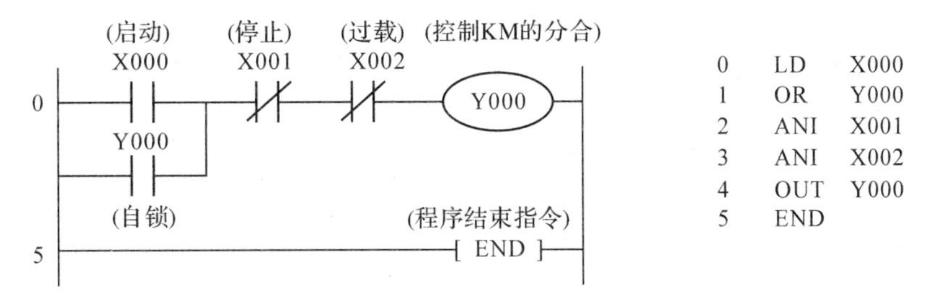

图 2-25　三相异步电动机连续控制电路的梯形图程序与指令表程序

(1)单击图 2-24 所示程序编辑界面的“①”位置的按钮,使其为写入模式。

(2)单击图 2-24 所示程序编辑界面的“②”位置的按钮,选择梯形图显示。

(3)在图 2-24 所示程序编辑界面的“③”位置的当前编辑区进行梯形图的录入。

(4)梯形图的录入有以下两种方法:

①鼠标操作+键盘操作。用鼠标选择工具栏中的图形符号或按“F5”键,打开梯形图输入窗口(见图 2-24),再在⑤和⑥位置输入其软元件与元件编号,输入完毕单击“确定”按钮或按“Enter”键即可。

②键盘操作。通过键盘输入完整的指令,如在图 2-15 所示的当前编辑区的位置直接输入:

LD→Space→X000→Enter,则 X000 的常开触点在当前编辑区显示出来。然后再输入:

OR→Space→Y000→Enter、ANI→Space→X001→Enter、ANI→Space→X002→Enter、OUT→Space→Y000→Enter,即完成图 2-25 所示梯形图的录入。如图 2-26 所示编辑区中为变换前的梯形图。

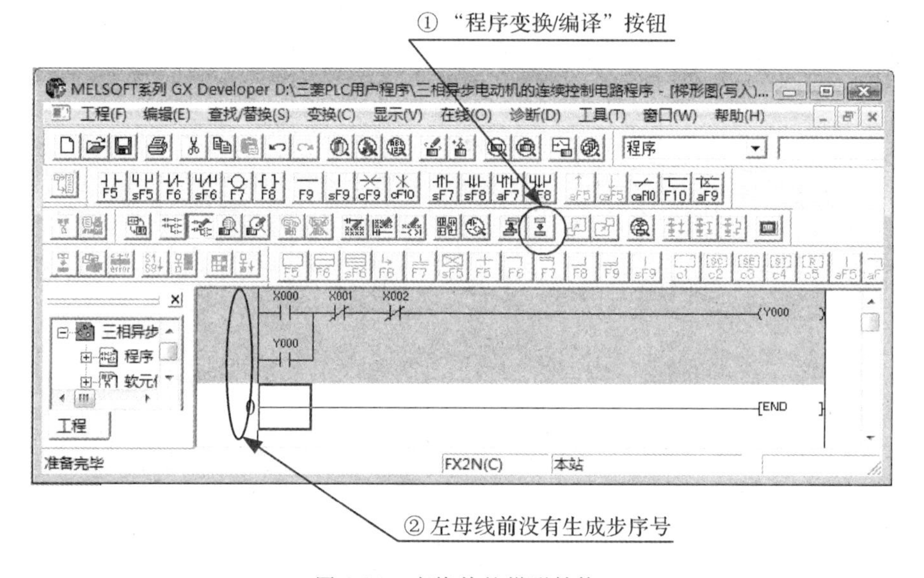

图 2-26 变换前的梯形结构

需输入功能指令时,单击应用指令弹出如图 2-27 所示对话框,然后在对话框中写入功能指令的助记符及操作数并单击确认即可。输入时,助记符与操作数间要用空格隔开。如果执行脉冲指令,“P”直接加在助记符后;对于 32 位指令,“D”直接加在指令助记符前。

另外也可以采用指令表编程,编程时可以在编辑区光标位置直接输入指令表,一条指令输入完毕后,按 Enter 键光标移至下一条指令的位置,则可输入下一条指令。指令表编辑方式中指令的修改也十分方便,将光标移到需修改的指令上,重新输入新指令即可。

(5)梯形图的变换。梯形图录入完成后,将程序写入 PLC 之前,必须进行变换,单击

图 2-26 中菜单栏的“变换(C)”下拉菜单执行“变换”命令，或按键盘上的“F4”键或单击“①”位置所示的按钮。此时，编辑区不再是灰色状态，如图 2-28 所示，可以存盘或向 PLC 传送数据。

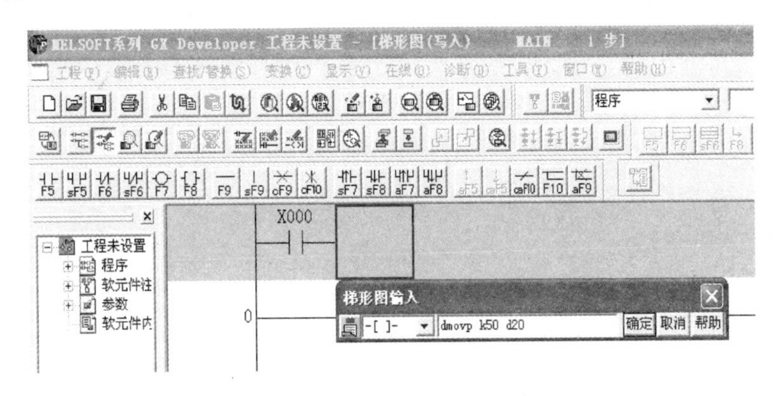

图 2-27　功能指令输入

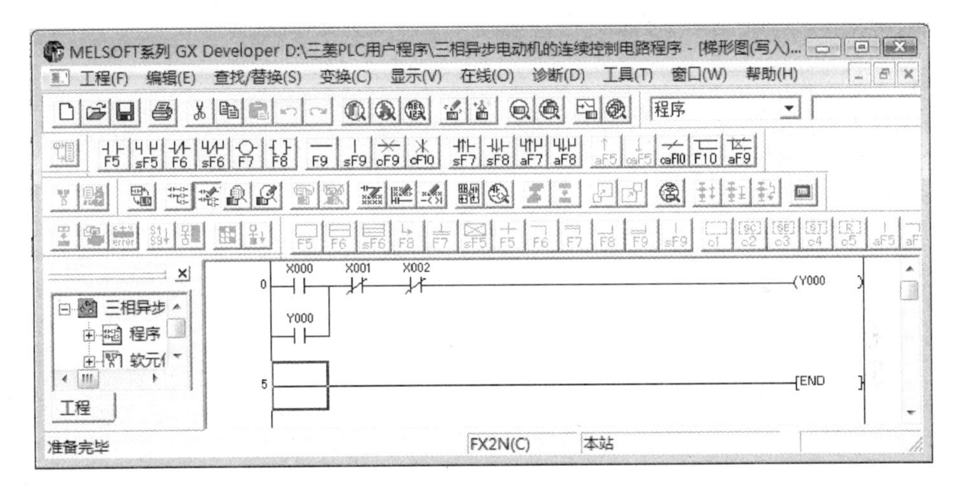

图 2-28　变换后的梯形结构

(6)程序的插入与删除。梯形图编程时，经常用到插入和删除一行、一列、一逻辑行等命令，下面我们对这些命令加以介绍。

①插入：将光标定位在要插入的位置，然后选择“编辑”菜单，执行此菜单中的“行插入”命令，就可以输入编程元件，从而实现逻辑行的输入。在并联触头 Y000 与 X000 之间行插入的演示过程如图 2-29 至图 2-31 所示。

②删除：先通过鼠标选择要删除的逻辑行，然后利用“编辑”菜单中的“行删除”命令就可以实现逻辑行的删除。

元件的剪切、复制和粘贴等命令的操作方法与 Word 应用软件相同，这里不再赘述。

(7)绘制与删除连线。需要在梯形图中“画横线”“画竖线”“横线删除”“竖线删除”时，只需将光标定位在需要操作的位置即可。绘制与删除连线的快捷键如图 2-31 的标注所示。

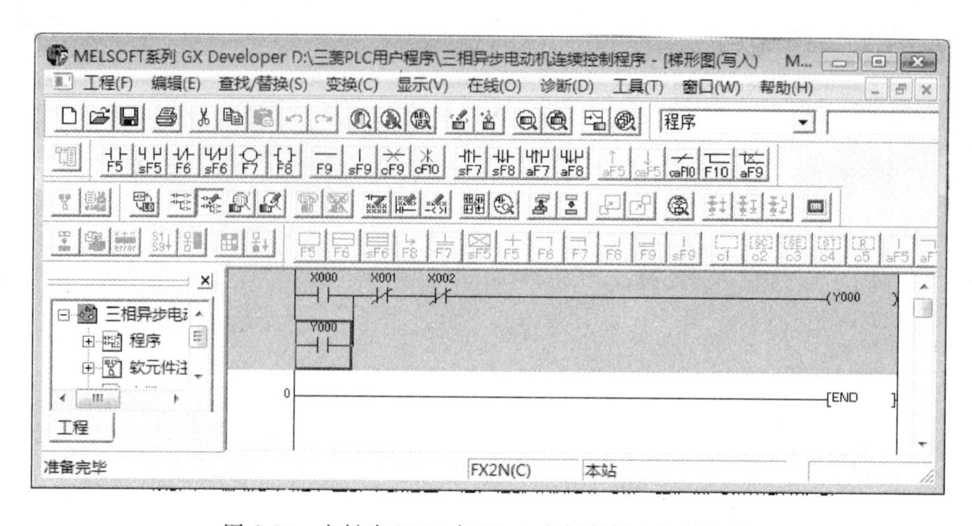

图 2-29　在触头 Y000 与 X000 之间行插入前的定位

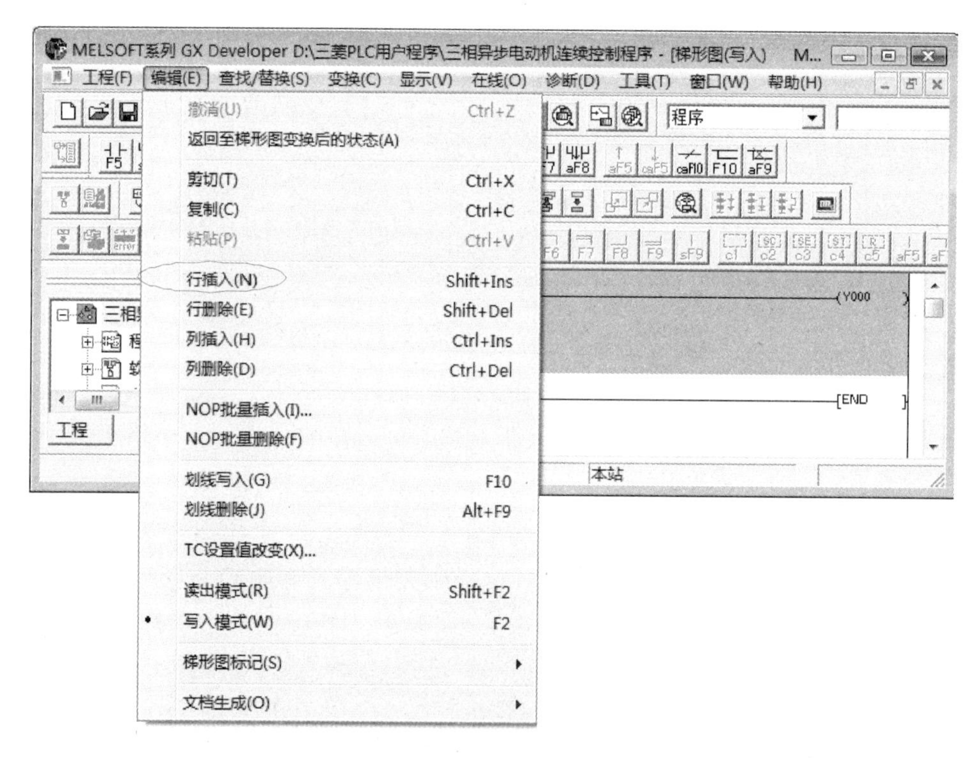

图 2-30　选择主菜单“编辑”下拉菜单的“行插入”

(8)修改。若发现梯形图的某处有错误，可进行修改操作。如将图 2-31 中的 X002 改为常开触点，首先在“写入模式”下将光标放在需要修改的位置，然后直接从键盘输入指令即可。也可以双击需要修改的位置，在弹出的“梯形图输入”窗口中完成编辑。

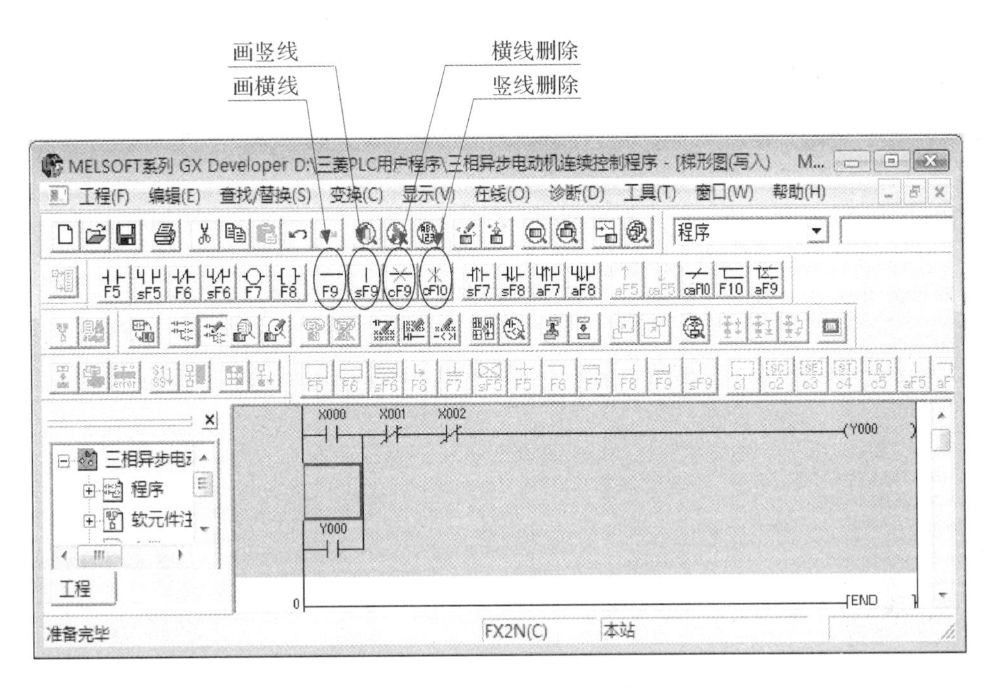

图 2-31　等待要插入的指令

(9)程序传送。要将用 GX 软件编号的程序写入 PLC 中,或将 PLC 中的程序读入计算机的显示器中显示,需要进行以下操作:

①用专用编程电缆将计算机的 RS-232 接口(9 针端口)和 PLC 的 RS-422 接口(7 针端口)连接好,也可以采用三菱 PLC 配套的 SC-09 编程电缆进行通信。连线如图 2-32 所示。

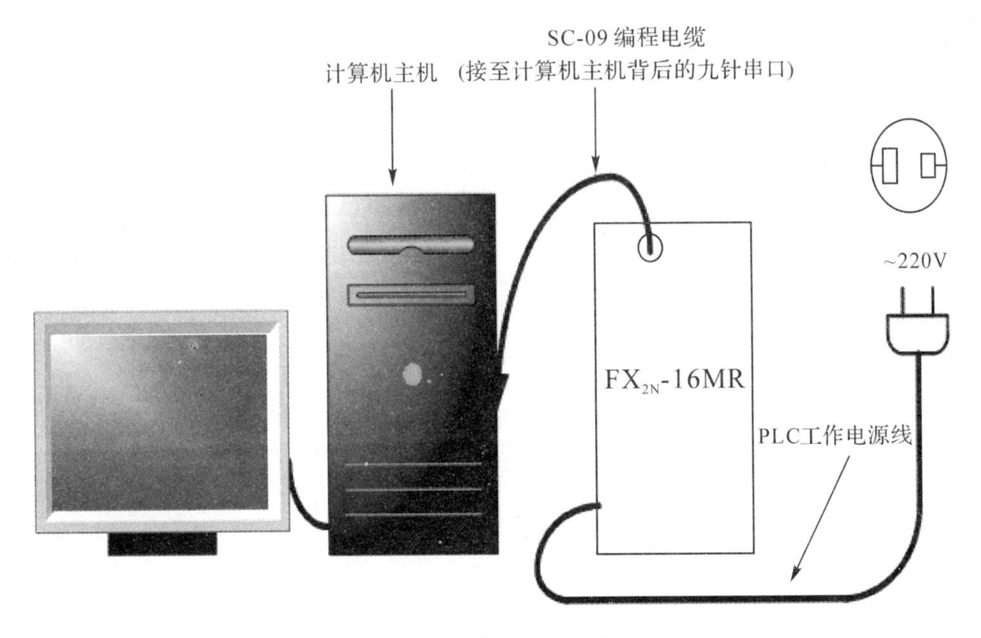

图 2-32　PLC 与电脑的通信接口

②单击主菜单“在线”的下拉菜单“传输设置”，在弹出的如图 2-33 所示的界面中双击“串行” 按钮，弹出“PC I/F 串口详细设置”对话框，选择计算机串口及通信速率，其他项保持默认，单击两次“确认”按钮即可。

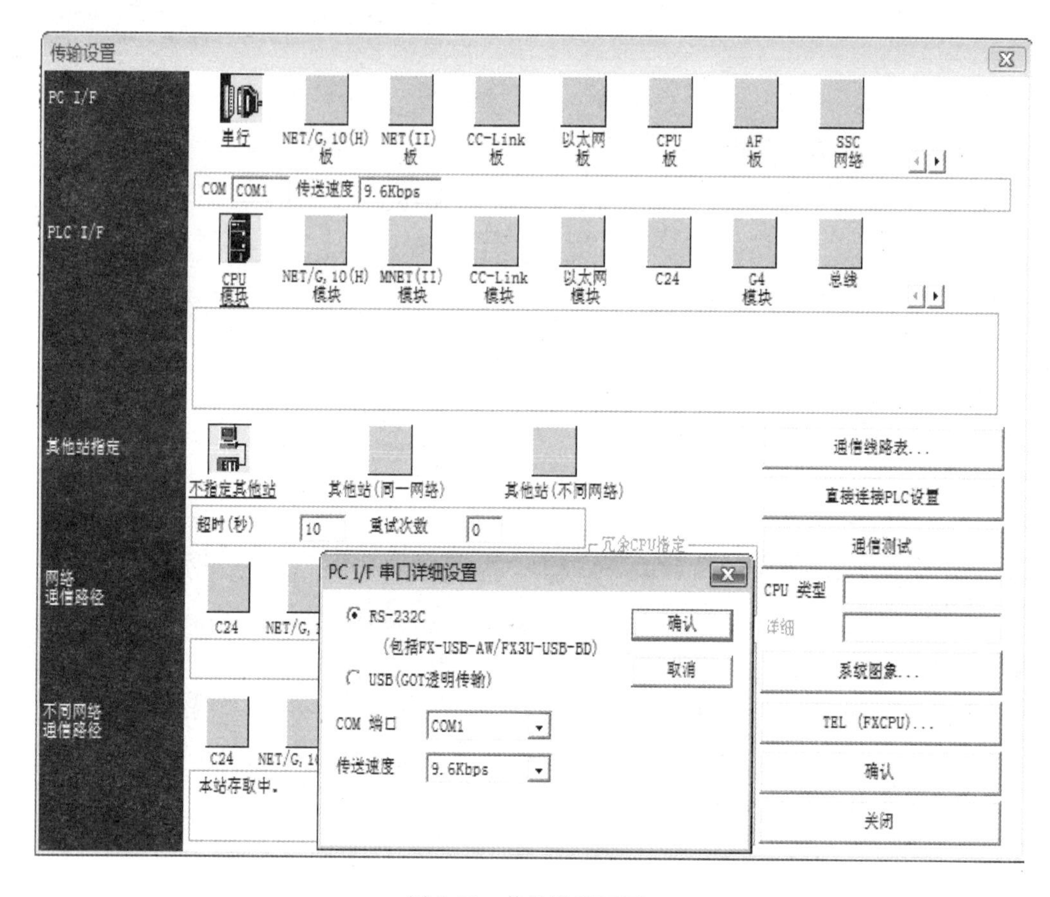

图 2-33 传输设置画面

③程序传送：

执行“在线”主菜单中的“PLC 读取”命令，可将 PLC 中的程序传送到计算机中。

执行“在线”主菜单中的“PLC 写入”命令，可将计算机中的程序下载到 PLC 中。

“PLC 读取”与“PLC 写入”两个命令的位置如图 2-34 所示。

④程序下载到 PLC。程序编辑完成后，如果没有变换保存就关闭工程，编写好的梯形图将丢失。只有经过变换后才能下载到 PLC 中运行。这时需执行菜单栏中“在线”菜单下的“PLC 写入”命令，出现如图 2-35 所示对话框。在文件选择项中选中程序下的 MAIN，单击“执行”，出现图 2-36 所示 “是否执行 PLC 写入”对话框后选“是”。然后弹出如图 2-37 所示“PLC 写入”进度窗口，完成写入之后弹出如图 2-38 所示对话框，单击“确定”之后再单击“关闭”，即完成了将程序下载到 PLC 中的操作。

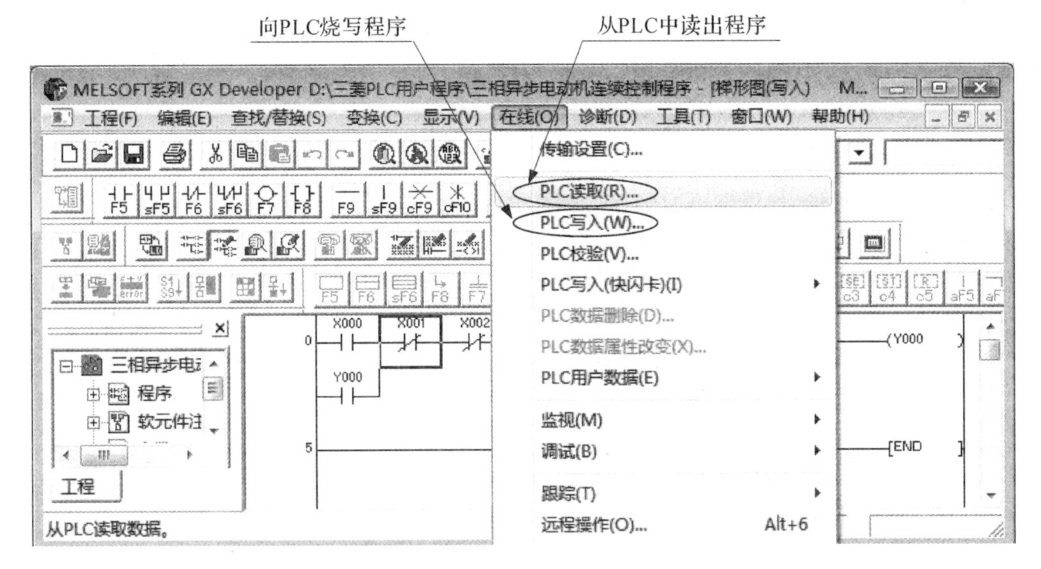

图 2-34　“PLC 读取”与“PLC 写入”命令

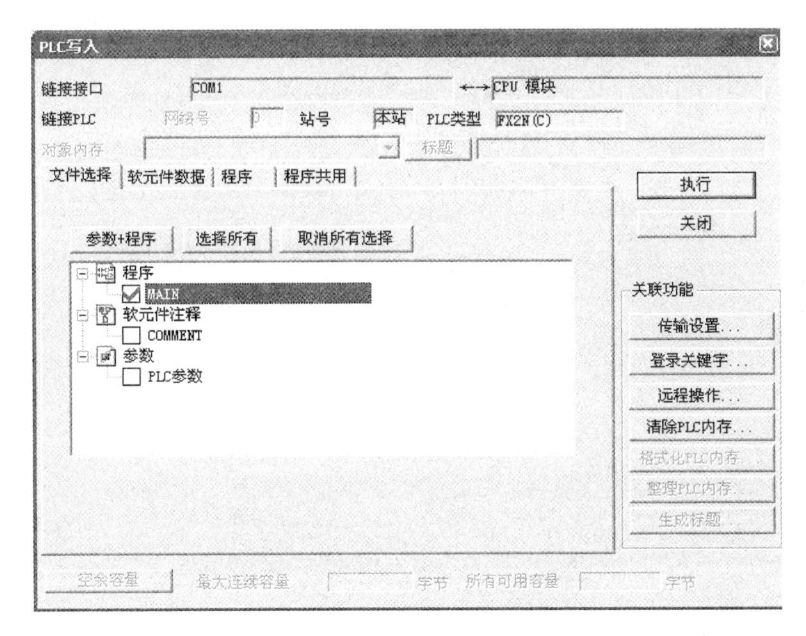

图 2-35　向 PLC 写入程序

图 2-36　是否执行 PLC

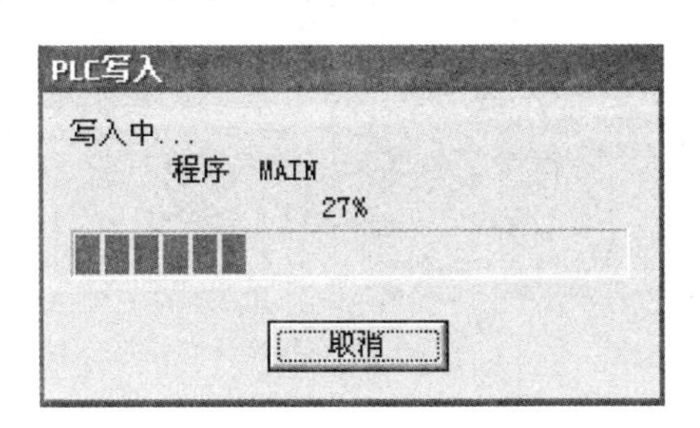

图 2-37　PLC 写入中

图 2-38　PLC 写入完成

(10)程序运行及调试。程序编完之后，经过变换，可以利用菜单栏中“诊断”菜单项下“PLC 诊断”功能对程序进行检查，如有违反编程规则的问题，软件会提示程序存在的错误。如没有违反编程规则，需要运行及调试才能发现程序中不合理的地方，然后进行修改完善，使其用于现场控制。利用 GX Developer 编程软件的监控功能，可实现程序的模拟运行和调试。

程序下载后保持编程计算机与 PLC 的正常连接，单击菜单栏中“在线”菜单后单击“监视”中的“监控模式”，即进入元件监控状态。这时，梯形图上将显示 PLC 中各触点的状态及各数据存储单元的数值变化。如图 2-39 所示，图中有长方形光标显示的为元件处于接通状态。根据控制要求可以判断所编写程序的动作是否符合要求，不正确时须进行修改直到符合要求为止。

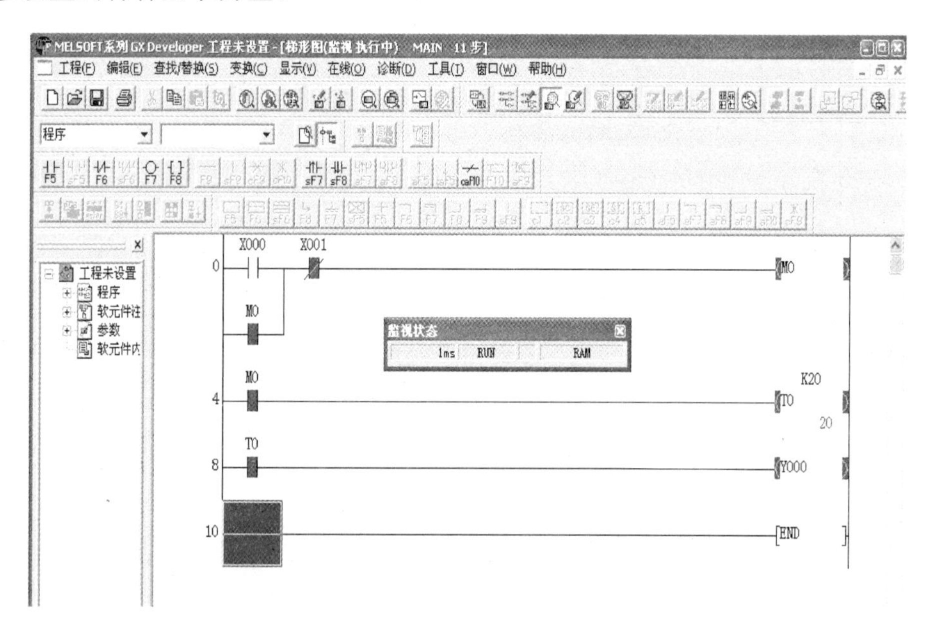

图 2-39　PLC 程序监控调试

(11)保存工程。当未设定工程名或者正在编辑时要关闭工程，将会弹出是否保存当前工程的对话框，如图 2-40 所示。希望保存工程单击“是”，否则单击“否”，继续操作应单击“取消”。

图 2-40　是否保存工程

如果创建新工程时没有设置工程名，程序编写好后保存工程，可以选择“工程”下拉菜单中的“保存工程”，如图 2-41 所示，或者按“Ctrl+S”键，或者单击工具栏中的保存，弹出“另存工程为”的对话框，如图 2-42 所示。选择所要保存工程驱动器/路径和工程名，单击“保存”后弹出“新建工程”确认的对话框如图 2-43 所示，选择“是”进行存盘，选择“否”则返回到上一层。

另外，该软件可以读取已保存的工程，也可以对不需要的程序进行工程的删除，可以进行同一 PLC 类型的 CPU 工程中的数据校验，还可以进行梯形图与顺序功能图程序的相互转变，或者是读取其他格式的文件等。

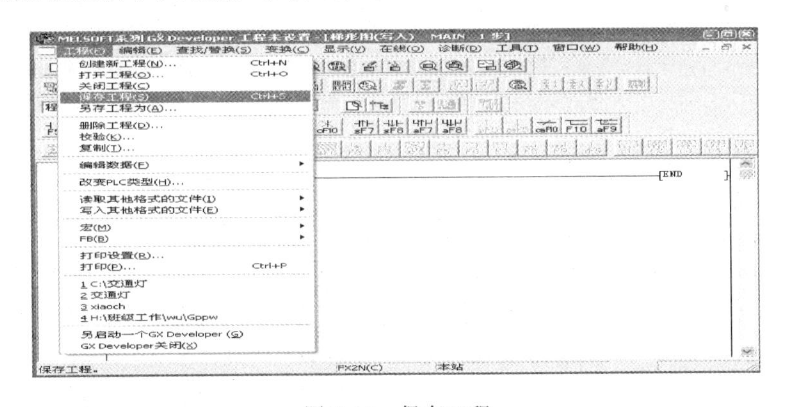

图 2-41　保存工程

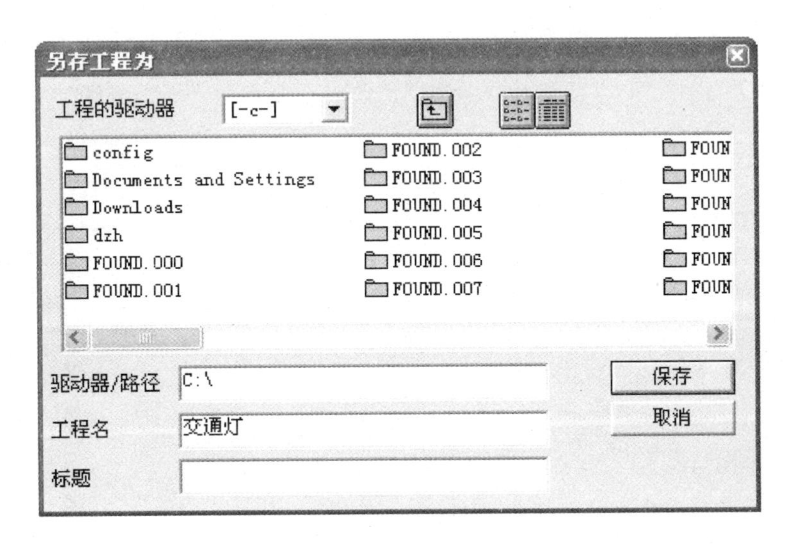

图 2-42　另存工程

图 2-43 新建工程的确认

➢ 思考练习

1.表 2-3 与表 2-5 的哪些内容的答案是相同的?为什么?

2.在专业能力拓展环节中,两种不同控制逻辑电路在接线上有何异同?进一步体会PLC"软"控制逻辑的特点。

3.前面的梯形图所用的触点都是电平触发,可以改为边沿触发吗?若可以,试着修改并进行调试。

任务三　用 PLC 实现三相异步电动机的正反转控制

➢ 任务目标

1. 能运用置位/复位指令 SET/RST 进行本任务的四步法程序设计。

2. 熟悉用 PLC 改造继电一接触式控制线路的一般步骤及技巧。

3. 能按照电气工程的控制和设计要求进行程序的设计、安装与调试。

4. 提高自我学习、信息处理、数字应用等能力，以及与人交流、与人合作、解决问题等社会能力，并自查 6S 执行力。

➢ 任务描述

专业能力训练环节一

如图 3-1 所示的是三相异步电动机的正反转控制电路，该电路在"安装与维修常用生产机械控制线路"学习领域里已经进行了电路的安装、接线与排故训练，现在我们用 PLC 来实现该电路的功能设计。

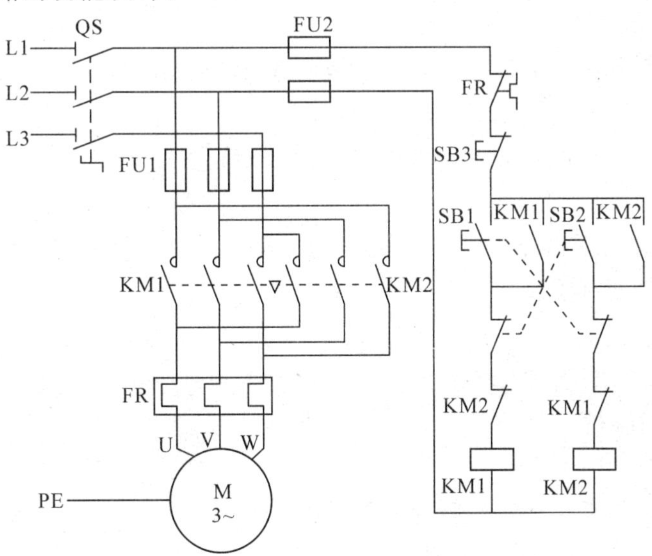

图 3-1　三相异步电动机复合联锁正反转控制电路

设计要求如下：

(1)用直译法进行 PLC 梯形图指令的编写。

(2)在 PLC 学习机上用发光二极管模拟调试程序，即用发光管 LED1、LDE2 的亮灭情况分别代表主电路的两只接触器 KM1、KM2 的分合动作情况。发光管模拟调试动作分合对照如表 3-1 所示。

表 3-1 发光管模拟调试动作分合对照

执行	电动机正转启动	电动机正转停止	电动机反转启动	电动机反转停止
操作 SB1	LED1 亮（即 KM1 吸合）	/	/	/
操作 SB3	/	LED1 灭（即 KM1 断电）	/	/
操作 SB2	/	/	LDE2 亮（即 KM2 吸合）	/
操作 SB3	/	/	/	LED2 灭（即 KM2 断电）
操作 FR	/	LED1 灭（即 KM1 断电）	/	或 LED2 灭（即 KM2 断电）

(3)按照控制要求设计 PLC 的输入/输出(I/O)地址分配表。

(4)按照控制要求进行 PLC 的输入/输出(I/O)接线图的设计。

(5)按照控制要求进行 PLC 梯形图程序的设计。

(6)按照控制要求进行 PLC 指令程序的设计。

(7)程序调试正确后，笔试回答表 3-2 中所列的该程序设计时的核心问题。

(8)工时：90 分钟，每超时 5 分钟扣 5 分。

(9)配分：本任务满分为 100 分，比重 50%，评分标准如表 3-8 所示。

专业能力训练环节二

用 PLC 实现三相异步电动机的复合联锁正反转控制电路的程序设计、安装与调试，熟练进行线路故障的排除。

训练要求如下：

(1)按照控制要求设计 PLC 的输入/输出(I/O)地址分配、I/O 接线图、梯形图、指令表并填入表 3-4 相应栏目中。

(2)要求采用 PLC、低压电器、配线板、相关电工材料等实现三相异步电动机复合联锁正反转控制电路的真实控制(即进行现场调试)。

(3)按照控制线路的电动机功率的大小选择所需的电气元件，并填写表 3-5。

(4)元件在配线板上布置要合理，元件布局如图 3-2 所示。安装要正确、紧固，配线

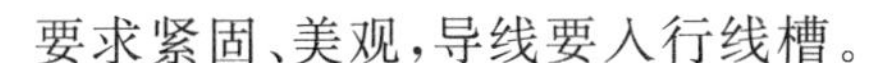

要求紧固、美观，导线要入行线槽。

(5)正确使用电工工具和仪表。

(6)按钮盒不固定在配线板上，电源和电动机配线、按钮接线要接到端子排上，进出线槽的导线要有端子标号，引出端子要用别径压端子。

(7)用 PLC 实现三相异步电动机复合联锁正反转控制电路的程序设计、安装与调试，并一次成功。

(8)进入实训场地要穿戴好劳保用品并安全文明操作。

(9) 工时：150 分钟，每超时 5 分钟扣 5 分。

(10)配分：本任务满分 100 分，比重 50%，其中排故占 10%。评分标准分别如表 3-9 所示。

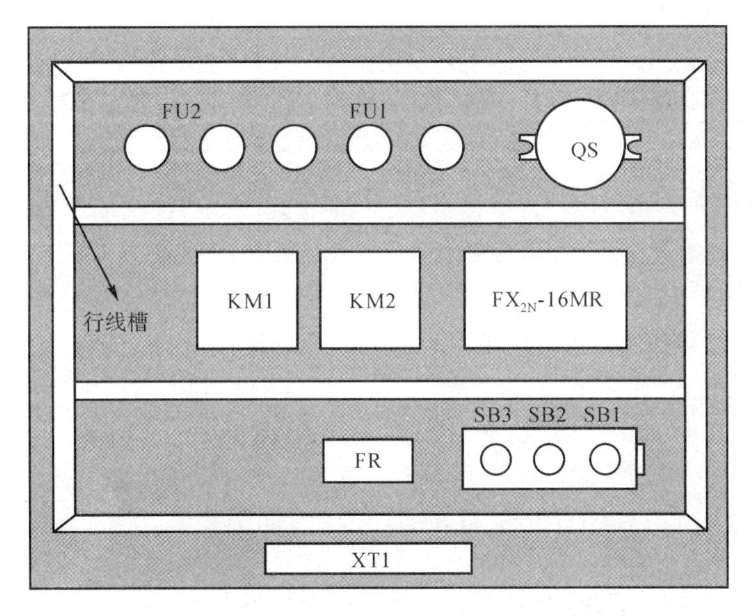

图 3-2　用 PLC 实现三相异步电动机复合联锁正反转控制电路布局

专业拓展能力训练

设计要求如下：

用复位、置位指令编写三相异步电动机的复合联锁正反转控制电路的 PLC 程序。

(1)按照控制要求设计 PLC 的输入/输出(I/O)地址分配表。

(2)按照控制要求进行 PLC 的输入/输出(I/O)接线图的设计。

(3)按照控制要求进行 PLC 梯形图程序的设计。

(4)按照控制要求进行 PLC 指令程序的设计。

(5)程序调试正确后，笔试回答表 3-2 中所列的该程序设计时的核心问题，评分标准如表 3-10 所示。

(6)工时：60 分钟，每超时 5 分钟扣 5 分。

(7)配分:本任务满分为5分,为附加分。

➢ 任务实施

一、训练器材

验电笔、尖嘴钳、斜口钳、剥线钳、螺钉旋具、万用表、兆欧表、钳形电流表、配线板、一套低压电器、PLC、连接导线、三相异步电动机及电缆、三相四线电源插头与电缆。

二、预习内容

1.写出图3-1所示三相异步电动机复合联锁的正反转控制电路的工作原理。

____

____

____

____

2.复习组合开关、熔断器、交流接触器、热继电器、按钮、接线端子排等低压电器、配电导线及PLC的选用方法,并填写好表3-5的元件选择明细表。

3.阅读行线槽配线工艺。

4.复习PLC基本指令及其应用方法。

三、训练步骤

"专业能力训练环节一"训练步骤

1.实训指导教师简要说明"专业能力训练环节一"的要求后,学生各自在PLC学习机上进行三相异步电动机正反转程序的编写并进行模拟调试。操作步骤如下:

(1)按照控制要求设计PLC的输入/输出(I/O)地址分配表。

(2)按照控制要求进行PLC的输入/输出(I/O)接线图的设计。

(3)运行三菱PLC的GX Developer编程软件。

(4)梯形图程序或指令表程序的编辑与程序录入。

(5)根据已经设计好的PLC输入/输出(I/O)接线图进行PLC外围电路的连接。

(6)PC机与PLC的通信连接。

(7)烧写PLC用户程序。

(8)程序调试:

①按照表3-1所示模拟调试的动作要求依次按下按钮SB1、SB2、SB3及过载保护触点FR,结合三相异步电动机正反转的工作原理分析程序的正误。

②若不符合控制要求,则对程序进行修改;若符合要求,则对程序设计的四个基本要素进行整理与总结,并将合理的答案填入表3-2。

表 3-2　笔试回答核心问题

要求	将合理的答案填入相应表格	扣分	得分
PLC 的输入/输出(I/O)地址分配表			
PLC 的输入/输出(I/O)接线图	FU1 ~220V N L SB1 SB2 SB3 SB4 (FR) X0 X1 X2 X3 X4 COM PLC Y0 Y1 Y2 Y3 Y4 COM1 R LED1 (KM1) R LED2 (KM2) FU2 24V		
PLC 梯形图程序的设计			
PLC 指令程序的设计			

进行程序调试即试车环节的安全注意事项任务二中已有说明，此处不再赘述。

2. 程序调试成功后按照正确的断电顺序与拆线顺序进行 PLC 外围线路的拆除，并整理好工位，待实训指导教师对自己的“专业能力训练环节一”进行评价后(可以互评)，简要总结本环节的训练经验并填入表 3-3，进入“专业能力训练环节二”的能力训练。

表 3-3　“专业能力训练环节一”经验小结

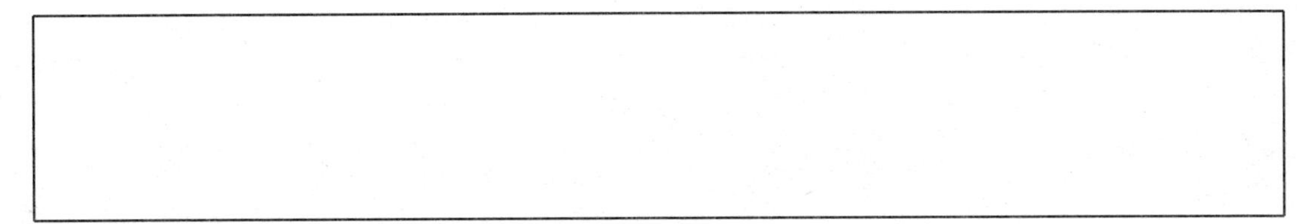

3. 实训指导教师对本任务实施情况进行总结与评价。

“专业能力训练环节二”训练步骤

1. 因本训练环节要求采用PLC、低压电器、网孔板、相关电工材料等实现三相异步电动机双重联锁正反转的真实控制，PLC的输出控制对象由“专业能力训练环节一”的发光管变为驱动电压为交流220V的交流接触器，PLC的输入控制电器由微型按钮改为防护式两档按钮。为此，表3-2的相关信息需要做适当的修改。请将修改后的结果填入表3-4。

【思考】表3-2与表3-4的哪些内容的答案是不相同的？为什么？

表3-4 笔试回答下列问题

<table>
<tr><th>要求</th><th colspan="2">将合理的答案填入相应表格</th><th>扣分</th><th>得分</th></tr>
<tr><td>PLC的输入/输出(I/O)地址分配表</td><td>PLC输入地址分配：
正转启动按钮SB1——X1
反转启动按钮SB2——X2
停止按钮SB3——X0
过载保护触点FR——X3</td><td>PLC输出地址分配：
正转交流接触器KM1——Y1
正转交流接触器KM2——Y2</td><td></td><td></td></tr>
<tr><td>PLC的输入/输出(I/O)接线图(改造后的控制电路图)</td><td colspan="2"><table><tr><td>N</td><td rowspan="8">PLC</td><td></td></tr><tr><td>L</td><td></td></tr><tr><td>X0</td><td>Y0</td></tr><tr><td>X1</td><td>Y1</td></tr><tr><td>X2</td><td>Y2</td></tr><tr><td>X3</td><td>Y3</td></tr><tr><td>X4</td><td>Y4</td></tr><tr><td>COM</td><td>COM1</td></tr></table></td><td></td><td></td></tr>
<tr><td>PLC梯形图程序的设计</td><td colspan="2"></td><td></td><td></td></tr>
<tr><td>PLC指令程序的设计</td><td colspan="2"></td><td></td><td></td></tr>
</table>

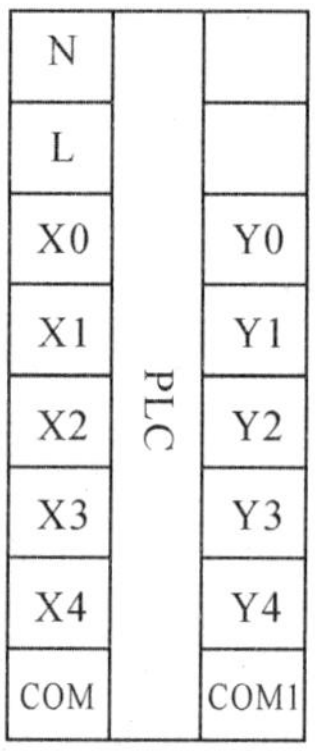

2. 根据要求正确地选择改造电路所需的电器元件，并填写表3-5。

表 3-5　元件明细(购置计划或元器件借用情况)

代号	名称	型号	规格	单位	数量	单价/元	金额/元	用途	备注
M	三相异步电动机	Y132M-4	7.5kW、380V、15.4A、△接法、1440r/min	台	1				
QS									
FU1									
FU2									
KM1									
KM2									
FR									
SB1～SB2									
PLC									
XT1(主电路)									
XT2(控制电路)									
	主电路导线								
	控制电路导线								
	电动机引线								
	电源引线								
	电源引线插头								
	按钮线								
	接地线								
	自攻螺丝								
	编码套管								
	U 形接线鼻								
	行线槽								
	配线板		金属网孔板或木质配电板						
合计									

3. 将数据线可靠地连接在 PLC 与电脑的串口之间，将 PLC 的"L"与"N"端口连接到 220V 交流电源，将"专业能力训练环节一"中保存在电脑中的程序修改后写入 PLC。

4. 程序进行模拟调试无误后，将 PLC 安装在配线板上，电器布局如图 3-2 所示。

5. 元件在配线板上布置要合理，安装要正确、紧固，配线要求紧固、美观，导线要入行线槽。

6. 由 PLC 组成的控制电路及由接触器控制电动机的主电路全部安装完毕后，用万用表的电阻检测法进行控制线路安装正确性的自检。

7. 自检完毕后进行控制电路板的试车。进行试车及排故环节的学生要注意以下几点：

(1)独自进行通电所需的配线板外围电路的连接，如连接电源线、连接负载线及电动机，并注意正确的连接顺序，同时要做好熔断器保险丝的可靠安装。

(2)正确连接好试车所需的外围电路后，注意正确的通电试车步骤，并在实训指导教师的监护下进行试车。

(3)插上电源插头→合上组合开关 QS1 与 QS2→依次按下启动按钮 SB1、SB2 与停止按钮 SB3 及过载保护 FR(常开触点短接)后，注意观察各低压电器及电动机的动作情况，并仔细记录故障现象，以作为故障分析的依据，并及时回到各自工位独自进行故障排除训练，直到试车成功为止。

(4)试车成功后按照正确的断电顺序与拆线顺序进行配线板外围线路的拆除，待实训指导教师对自己的"专业能力训练环节二"进行评价后，简要小结本环节的训练经验并填入表 3-6，进入专业拓展能力训练环节。

表 3-6 "专业能力训练环节二"经验小结

(5)训练注意事项：

①检修前应掌握电路的工作原理，熟悉电路结构和安装接线布局。

②检修应注意测量步骤，检修思路和方法要正确，不能随意测量和拆线。

③带电检修时，必须有教师在现场监护，排除故障应断电后进行。

④检修严禁扩大故障，损坏元器件。

⑤检修必须在定额时间内完成。注意本故障排除时间仍然属于 150 分钟内，超时按照评价表 3-9 扣分。

8. 实训指导教师对本任务实施情况进行评价。

"专业拓展能力训练"训练步骤

1. 实训指导教师简要说明"专业拓展能力训练"的要求后，学生各自在 PLC 学习机上进行三相异步电动机双重联锁控制线路的程序编写并进行模拟调试。操作步骤同"专业能力训练环节一"的训练步骤。

2. 程序调试成功后按照正确的断电顺序与拆线顺序进行 PLC 外围线路的拆除，并整理好工位，填写好表 3-2，待实训指导教师对自己的"专业拓展能力训练"进行评价后，简要小结本环节的训练经验并填入表 3-7。

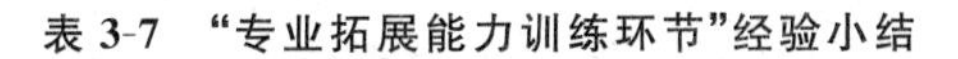

表 3-7　“专业拓展能力训练环节”经验小结

3. 实训指导教师对本任务实施情况进行评价。

➢ 任务评价

1. “专业能力训练环节一”评价标准如表 3-8 所示。
2. “专业能力训练环节二”评价标准如表 3-9 所示。
3. “专业拓展能力训练”评价标准如表 3-10 所示。

表 3-8　“专业能力训练环节一”评价标准

序号	主要内容	考核要求	评分标准	配分	扣分	得分
1	电路及程序设计	1. 根据给定的控制线路图，列出 PLC 输入/输出(I/O)地址分配表；设计 PLC 输入/输出(I/O)的接线图 2. 根据控制要求设计 PLC 的梯形图和指令表程序	1. PLC 输入/输出(I/O)地址遗漏或有错，扣 5 分/处 2. PLC 输入/输出(I/O)接线图设计不全或设计有错，扣 5 分/处 3. 梯形图表达不正确或画法不规范，扣 5 分/处 4. 接线图表达不正确或画法不规范，扣 5 分/处 5. PLC 指令程序有错，扣 5 分/处	50		
2	程序输入及调试	1. 熟练操作 PLC 编程软件，能正确地将所设计的程序输入 PLC 2. 按照被控设备的动作要求进行模拟调试，达到设计要求	1. 不会熟练操作 PLC 编程软件来输入程序，扣 10 分 2. 不会用删除、插入、修改等命令，扣 6 分/次 3. 缺少功能，扣 6 分/项	30		
3	通电试验	在保证人身安全和设备安全的前提下，通电试验一次成功	1. 热继电器整定值错误，扣 5 分 2. 主、控电路配错熔体，扣 5 分/个 3. 第一次试车不成功，扣 10 分 4. 第二次试车不成功，扣 15 分 5. 第三次试车不成功，扣 20 分	20		

续表

序号	主要内容	考核要求	评分标准	配分	扣分	得分
4	安全要求	1. 安全文明生产 2. 自觉在实训过程中融入6S理念 3. 有组织，有纪律，守时诚信	1. 违反安全文明生产规程，扣5～40分 2. 乱线敷设，加扣不安全分，扣10分 3. 工位不整理或整理不到位，扣10～20分 4. 随意走动，无所事事，不刻苦钻研，扣10～20分	倒扣		
备注	除了定额时间外，各项内容的最高分不应超过该项目的配分数；每超5分钟扣5分		合计	100		
定额时间	150分钟	开始时间		结束时间		考评员签字

表3-9 “专业能力训练环节二”评价标准

序号	主要内容	考核要求	评分标准	配分	扣分	得分
1	元件选择	1. 元件选择的型号和规格正确、合理、经济 2. 元件选择的数量正确 3. 元件选择的品名齐全，所需的配置考虑周全 4. 元件选择的单价咨询合理	1. 选错型号和规格，每个扣5分 2. 选错元件数量，每个扣2分 3. 规格没有写全，每个扣2分 4. 型号没有写全，每个扣2分 5. 漏选非主流元件，每个扣1分 6. 单价咨询不合理，每个扣1分	10		
2	元件安装	1. 按图纸的要求，正确使用工具和仪表，熟练安装电气元器件 2. 元件在配电板上布置要合理，安装要准确紧固 3. 按钮盒不固定在板上	1. 元件布置不整齐、不匀称、不合理，每只扣3分 2. 元件安装不牢固，每只扣4分 3. 安装元件时漏装木螺钉，每只扣1分 4. 损坏元件，每只扣5～15分 5. 走线槽安装不符合要求，每处扣2分	15		
3	电气布线	1. 接线要求美观、紧固、无毛刺，导线要进行线槽 2. 电源和电动机配线，按钮接线要接到端子排上，进出线槽的导线要有端子标号，引出端要用别径压端子	1. 电动机运行正常，如不按图接线理，每处扣5分 2. 布线不进行线槽，不美观，主电路、控制电路，每根扣1分 3. 接点松动、露铜过长、反圈、压绝缘层、标记线号不清楚、遗漏或误标，引出端无别径压端子，每处扣1分 4. 损伤导线绝缘或线芯，每根扣1分	35		

续表

序号	主要内容	考核要求	评分标准	配分	扣分	得分
4	通电试验	在保证人身和设备安全的前提下，通电试验一次成功	1. 热继电器整定值错误，扣 5 分 2. 主、控电路配错熔体，每个扣 5 分 3. 一次试车不成功，扣 30 分 二次试车不成功，扣 40 分 三次试车不成功，扣 50 分	40		
5	安全文明生产		1. 违反安全文明生产规程，扣 5～40 分 2. 乱线敷设，加扣不安全分，扣 10 分	倒扣		
备注	除了定额时间外，各项内容的最高分不应超过配分数		合计	100		
定额时间	150 分钟	开始时间		结束时间		考评员签字

表 3-10　专业拓展能力训练的评价标准

项目内容	配分	评分标准	扣分
故障分析	40	1. 不能根据试车的状况说出故障现象，扣 5～10 分 2. 不能标出最小故障范围，每个故障扣 10 分 3. 不能根据试车的状况说出故障现象，每个故障扣 10 分	
故障排除	60	1. 停电不验电，扣 5 分 2. 测量仪表、工具使用不正确，每次扣 5 分 3. 检测故障方法、步骤不正确，扣 10 分 4. 不能查出故障，每个故障扣 15 分 5. 查出故障但不能排除，每个故障扣 15 分 6. 损坏元器件，扣 40 分 7. 扩大故障范围或产生新的故障，每个故障扣 40 分	
安全文明生产	倒扣	违反安全文明生产规程，未清理场地，扣 10～60 分	
定额时间 30 分钟		开始时间　　　结束时间	实际时间
备注		1. 不允许超时检修故障，但在修复故障时每超过 1min 扣 2 分 2. 除定额工时外，各项内容的最高扣分不得超过配分数	成绩

➢ 知识链接

一、继电接触控制系统的 PLC 设计的相关知识

（一）PLC 应用系统设计的基本原则

（1）最大限度地满足被控对象的控制要求。设计前，应深入现场进行调查研究，搜集资料，并与相关部门的设计人员和实际操作人员密切配合，共同拟定控制方案，协同解决设计中出现的各种问题。

（2）在满足控制要求的前提下，力求使控制系统简单、经济，使用及维修方便。

(3)保证控制系统的安全可靠。

(4)考虑到生产的发展和工艺的改进,在选择PLC容量时,应适当留有余量。

(二)PLC控制系统设计的基本内容

(1)PLC可构成各种各样的控制系统,如单机控制系统、集中控制系统等。系统设计时要确定系统的构成形式。

(2)系统运行方式与控制方式的择定。

(3)选择用户输入设备(按钮、操作开关、限位开关、传感器等)、输出设备(继电器、接触器、信号灯等元件)以及由输出设备驱动的控制对象(电动机、电磁阀等)。

(4)PLC是控制系统的核心部件,正确选择PLC对保证整个控制系统的技术经济指标起着重要的作用。选择PLC应包括机型选择、容量选择、I/O模块选择、电源模块选择等。

(5)分配I/O点数,绘制I/O连接图。

(6)设计控制程序。控制程序是整个系统工作的软件,是保证系统正常、安全、可靠工作的关键。因此,控制系统的程序应经过反复调试、修改,直到满足要求为止。

(7)必要时还须设计控制柜。

(8)编制控制系统的技术文件,包括说明书、电气原理图及电气元件明细表、I/O连接图、I/O地址分配表、控制软件。

(三)PLC改造继电—接触式控制线路的一般步骤

(1)根据生产的工艺过程分析控制要求,如需要完成的动作(动作顺序、必要的保护和联锁等)、操作方式(手动、自动、连续、单周期、单步等)。

(2)根据控制要求确定系统控制方案。

(3)根据系统构成方案和工艺要求确定系统运行方式。

(4)根据控制要求确定所需的用户输入/输出设备,据此确定PLC的I/O点数。

(5)选择PLC。

(6)分配PLC的I/O点数,设计I/O连接图(这一步也可结合上一步进行)。

(7)进行PLC的程序设计,同时可进行控制台的设计和现场施工。

(8)联机调试,若不满足要求,再返回修改程序或检查接线,直至满足要求为止。

(9)编制技术文件。

(10)交付使用。

(四)操作要点提示

(1)对那些已成熟的继电—接触式控制电路的生产机械,在改用PLC控制时,只要把原有的控制电路做适当的改动,使之符合PLC要求的梯形图。

(2)原来继电—接触式电路中分开画的交流控制电路和直流执行电路,在PLC梯形图中要合二为一。

(3)PLC梯形图中,只有输出继电器才可以控制外部电路及负载。

(4)每一逻辑行的条件指令(常闭、常开触点,其数目不限,但是每一个触点都要占用一个指令字，而指令字越多，需要的 PLC 的内存空间越大）。

（5）每一个相同的条件指令可以使用无数次，而不像继电器控制只有有限的触点可供使用。

（6）接通外部元器件的输出指令的地址号（输出继电器），主要也可以作为条件指令使用。

（7）一些简单、独立的控制电路（如机床中冷却泵电动机的控制电路），可以不进入 PLC 程序控制。

（8）程序的输入和调试：

①在操作现场进行程序输入时，如果没有 PC 机，可以采用便携式手持编程器。将编程器设置在编程状态，依据设计的语句表指令逐条输入，完毕后逐条校对。

②把控制电路各个电气元器件的线圈负载去掉，将编程器设置在运行状态，按照设计流程图的要求进行模拟调试。模拟调试时，观察输出指示灯的点亮顺序是否与流程图要求的动作一致。如果不一致，可以修改程序，直到输出指示灯的点亮顺序与流程图要求的动作一致。

③把全部控制电路各个电气元器件的线圈负载接上，将编程器设置在运行状态，按照考核试题的要求进行调试，使各种电气元器件的动作符合考核试题要求的功能。

总之，一个 PLC 应用系统设计包括硬件设计和应用控制软件设计两大部分。其中硬件设计上要求选型设计和外围电路的常规设计；应用控制软件设计则是依据控制要求和 PLC 指令系统来进行的。

二、PLC 的安装接线要求

（一）工作环境

1.温度

PLC 要求环境温度在 0～55°C。安装时不能放在发热量大的元件附近，四周通风散热的空间应足够大；基本单元与扩展单元双列安装时上下要有 30mm 以上的距离；开关柜上、下部应有百叶窗，避免太阳直接照射。如果环境温度超过 55°C，就要设法强制降温。

2.湿度

为了保证 PLC 的绝缘性能，空气的相对湿度应小于 85%RH（无凝露）。

3.震动

应使 PLC 远离强烈的震动源。防止振动频率为 10～55Hz 的频繁或连续振动。当使用环境不可避免震动时，必须采取减震措施，如采用减震胶等。

4.空气

避免有腐蚀和易燃气体，如氯化氢、硫化氢等。对于空气中有较多粉尘或腐蚀性气体的环境，可将 PLC 安装在封闭性较好的控制室或控制柜中，并安装空气净化装置。

5.电源

PLC 采用单相工频交流电源供电时，对电压的要求不严格，而且具有较强的抗电源

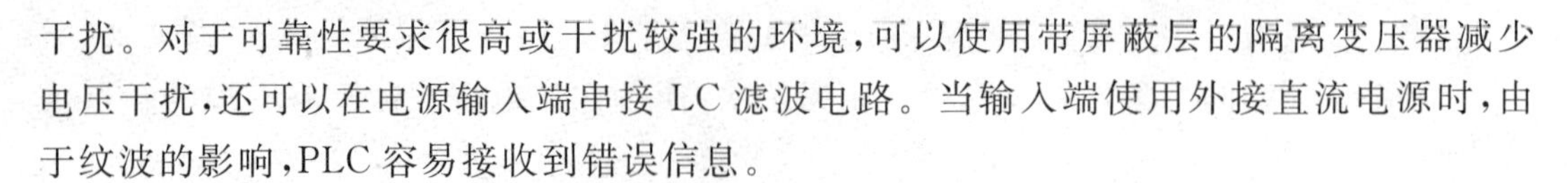

干扰。对于可靠性要求很高或干扰较强的环境，可以使用带屏蔽层的隔离变压器减少电压干扰，还可以在电源输入端串接LC滤波电路。当输入端使用外接直流电源时，由于纹波的影响，PLC容易接收到错误信息。

（二）安装与布线

（1）动力线、控制线以及PLC的电源线和I/O线应分别配线，隔离变压器与PLC和I/O之间应采用双绞线连接。

（2）PLC应远离强干扰源，如电焊机、大功率硅整流装置和大型动力设备，不能与高压电器安装在同一个开关柜内。

（3）PLC的输入与输出最好分开走线，开关量与模拟量信号线也要分开敷设。模拟量信号的传送用屏蔽线，屏蔽层应一端或两端接地，接地电阻应小于屏蔽层电阻的1/10。

（4）PLC基本单元与扩展单元以及功能模块的连接线缆应单独敷设，以防外接信号干扰。

（5）交流输出线和直流输出线不要用同一根电缆，输出线应尽量远离高压线和动力线。

（三）I/O端的接线

1. 输入接线

（1）输入接线一般不超过30m。但如果环境干扰较小，电压降不大时，输入接线可适当长些。

（2）输入线和输出线不能用同一根电缆，两者须分开。

（3）尽可能采用常开触点形式连接到输入端，使编制的梯形图与继电器原理图一致，便于阅读。

2. 输出接线

（1）输出端接线分为独立输出和公共输出。在不同组中，可采用不同类型和电压等级的输出电压；但在同一组中，输出只能用同一类型、同一电压等级的电源。

（2）由于PLC的输出元件被封装在印制电路板上，并且连接至端子板，若将连接输出元件的负载短路，将烧毁印制电路板，因此应用熔丝保护输出元件。

（3）采用继电器输出时，所承受的电感性负载的大小会影响到继电器的工作寿命，因此使用电感性负载时应选择工作寿命较长的继电器。

（4）PLC的输出负载可能产生干扰，因此要采取措施加以控制。如直流输出的续流管保护，交流输出的阻容吸收电路，晶体管及双向晶闸管输出的旁路电阻保护等。

（四）PLC的外部安全电路

为了确保整个系统能在安全状态下可靠工作，避免由于外部电源事故、PLC出现的异常、误操作以及误输出造成的重大经济损失和人身伤亡事故，PLC外部应安装必要的保护电路。

（1）急停电路。对于能够造成用户伤害的危险负载，除了在PLC控制程序中加以考虑外，还要设置外部紧急停车电路，这样在PLC发生故障时，能将引起伤害的负载和故

障设备可靠切断。

(2)保护电路。在正转等可逆操作的控制系统中,要设置外部电器互锁保护;往复运动和升降移动的控制系统,要设置外部限位保护。

(3)自检功能。PLC 有监视定时器等自检功能,检测出异常时,输出全部关闭。但当 PLC 的 CPU 故障时就不能控制输出。因此,对于可能给用户造成伤害的危险负载,为确保设备在安全状态下运行,需设置机外防护措施。

(4)电源过负荷的保护。如果 PLC 电源发生故障,中断时间少于 10ms,PLC 工作不受影响;若电源中断超过 10ms 或电源下降超过允许值,则 PLC 停止工作,所有的输出端口均同时断开;当电源恢复时,若 RUN 输入接通,则操作自动进行。因此,对一些易过负荷的输入设备应设置必要的限流保护电路。

(5)重大故障的报警和防护。对于易发生重大事故的场所,为了确保控制系统在事故发生时仍能可靠地报警和防护,应将与重大故障有联系的信号通过外电路输出,以使控制系统能够在安全状态下运行。

(五)PLC 的接地

良好的接地是保证 PLC 可靠工作的重要条件,可以避免偶然发生的电压冲击波危害。PLC 的接地线与设备的接地线端相连,接地线的截面积应不小于 $2mm^2$,接地电阻要小于 100Ω;如果使用扩展单元,其接地点应与基本单元的接地点连在一起。为了有效抑制加在电源盒输入、输出端的干扰,应给 PLC 接上专用的地线,接地点应与动力设备的接地点分开;如果达不到这种要求,就必须做到与其他设备公共接地,接地点要尽量靠近 PLC。严禁 PLC 与其他设备串联接地。

➢ 思考练习

一、置位与复位指令的应用练习:

本习题块为置位与复位指令练习,置位与复位指令由 SET/RST 成对出现使用。置位与复位指令的使用要注意以下几点:

(1)SET:置位指令,其功能是驱动部分软元件线圈,使其具有自锁功能,维持接通状态。SET 指令的操作元件为输出继电器 Y、辅助继电器 M 和状态继电器 S。

(2)RST:复位指令,其功能是使软元件线圈复位,即解除受控元件的状态。RST 指令的操作元件为输出继电器 Y、辅助继电器 M、状态继电器 S、积算定时器 T 和计数器 C。

(3)SET/RST 指令可指定同一输出编号,使用次数无限制,指令的先后顺序也没有关系。

①根据图 3-3 所示梯形图和 X010 的时序图,画出 M020、M021 和 Y010 的时序图,并分析所给梯形图的作用。

②写出如图 3-4 所示梯形图和 X000 的时序图,并补画 M000、M001、M002 和 Y000 的时序图。如果 PLC 的输入点 X000 接一个按钮,输出点 Y000 所接的接触器控制一台电动机,则通过这段程序能否用该按钮控制电动机启动和停止。

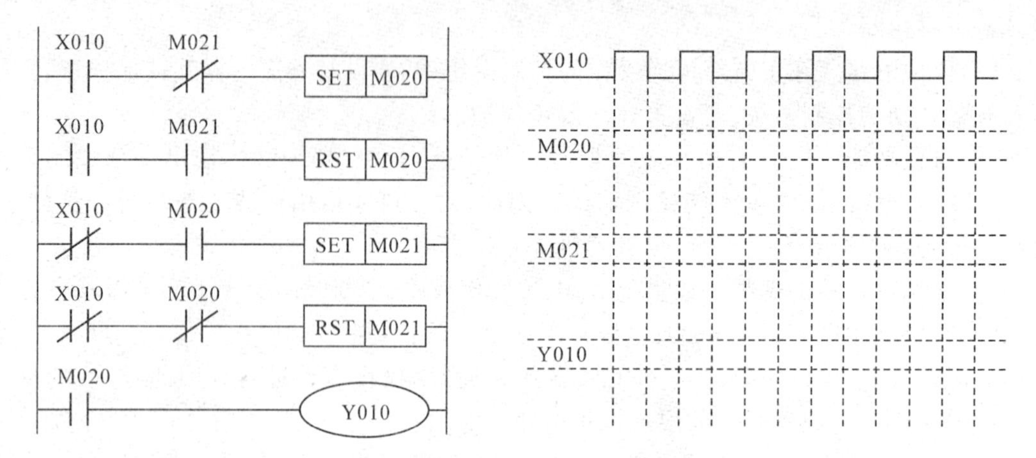

图 3-3　梯形结构和 X010 的时序

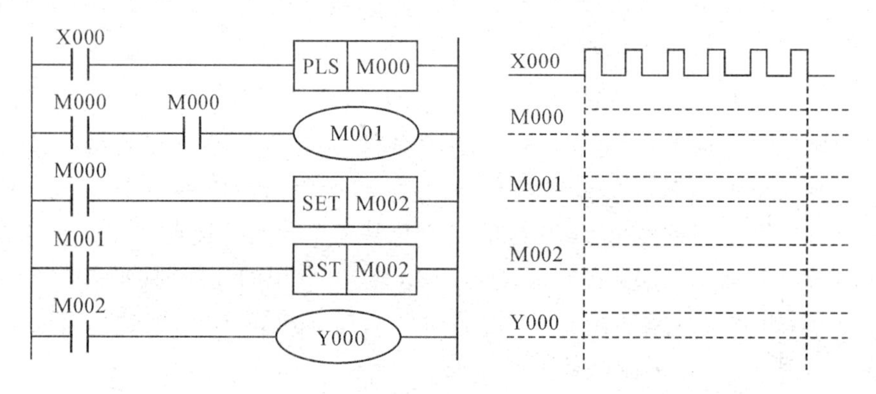

图 3-4　梯形结构和 X000 的时序

二、某车间排风系统利用工作状态指示灯的不同状态进行监控，指示灯状态输出的控制要求如下：

(1)排风系统共由 3 台风机组成，利用指示灯进行报警显示。

(2)当系统中有 2 台以上风机工作时，指示灯保持连续发光。

(3)当系统中只有 1 台风机工作时，指示灯以 0.5Hz 频率闪烁报警。

(4)当系统中没有风机工作时，指示灯以 2Hz 频率闪烁报警。

三、试设计一电动机过载保护程序，要求电动机过载时，能自动停止运转，并发出报警信号。

四、设计一个报警器，要求当条件 X1＝ON 满足时蜂鸣器鸣叫，同时，报警灯连续闪烁 16 次，每次亮 2s，熄灭 3s。此后，停止声光报警。

任务四　用 PLC 实现三相异步电动机自动变速双速运转能耗制动控制

➢ 任务目标

1. 掌握经验设计法。

2. 掌握状态转移图及步进顺控指令的应用方法。

3. 会应用状态转移图及步进顺控指令实现电动机自动变速双速运转能耗制动控制。

4. 学会用多种方法实现三相异步电动机自动变速双速运转能耗制动控制电路的 PLC 程序设计、安装与调试。

5. 提高自我学习、信息处理、数字应用等能力，以及与人交流、与人合作、解决问题等社会能力并自查 6S 执行力。

➢ 任务描述

专业能力训练环节一

如图 4-1 所示的是三相异步电动机自动变速双速运转能耗制动控制电路，下面我们用 PLC 来实现该电路的改造设计。

设计要求如下：

(1)用经验设计法进行三相异步电动机自动变速双速运转能耗制动控制电路的改造设计。

(2)按照控制要求设计 PLC 的输入/输出(I/O)地址分配表，并将设计结果填入表 4-1 中专业能力训练环节一对应的位置(以下相同)。

(3)按照控制要求进行 PLC 的输入/输出(I/O)接线图的设计，并将设计结果填入表 4-1。

(4)按照控制要求进行 PLC 梯形图程序的设计，并将设计结果填入表 4-1。

(5)按照控制要求进行 PLC 指令程序的设计，并将设计结果填入表 4-1。

(6)用 PLC 及发光二极管实现三相异步电动机自动变速双速运转能耗制动控制电路的程序设计与模拟调试，并一次成功。

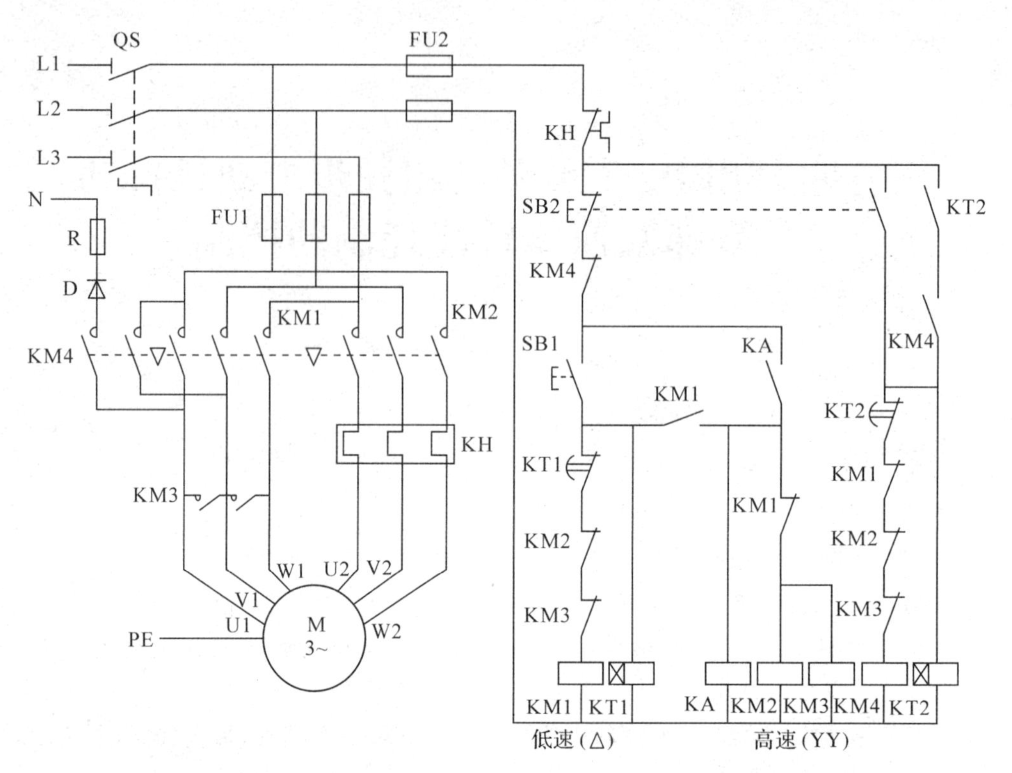

图 4-1　三相异步电动机自动变速双速运转能耗制动控制电路

(7)工时:90 分钟,每超时 5 分钟扣 5 分。

(8)配分:本任务满分为 100 分,比重 50%。

专业能力训练环节二

用步进指令实现三相异步电动机自动变速双速运转能耗制动控制电路的程序设计、调试。其他要求同专业能力训练环节一。

配分:本任务满分为 100 分,比重 50%。

专业能力拓展训练

在专业能力训练环节一、二均调试成功的基础上采用其他编程方法或不同的编程指令进行程序设计。

(1)进行程序录入与调试,并比较三种方法的优、缺点。

(2)工时:训练工时 60 分钟,每超时 5 分钟扣 5 分。

(3)配分:本任务满分 5 分,为附加分。评分标准如表 4-4 所示。

➢ 任务实施

一、训练器材

验电笔、尖嘴钳、斜口钳、螺钉旋具、万用表、低压电器、PLC、连接导线。

二、预习内容

写出图 4-1 所示的三相异步电动机自动变速双速运转能耗制动控制电路的工作原理：

____

____

____

____

____

____

三、训练步骤

"专业能力训练环节一"训练步骤

1. 实训指导教师简要说明"专业能力训练环节一"的要求后，学生各自在 PLC 学习机上进行三相异步电动机自动变速双速运转能耗制动控制电路的程序设计、表格填写、发光二极管的模拟调试。调试操作步骤参照任务五。

2. 依次按下启动按钮 SB1、停止按钮 SB2 及过载保护触点 KH，观察 PLC 输入/输出口的动作过程，结合三相异步电动机自动变速双速运转能耗制动控制电路的工作原理分析程序的正误。

3. 程序调试成功后按照正确的断电顺序与拆线顺序进行 PLC 外围线路的拆除，并整理好工位，自检 6S 执行情况，填写好表 4-1 中专业能力训练环节一对应的内容，待实训指导教师对自己的"专业能力训练环节一"进行评价后，简要小结本环节的训练经验并填入表 4-2，进入专业能力训练环节二的能力训练。

4. 程序调试及试车环节要注意：

(1)在断开电源的情况下独自进行 PLC 外围电路的连接，如连接 PLC 的输入接口线、连接 PLC 的输出接口线。

(2)程序调试完毕拆除 PLC 的外围电路时，要断电进行。

表 4-1　笔试回答核心问题

要求	请将合理的答案填入相应表格		扣分		得分	
PLC 的输入/输出(I/O)地址分配表	专业能力训练环节一	专业能力训练环节二	一	二	一	二
PLC 的输入/输出(I/O)接线图(改造后的控制电路图)						
PLC 梯形图程序的设计		画出顺序功能图及梯形图				
PLC 指令程序的设计						

表 4-2　“专业能力训练环节一”经验小结

5. 实训指导教师对本任务实施情况进行小结与评价。

“专业能力训练环节二”训练步骤

1. 本训练环节的任务要求采用步进指令进行编程，按照设计要求填写表 4-1 专业能力训练环节二对应的内容。

2. 参照专业能力训练环节一的训练步骤(2)、(3)的要求完成本训练环节的能力训练，待实训指导教师对自己的“专业能力训练环节二”进行评价后，简要小结本环节的训练经验并填入表 4-3，进入专业能力拓展训练。

表 4-3 "专业能力训练环节二"经验小结

3.实训指导教师对本任务实施情况的进行评价。

➢ 任务评价

专业能力训练环节一、二的评价标准如表 4-4 所示。

表 4-4 评价标准

序号	主要内容	考核要求	评分标准	配分	扣分	得分
1	电路及程序设计	1.根据给定的控制线路图,列出 PLC 输入/输出(I/O)地址分配表;设计 PLC 输入/输出(I/O)的接线图 2.根据控制要求设计 PLC 的梯形图和指令表程序	1.PLC 输入/输出(I/O)地址遗漏或有错,扣 5 分/处 2.PLC 输入/输出(I/O)接线图设计不全或设计有错,扣 5 分/处 3.梯形图表达不正确或画法不规范,扣 5 分/处 4.接线图表达不正确或画法不规范,扣 5 分/处 5.PLC 指令程序有错,扣 5 分/处	50		
2	程序输入及调试	1.熟练操作 PLC 编程软件,能正确将所设计的程序输入 PLC 2.按照被控设备的动作要求进行模拟调试,达到设计要求	1.不会熟练操作 PLC 编程软件来输入程序,扣 10 分 2.不会用删除、插入、修改等命令,扣 6 分/次 3.缺少功能,扣 6 分/项	30		
3	通电试验	在保证人身安全和设备安全的前提下,通电试验一次成功	1.热继电器整定值错误,扣 5 分 2.主、控电路配错熔体,扣 5 分/个 3.第一次试车不成功,扣 10 分 4.第二次试车不成功,扣 15 分 5.第三次试车不成功,扣 20 分	20		
4	安全要求	1.安全文明生产 2.自觉在实训过程中融入 6S 理念 3.有组织、有纪律,守时诚信	1.违反安全文明生产规程,扣 5~40 分 2.乱线敷设,加扣不安全分,扣 10 分 3.工位不整理或整理不到位,扣 10~20 分 4.随意走动,无所事事,不刻苦钻研,扣 10~20 分	倒扣		

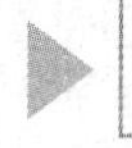

续表

序号	主要内容	考核要求	评分标准	配分	扣分	得分
备注	除了定额时间外,各项内容的最高分不应超过该项目的配分数;每超5分钟扣5分		合计	100		
定额时间	150分钟	开始时间		结束时间		考评员签字

➢ 知识链接

一、FX_{2N}系列内部资源

三菱FX_{2N}系列PLC的编程软元件除了前面任务二所介绍的外,还有常数K/H、定时器T、计数器C等。下面继续介绍PLC常用的编程软元件的名称、编号、数量、使用方法等。

(一)常数K/H

常数K/H作为一种软器件处理,因为无论在程序中或PLC内部存储器中它都占有一定的存储空间。十进制常数用K表示,如常数234表示成K234;十六进制则用H表示,如常数234表示成HEA。

(二)定时器T

各种PLC都设有数量不等的定时器,其作用相当于时间继电器。所有定时器都是通电延时型,可以用程序编制成具有断电延时功能的时间继电器。在程序中,定时器总是与一个定时设定值常数一起使用,并根据时钟脉冲累加计时,当所计时间达到设定值,其输出动合或动断触点动作。定时器输出触点可供编程使用,使用次数不限。

FX_{2N}系列PLC中共有256个定时器,如表4-5所示。

表4-5　FX_{2N}系列PLC的定时器

定时器名称	定时器软元件编号	数量/个	计时范围/s
100ms普通定时器	T000～T199	200	0.1～3276.7
10ms普通定时器	T200～T245	46	0.01～327.67
1ms积算定时器	T246～T249	4	0.001～32.767
100ms积算定时器	T250～T255	6	0.1～3276.7

它们的使用方法如下:

1.普通定时器

可编程控制器中的定时器是对机内1ms、10ms、100ms等不同规格时钟脉冲累加计时的。

普通定时器的工作原理与动作时序如图4-2所示。当X000接通时,普通定时器T000线圈被驱动,T000的当前值计数器对100ms脉冲进行累计(加法)计数。该值与设定值 K20 不断进行比较，当两值相等时，输出触点接通。也即定时线圈得电后，其触点延时 2s(20×0.1s)后动作。驱动 T000 定时器工作的输入继电器常开触头 X000 复位或输入继电器 X000 断电时，T000 定时器立即复位，T000 延时闭合输出触点也立即复位，等待下一次的驱动信号的到来再重新开始定时工作。

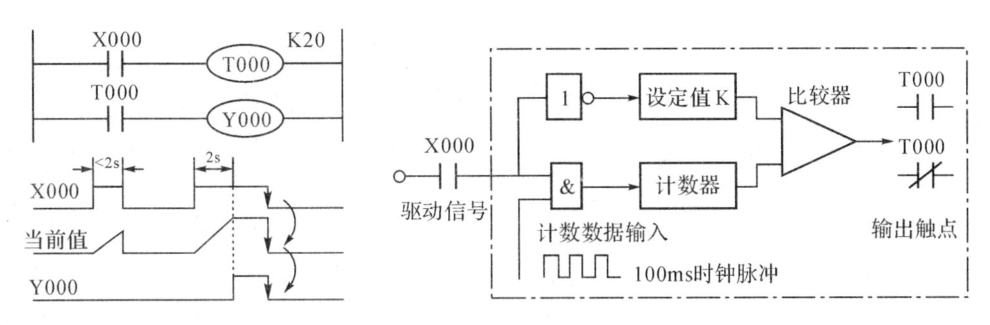

图 4-2　普通定时器工作原理

值得注意的是：

(1)在计时中，计时条件 X000 断开或 PLC 电源停电，计时过程中止且当前值寄存器复位(置 0)。

(2)若 X000 断开或 PLC 电源停电发生在计时过程完成且定时器的触点已动作，触点的动作也不能保持。

2. 积算定时器

积算定时器具有断电保持功能，因此也称保持型定时器。

积算定时器的工作原理与动作时序如图 4-3 所示。积算定时器在计时条件失去或 PLC 断电时，其当前值寄存器的内容及触点状态均可保持，可在多次断续的计时过程中“累计”计时时间，所以称为“积算”。因积算定时器的当前值寄存器及触点都有记忆功能，所以必须在程序中加入专门的复位指令。图中 X001 是复位条件，当 X001 接通执行“RST　T250”指令时，T250 的当前值寄存器及触点同时置 0。

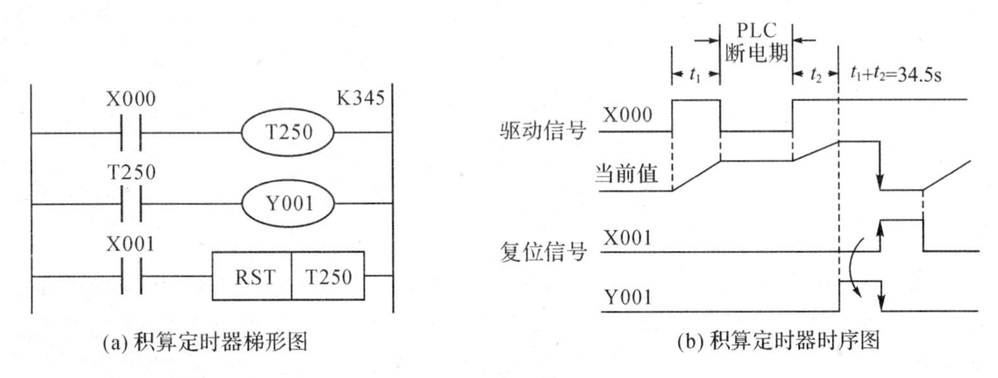

(a) 积算定时器梯形图　　(b) 积算定时器时序图

图 4-3　积算定时器工作原理

一般情况下，从计时条件采样输入到定时器延时输出控制，其延时最大误差为 $2T$，T 为一个程序扫描时间，通常在十几到几十毫秒间。

（三）计数器 C

计数器是 PLC 实现逻辑运算和算术运算及其他各种特殊运算必不可少的重要器件，它是由一系列电子电路组成的。根据不同用途、工作方式和工作特点，计数器有多种类型。

FX_{2N}系列 PLC 中共有 256 个计数器，如表 4-6 所示。

表 4-6　FX_{2N}系列 PLC 的计数器

计数器分类及名称			计数器软元件编号	数量/个	计数设定值范围
内部信号计数用计数器（内部计数器）	16 位单向增计数器	通用型	C000～C099	100	K1～K32767
		掉电保持型	C100～C199	100	
	32 位双向增/减计数器	通用型	C200～C219	20	－2147483648～＋2147483648
		掉电保持型	C220～C234	15	
高速计数器（外部计数器）	单相无启动/复位端子（单输入）		C235～C240	6	
	单相带启动/复位端子（单输入）		C241～C245	5	
	单相双计数输入型		C246～C250	5	
	双相双计数输入型（A-B 型）		C251～C255	5	

下面对内部信号计数用计数器的使用方法介绍如下：

在执行扫描操作时，对内部器件（如 X、Y、M、S、T 和 C）的信号通/断进行计数的计数器称为信号计数器。为保证信号计数的准确性，要求其接通和断开时间比 PLC 的扫描周期稍长，即机内信号的频率低于扫描频率。因此，内部计数器是低速计数器，也称普通计数器。

1. 16 位单向增计数器

从表 4-6 可见，16 位单向增计数器有通用型和掉电保持型两种。这两种计数器设定值都在 K1～K32767 范围内，其中 K0 与 K1 含义相同，即在第一次计数时，其输出触点动作。

16 位单向增计数器的梯形图与时序图如图 4-4 所示。X011 为计数输入信号，每接通一次，计数器当前值加 1，达到设定值时计数器输出触点动作。此时，即使 X011 再接通，计数器当前值也保持不变。当复位输入 X010 接通（ON），执行 RST 指令，计数器复位，当前值变为 0，其输出触点也断开（OFF）。

计数器的设定值，除了可用常数 K 设定外（在规定设定范围内），也可以间接通过指定数据寄存器来设定，其设定值可超出规定范围。例如，将一个大于规定最大设定值的数用 MOV 指令送入指定数据寄存器，当计数输入达到最大值后，仍能继续读数。

2. 32 位双向增/减计数器

从表 4-6 可见，32 位双向增/减计数器也有通用型和掉电保持型两种。这两种计数器设定值都在－2147483648～＋2147483647 范围内，且在计数器计数值的设定方法上也分为直接设定与间接设定两种。

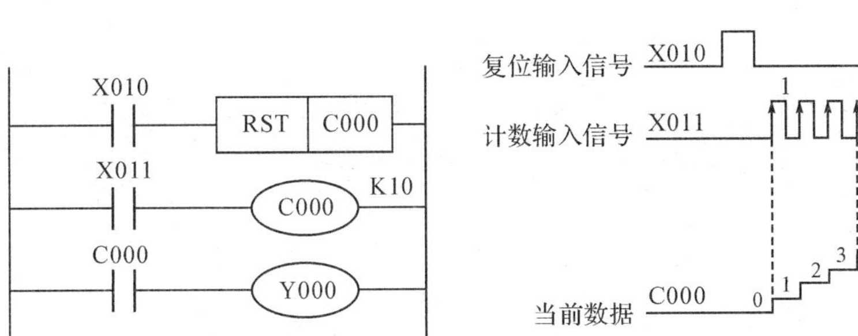

(a) 16 位增计数器梯形图　　(b) 16 位增计数器时序图

图 4-4　16 位单向增计数器工作原理

直接设定：用常数 K 在上述设定范围内任意设定。

间接设定：指定某两个地址号紧连在一起的数据寄存器 D 的内容为设定值。

32 位双向增/减计数器的设定值寄存器为 32 位。由于双向计数，32 位的首位为符号位。设定值的最大绝对值为 31 位二进制数所表示的十进制数。设定值可直接用常数或间接用数据寄存器 D 的内容。间接设定时，要用元件号紧连在一起的两个数据寄存器。

计数的方向(增计数器或减计数器)由特殊辅助继电器 M8200～M8234 设定。

对于 C□□□ { 当 M8□□□接通(置 1)时减法计数；当 M8□□□断开(置 0)时加法计数 }

32 位双向增/减计数器的梯形图与时序图如图 4-5 所示。图中 X014 作为计数输入驱动 C200 线圈进行加计数或减计数。X012 为计数方向选择，计数值为－5。当计数器的当前值由－6 增加为－5 时，输出信号 Y001 触点置 1；由－5 减少为－6 时，输出信号 Y001 触点置 0。

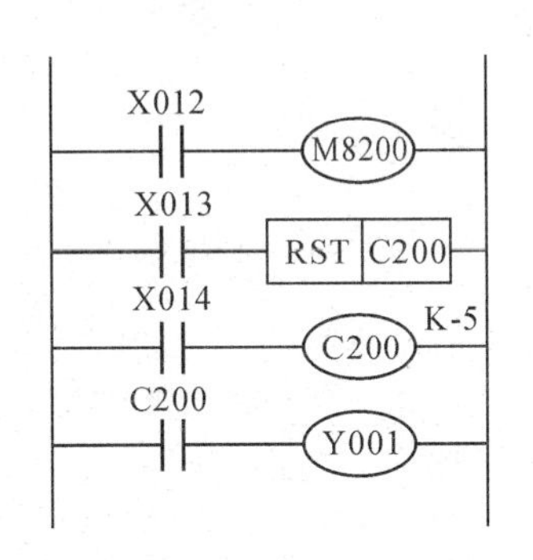

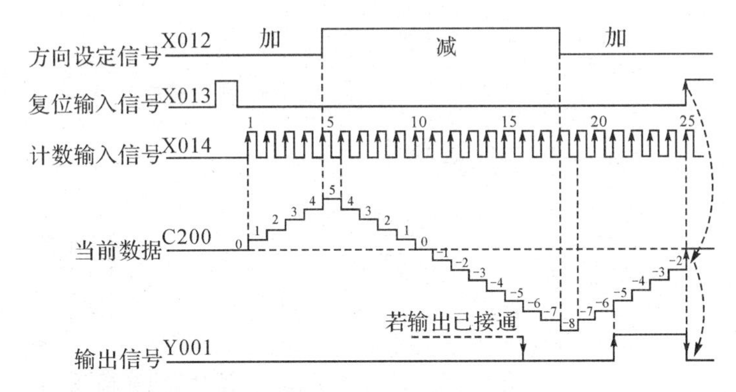

图 4-5　32 位双向增/减计数器工作原理

32 位双向增/减计数器为循环计数器。当前值的增减虽与输出触点的动作无关，但从＋2147483647起再进行加计数，当前值就变成－2147483648。从－2147483648 起再进行减计数，则当前值变为＋2147483647。

（四）定时器与计数器应用举例

(1)定时器指令格式如图 4-6 所示。

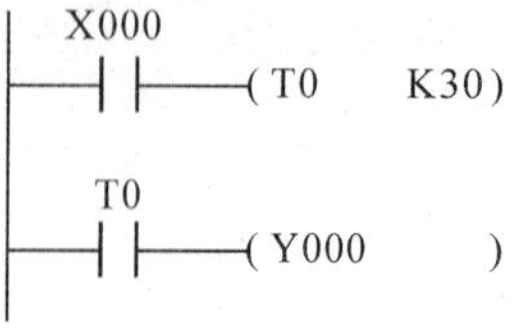

```
0  LD   X000
1  OUT  T0    K30
4  LD   T0
5  OUT  Y000
```

图 4-6　定时器指令格式

(2)计数器指令格式如图 4-7 所示。

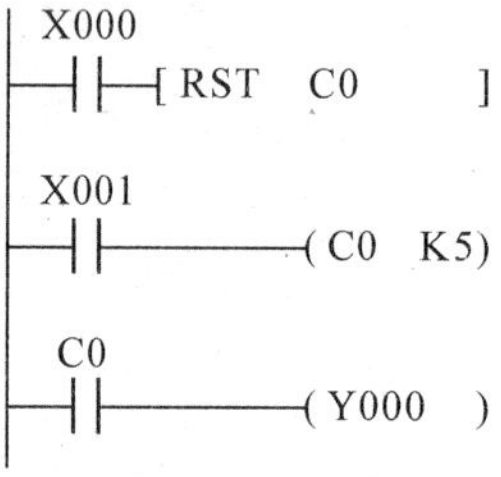

```
0  LD   X000
1  RST  C0
3  LD   X001
4  OUT  C0    K5
7  LD   C0
8  OUT  Y000
```

图 4-7　计数器指令格式

(3)定时器与计数器应用举例。

例 1:延时接通电路(见图 4-8)。

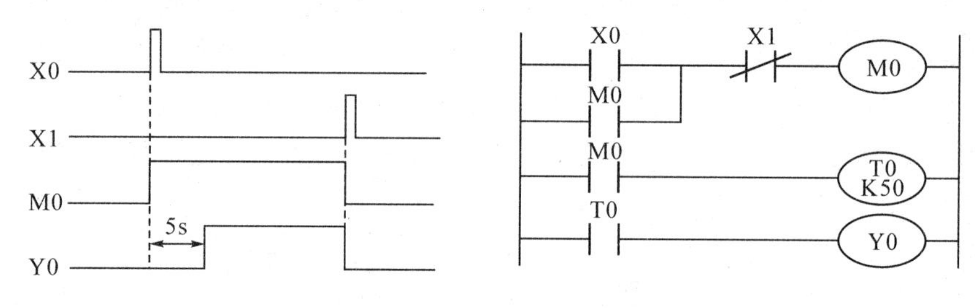

图 4-8　延时接通电路

例 2:延时断开电路(见图 4-9)。

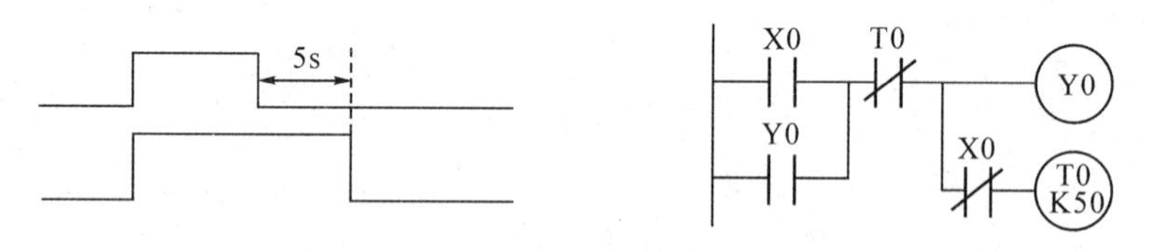

图 4-9　延时断开电路

例 3:延时时间大于 3276.7s 时电路设计(见图 4-10)。

说明:利用定时器的组合,可以实现大于 3276.7s 的定时。但如果是几万秒甚至更长的定时,需用定时器与计数器的组合来实现。

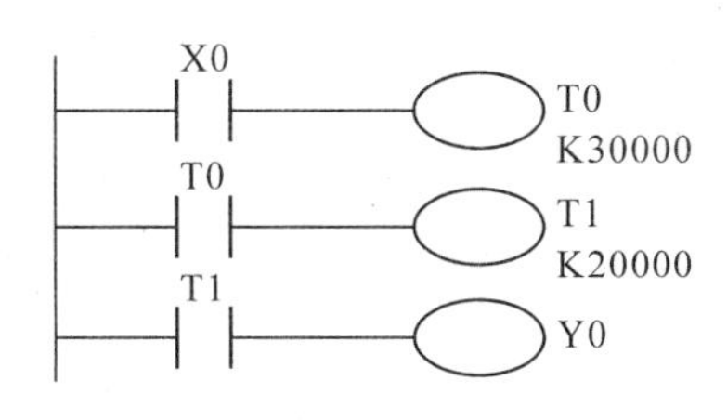

图 4-10　长延时电路

例 4:定时器与计数器的组合实现长延时(见图 4-11)。

当 X0 接通后,延时 20000s,输出 Y0 接通;当 X0 断开后,输出 Y0 断开。

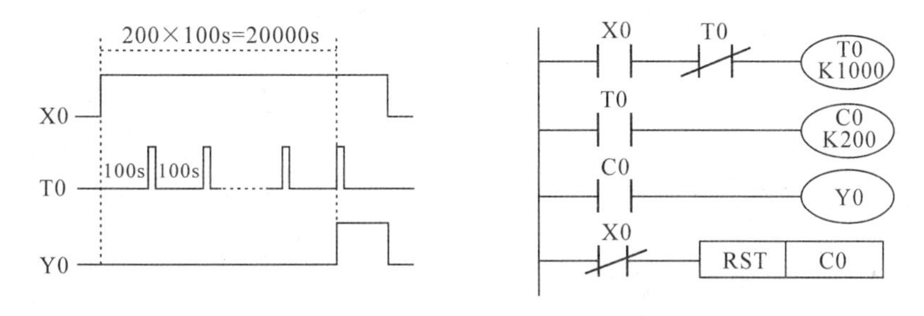

图 4-11　定时器与计时器组合延时电路

例 5:两个计数器组合实现长延时(见图 4-12)。

说明:PLC 内部的特殊辅助继电器提供了四种时钟脉冲,即 10ms(M8011)、100ms(M8012)、1s(M8013)、1min(M8014),可利用计数器对这些时钟脉冲的计数达到延时的作用。

注意:每次 C0 计满后应及时复位,否则 C1 只能得到一个脉冲。

控制要求为当 X0 接通后,延时 50000s,输出 Y0 接通;当 X0 断开后,输出 Y0 断开。

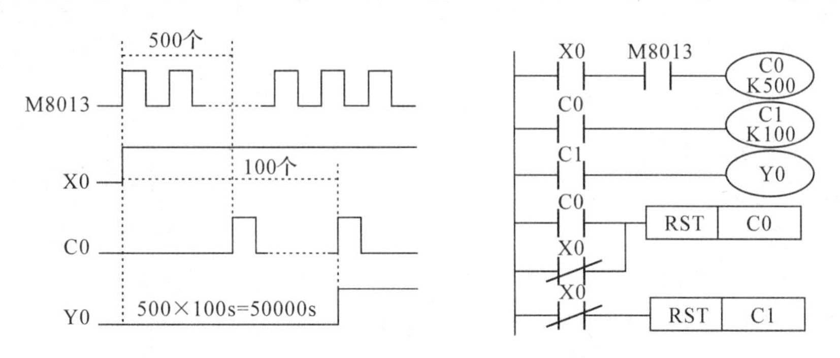

图 4-12　利用特殊辅助继电器延时电路

例 6:顺序延时接通程序(见图 4-13 和图 4-14)。

①当 X0 接通后,输出端 Y0、Y1、Y2 按顺序每隔 10s 输出接通,用三个定时器 T0、T1、T2 设置不同的定时时间,可实现按顺序先后接通,当 X0 断开后同时停止。

②当 X0 接通后,输出端 Y0 接通 10s 后断开,Y1 接通 10s 再断开,之后 Y2 接通 10s 后又断开,Y1 再接通 10s 断开,周而复始;X0 断开,输出 Y0、Y1、Y2 全部断开(见图 4-14)。

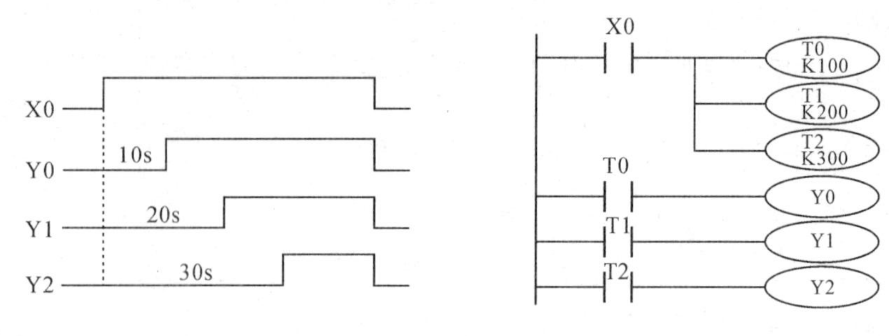

图 4-13　顺序延时接通电路(1)

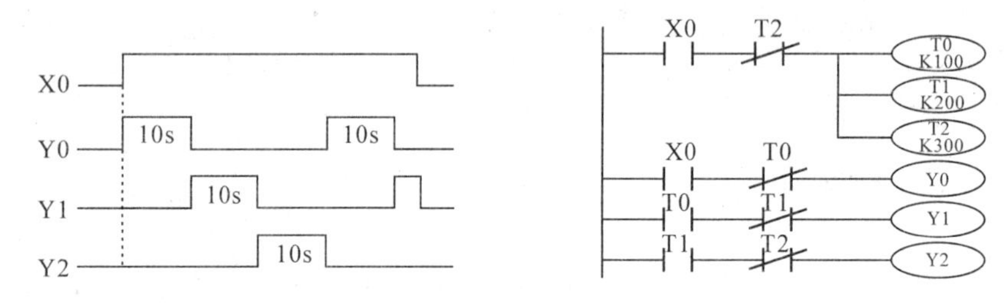

图 4-14　顺序延时接通电路(2)

二、梯形图编程的特点

梯形图编程语言是从继电器接触控制线路图上发展起来的一种编程语言，两者的结构非常类似，但其程序执行过程存在本质的区别。因此，同样是继电接触控制系统与梯形图的基本组成三要素——触点、线圈、连线，也有着本质的不同。

(一)触点的性质与特点

梯形图中所使用的输入、输出和内部继电器等编程元件的“常开”“常闭”触点，其本质是 PLC 内部某一存储器的数据“位”状态。程序中的“常开”触点是直接使用该位的状态进行逻辑运算处理，“常闭”触点是使用该位的“逻辑非”状态进行处理。它与继电器控制电路的区别体现在以下两点：

(1)梯形图中的触点可以在程序中无限次使用，不像物理继电器那样受到实际安装触点数量的限制。

(2)在任何时刻，梯形图中的“常开”“常闭”触点的状态是唯一的，不可能出现两者同时为“1”的情况，“常开”“常闭”触点存在严格的“非关系”。

(二)线圈的性质与特点

梯形图编程所使用的内部继电器、输出线圈等编程元件，虽然采用了与继电接触控制线路同样的图形符号，但它们并非实际存在的物理继电器。程序对以上线圈的输出控制，只是将 PLC 内部某一存储器的数据“位”的状态进行赋值而已。数据“位”置“1”对应于线圈的“得点”，数据“位”置“0”对应于“断电”。因此，它与继电接触控制电路相比区别在于以下两点：

(1)如果需要，梯形图中的“输出线圈”可以在程序中进行多次赋值，即在梯形图中可以使用所谓的“重复线圈”。

(2)PLC 程序的执行，严格按照梯形图“从上至下”“从左至右”的时序执行，在同一 PLC 程序执行循环内，不能改变已经执行完成的指令输出状态(已经执行完成的指令输出状态只能在下一循环中予以改变)。有效利用 PLC 的这一程序执行特点，可以设计出许多区别于继电器控制线路的特殊逻辑，如“边沿”处理信号等。

(三)连线的性质与特点

梯形图中的“连线”仅代表指令在 PLC 中的处理关系(“从上至下”“从左至右”)，它不像继电接触控制线路那样存在实际电流，因此在梯形图中，每一输出线圈应有各自独立的逻辑控制“电路”(即明确的逻辑控制关系)，不同输出线圈间不能采用继电接触控制线路中经常使用的“电桥型连接”方式，试图通过后面的执行条件改变已经执行完成的指令输出。

三、梯形图编程的注意事项

(一)继电接触控制线路可使用，梯形图不能(不宜)使用的情况

由于 PLC 与继电接触控制电路的工作方式不同，编制 PLC 梯形图程序时，应注意以下几种在继电器控制回路中可以正常使用，但在 PLC 中需要经过必要的处理的情况。

1. 避免使用“桥接”支路

如图 4-15(a)所示是继电接触控制线路中为了节约“触点”或设计需要而经常采用的“电桥型连接”(简称“桥接”支路)。图中通过 KA5 触点的连接，使得触点 KA3 与 KA1 可以同时“交叉”控制线圈 KM5 或 KM6。

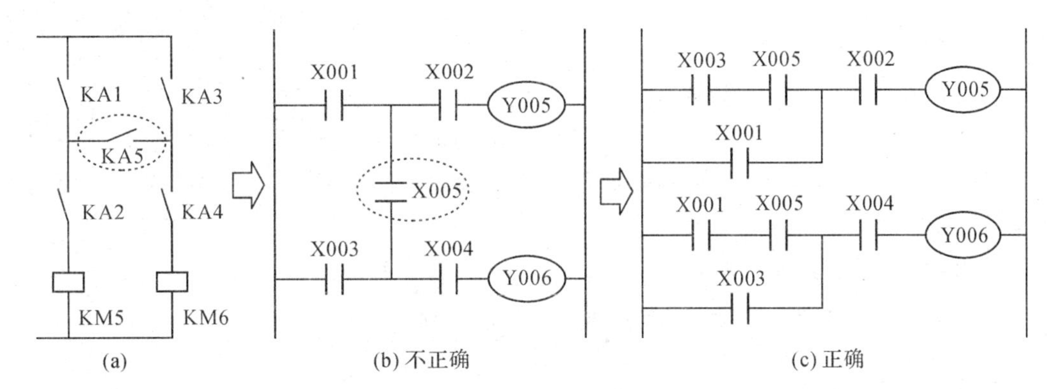

图 4-15　“桥接”支路的处理

这样的支路在 PLC 梯形图中不能实现，原因如下：

(1)梯形图格式不允许。即触点应画在水平线上，而不能画在垂直分支线上。到目前为止，还没有哪一种 PLC 可以进行触点的“垂直”方向布置(除主控触点指令外)，图形无法在编程器中输入。

(2)违背 PLC 的指令“从上至下”“从左至右”执行顺序的要求。

因此，为了保证每一输出线圈的控制有各自独立的逻辑控制“电路”，需要将

图 4-15(b)转化为图 4-15(c)所示的形式。

2. 避免出现“后置触点”

如图 4-16(a)所示是继电接触控制电路常见的线圈下使用“后置触点”的情况，在PLC 梯形图中不允许这样编程，应将图 4-16(b)更改为图 4-16(c)所示的形式。

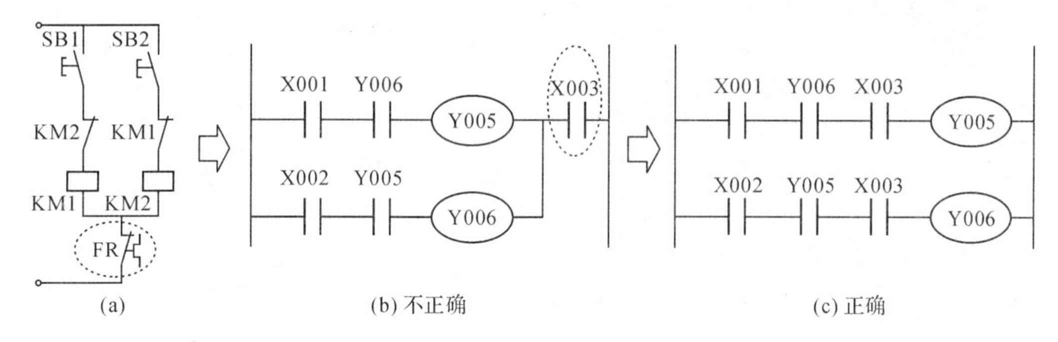

图 4-16　后置触点的处理(线圈与右母线的关系)

3. 线圈不能与左母线相连

如图 4-17(a)所示线圈 Y011 直接与左母线相连也是不正确的梯形图编程语法，应该在左母线与输出线圈之间插入由触点群组成的“工作条件”，如图 4-17(b)所示插入输入继电器常开触点 X001。

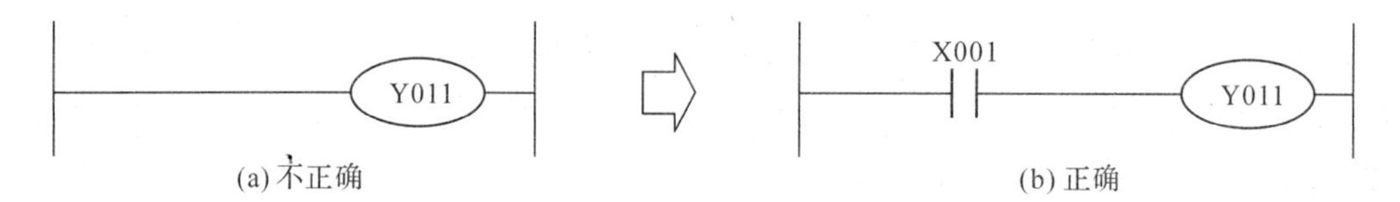

图 4-17　线圈与左母线的关系

4. 不合理的“输出连接支路”处理

如图 4-18(a)所示是继电接触控制电路中常用的“输出连接”支路，在梯形图中可以进行编程。但是，这样的线路在实际处理时需要通过“堆栈”操作才能实现，实际使用时存在以下两方面的缺点：

(1)会占用更多的程序存储器空间。

(2)在转换为指令表程序后，将给程序的阅读带来不便。

宜将图 4-18(b)转换为图 4-18(c)的形式。

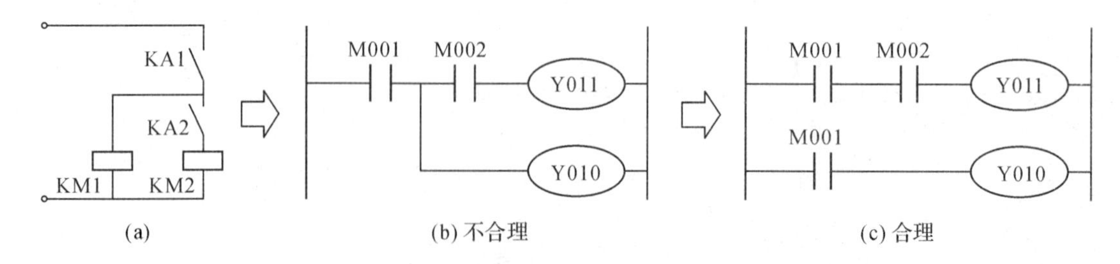

图 4-18　不合理的输出连接支路处理

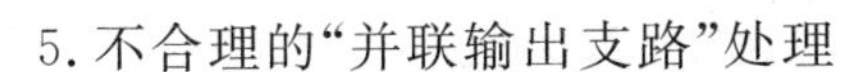

5. 不合理的“并联输出支路”处理

如图 4-19(a)所示是继电接触控制电路中为了节约“触点”而经常采用的“并联输出”支路，在 PLC 梯形图中也可以进行编程。但在梯形图编程中鉴于以上同样的原由，宜将图 4-19(b)转换为图 4-19(c)的形式。

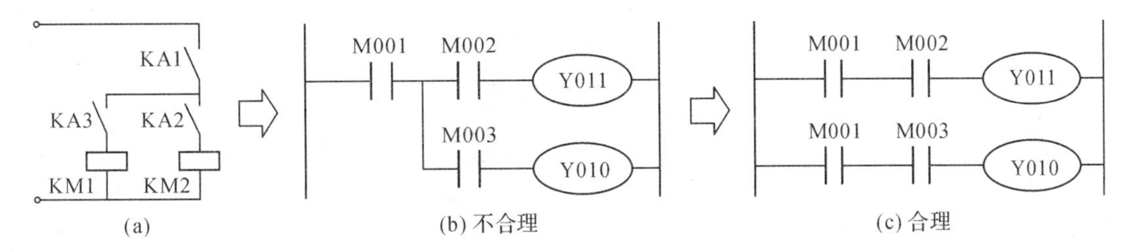

图 4-19　不合理的输出连接支路处理

(二)梯形图能使用，继电接触控制线路不能实现的情况

1. 需慎用的“双线圈输出”

“双线圈输出”也称“重复线圈输出”，如图 4-20(a)所示是梯形图中使用双线圈输出的情况，它在继电接触控制电路中是不存在的。但是在 PLC 程序中，为了满足编程的需要，也可以采用。

当梯形图使用重复输出时，Y021 最终输出状态以最后执行的程序处理结果(第二次输出)为准。对于第二次输出前的程序段，Y6 的内部状态为第一次的输出状态。因此，当 X020 与 X021 同时为“1”、X022 与 X023 有一个为“0”时，图 4-20(b)中的 Y020 将输出“1”，Y021 将输出“0”。

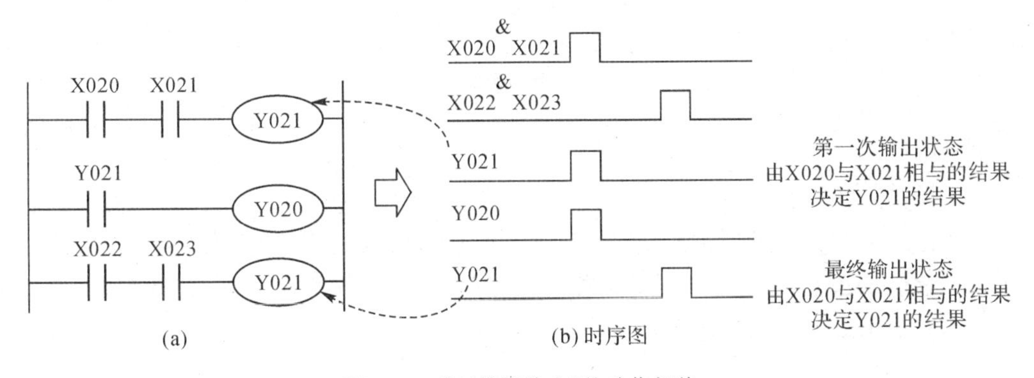

图 4-20　“双线圈输出”的动作规律

“双线圈输出”在程序方面并不违反 PLC 的程序输入规则，但因输出动作复杂，容易引起误操作，因谨慎使用。

如图 4-21 (a)所示亦为双线圈输出的一种情况，可以通过变换梯形图避免双线圈输出，如图 4-21(b)所示。这两个图在 PLC 中均可输入并执行，且执行的结果是相同的。为程序分析方便或合理占用存储空间起见，建议采用后者更为合理。

2. “边沿输出”的有效性

如图 4-22(a)所示继电接触控制电路中，对 KA2 的控制设计是无效的、无意义的，此电路称为"抢时间"控制电路,不能实现控制目的。如图 4-22(b)所示是 PLC 梯形图中经常使用的"边沿输出"的程序结构,由于 PLC 程序严格按照梯形图"从上至下"的时序执行,因此在 X001 为"1"的第一个程序执行周期里,可以出现 M0、M1 同时为"1"的状态,即在 M0 中可以获得宽度为一个执行周期的脉冲输出,如图 4-22(c)所示。

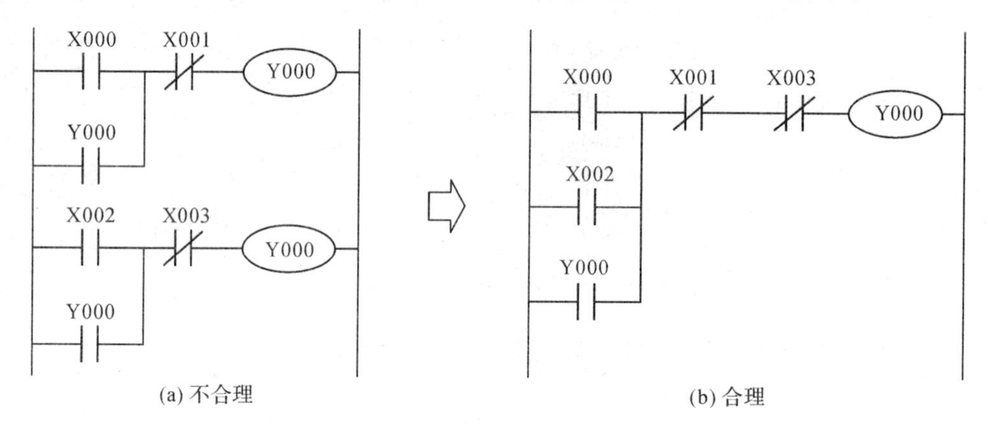

图 4-21 "双线圈输出"梯形图变换举例

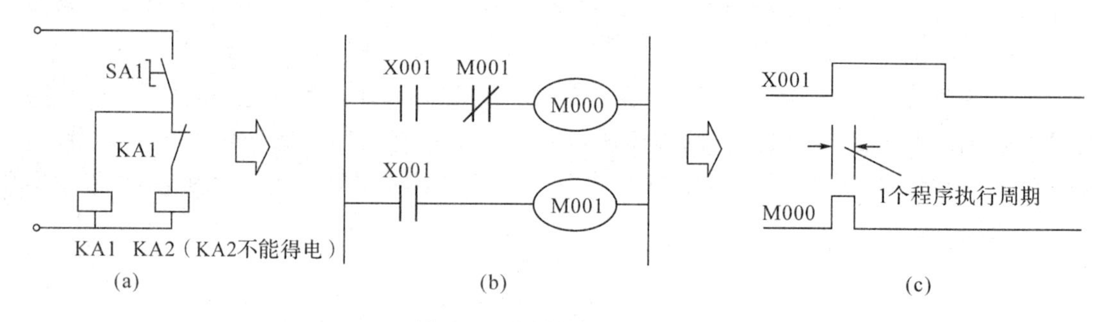

图 4-22 "边沿输出"的原理

(三)梯形图程序的简化

1. 并联支路的简化

如果有几个电路块并联时,应将触点最多的支路块放在最上面,如图 4-23 所示。这样可以使编制的程序简洁明了,减少指令步数(省去了 ORB 指令)。图 4-23 也说明了 OR 指令与 ORB 指令之间用法的区别。

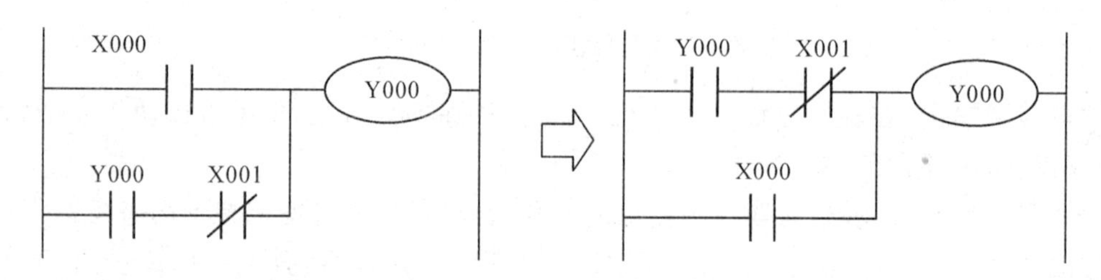

图 4-23 并联支路的简化

2. 串联支路的简化

在有几个并联回路相串联时，应将并联支路多的尽量靠近母线，如图 4-24 所示。同样可以使编制的程序简洁明了，减少指令步数(省去了 ANB 指令)。图 4-24 也表明了 AND 指令与 ANB 指令之间的用法区别。

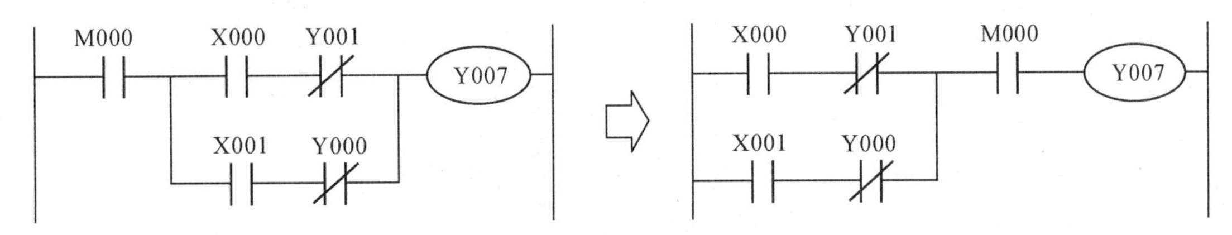

图 4-24　串联支路的简化

3. 用内部继电器简化梯形图

为了简化程序，减少指令步数，在程序设计时对需要多次使用的若干逻辑运算的组合应尽量使用内部继电器。这样不仅可以简化程序，减少指令步数，而且在逻辑运算条件需要修改时，只需要修改内部继电器的控制条件，而无须修改所有程序，如图 4-25 所示。

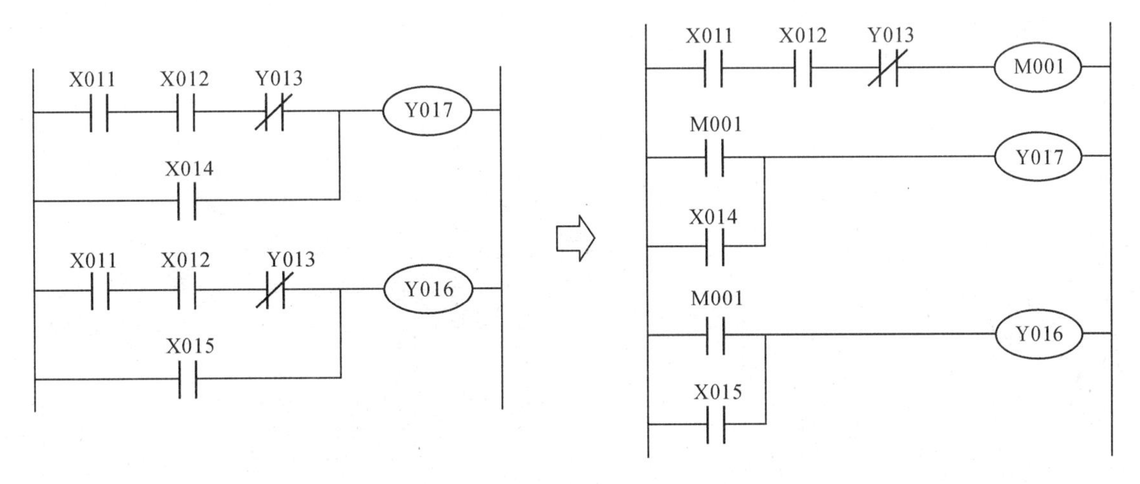

图 4-25　用内部继电器简化梯形图举例

4. 不含触点的分支应放在垂直方向

如图 4-26(a)所示的梯形图中虚线圈内不含触点的分支是水平的，不便于识别触点的组合和对输出线圈的控制路径，应该简化为图 4-26(b)，最终简化为图 4-26(c)所示结构。

5. 不可编程梯形图的重新编译

遇到不可编程的梯形图时，可根据信号流对原梯形图重新编译，以便于正确应用 PLC 基本指令来编程。

如图 4-27 所示的实例，将不便于编程的梯形图重新编译成可编程的梯形图。

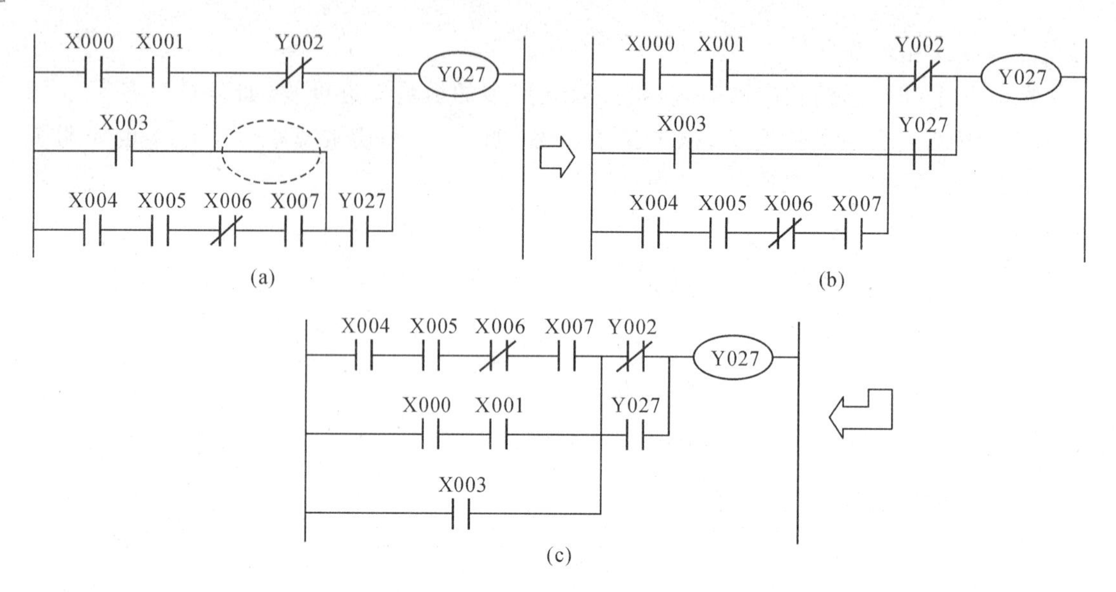

图 4-26　不含触点的分支应放在垂直方向

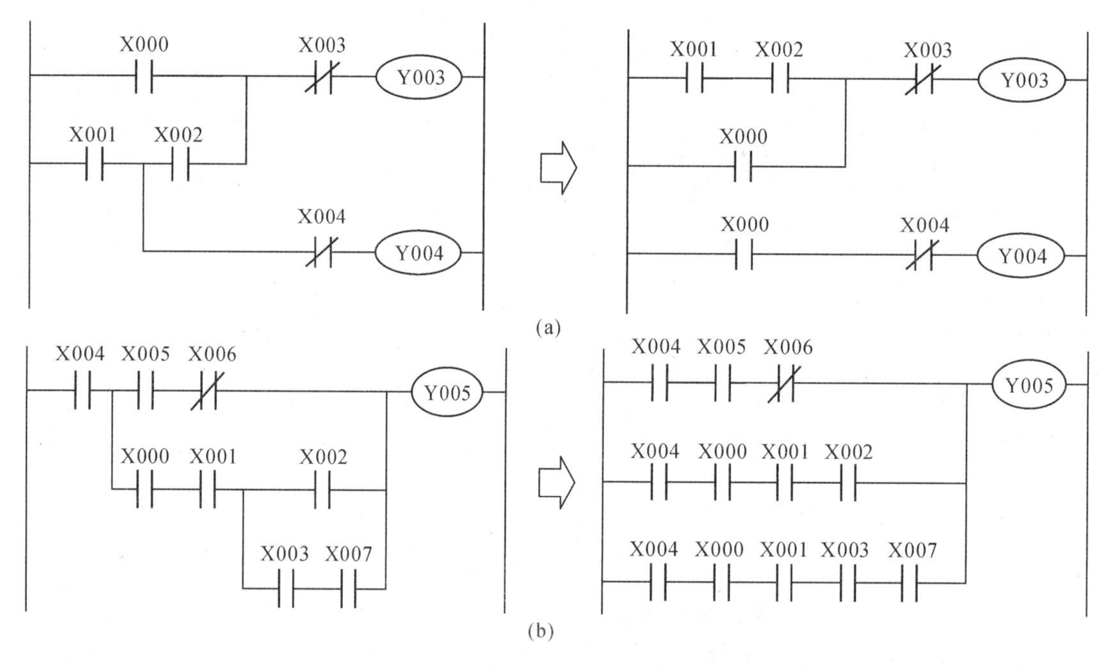

图 4-27　不可编程梯形图的重新编译

(四)其他注意事项

(1)外部输入/输出继电器、内部继电器、定时器、计数器等器件的接点可多次重复使用,无需用复杂的程序结构来减少接点的使用次数。

(2)梯形图程序必须符合顺序执行的原则,即从左到右、从上到下地执行。如果电路不符合顺序执行,就不能直接编程。

(3)在梯形图中串联接点使用的次数没有限制,可无限次地使用。

(4)两个或两个以上的线圈可以并联输出。

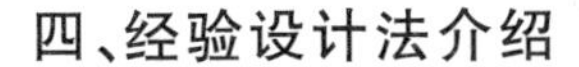

四、经验设计法介绍

经验设计法类似于传统的继电接触电路设计方法，对具有继电接触电路设计与安装基础的电气工作人员较为适用。经验设计法一般根据现有继电接触控制电路，把它改造为 PLC 控制，大多数可以直译，对简单电路采用经验设计法比较方便且容易上手，不适用于复杂电路的改造。现在以本任务为例说明方法。

(1)熟悉被控制设备的加工工艺与机械动作过程，分析继电接触控制电路图的工作原理。

(2)确定 PLC 的输入信号和输出控制对象。在继电器电路图中，交流接触器和电磁阀等执行机构用 PLC 的输出继电器来驱动控制，它们的线圈接在 PLC 的输出端，称为 PLC 的输出负载。在本任务中，PLC 的输出负载为 KM1、KM2、KM3、KM4。按钮、控制开关、限位开关、接近开关等用来给 PLC 提供控制命令和反馈信号，它们接在 PLC 的输入端，称为 PLC 的输入信号。在本任务中，输入信号为 SB1、SB2、KH。KH 可以接在输入端，也可以接在输出端。

此外，中间继电器和时间继电器分别用 PLC 内部的辅助继电器和定时器来完成，不需要再由 PLC 来驱动中间继电器和时间继电器。如在继电器电路中，中间继电器要驱动主电路的，如驱动电磁阀，就可以作为 PLC 的输出负载。另外，由于 PLC 内部的定时器只有延时触点，实际的继电器电路有瞬时触点，所以要用 PLC 实现定时器的瞬时触点的功能只有通过辅助继电器来解决。

(3)写出 PLC 的输入/输出(I/O)地址分配表。在设计 PLC 的 I/O 接线图前，首先要确定 PLC 的各输入接口和各输出接口对应的输入信号和输出继电器或输出控制对象。本任务的输入/输出(I/O)地址分配表见表 4-7。

表 4-7　三相异步电动机自动变速双速运转能耗制动控制电路的 I/O 分配

PLC 输入接口编号	控制信号设备	PLC 输出接口编号	被控对象设备
X0	热继电器 KH	Y1	接触器 KM1
X1	起动按钮 SB1	Y2	接触器 KM2
X2	停止按钮 SB2	Y3	接触器 KM3
X3		Y4	接触器 KM4

(4)绘制 PLC 的输入/输出(I/O)接线图。PLC 外部接线图也称输入/输出接口图或 I/O 接口图，能明确表达 PLC 各输入/输出点与外部元件的连线状况，是进行 PLC 线路连接的依据。

(5)设计 PLC 梯形图。根据继电接触控制电路图设计 PLC 梯形图。把继电接触控制电路图转变成 PLC 的梯形图，应按梯形图的编写规则进行，线圈应在最右边。本任务可按照 PLC 输出继电器 Y1 的逻辑控制要求设计 Y1 的控制梯形图。先画 Y1 线圈，Y1 是图 4-1 所示继电接触控制电路图中 KM1 的替代物，在绘制梯形图时只要把 Y1 画在最右边(与梯形图右母线相连),然后把控制 KM1 线圈的所有触点转变成 PLC 的相应触点后画在梯形图左母线与 Y1 的左侧即可。在图 4-1 中,控制 KM1 线圈的触点有 KH、SB2 的常闭触点、KM4、KA、KM1、SB1、KT1、KM2、KM3,把相应的 PLC 触点代入分别是 X0、X2、Y4、M0(KA 用 PLC 的 M0 代替)、Y1、X1、T1(KT 用 PLC 的 T1 代替)、Y2、Y3。这样就可以画出相应的梯形图,因 KT 的线圈也在其中,也应按照逻辑关系绘制好 T1 的线圈,如图 4-28 所示。同理,可以设计图 4-1 其他支路对应的梯形图。

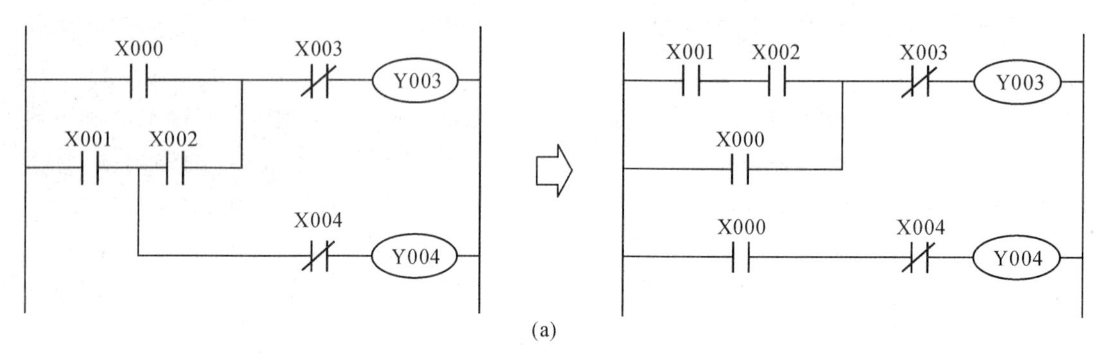

图 4-28　经验设计法在本任务中的应用介绍(Y1 和 T1 梯形图的设计)

➢ 思考练习

1. 写出如图 4-29 所示梯形图的指令语句表。

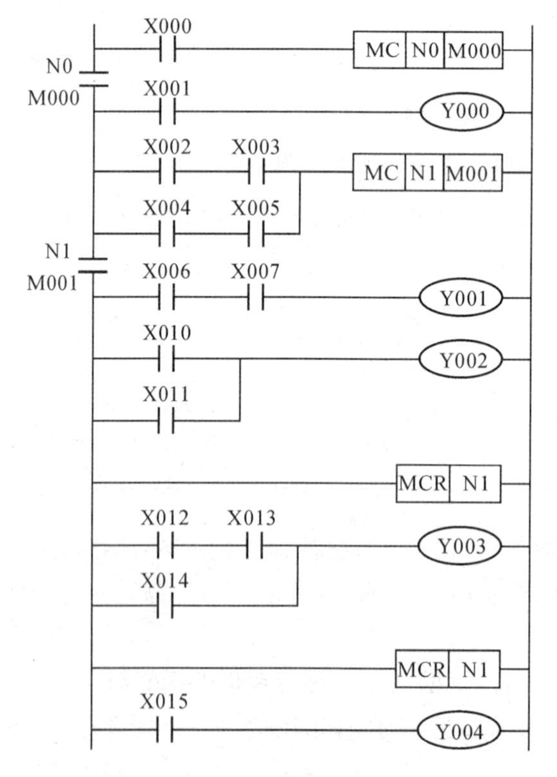

图 4-29　梯形图的指令语句表

2. 如图 4-30 所示为栈操作指令程序改写成主控触点指令控制的程序，请写出它们的指令语句表。

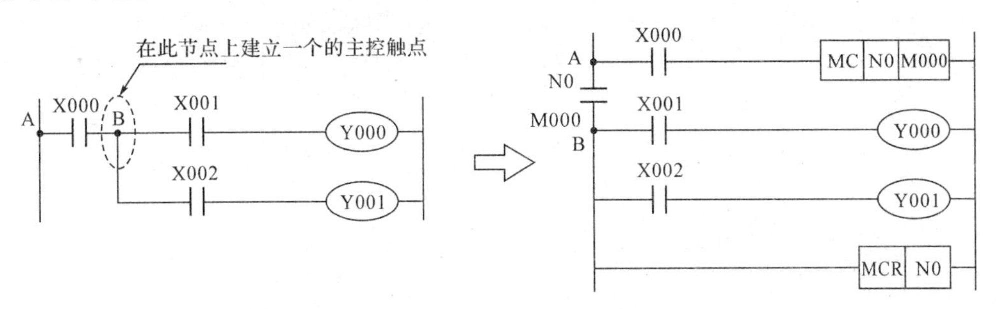

图 4-30 栈操作指令转成主控指令

3. 将图 4-31 改写成栈操作程序，并写出改写前后的指令语句表。

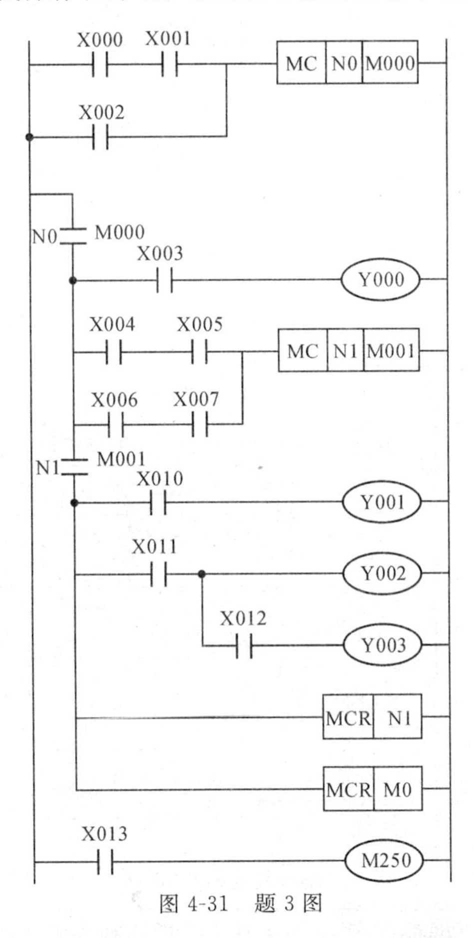

图 4-31 题 3 图

4. 将如图 4-32 所示的梯形图改写成指令表程序。

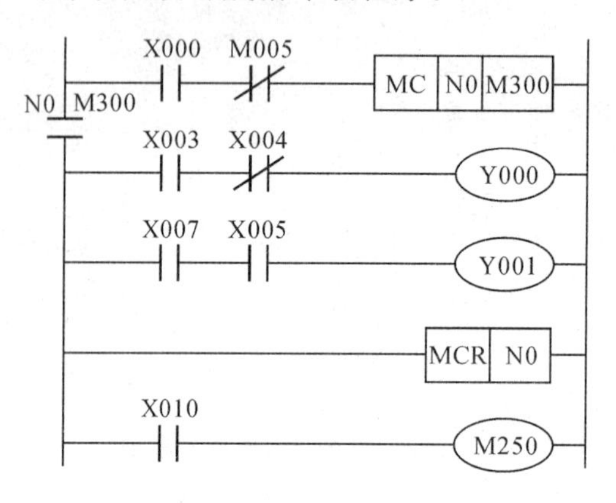

图 4-32　题 4 图

5. 绘出下列指令语句表的梯形图。该梯形图如果采用 MPS/MPP 指令编程，写出相应的指令语句表。

0	LD		7	OUT	Y1
1	OR	Y1	8	LD	X2
2	ANI	X0	9	OUT	T1
3	MC	N0		K	40
		N1	11	MCR	N0
6	LDI	T1			

6. 指出图 4-33 中的错误。

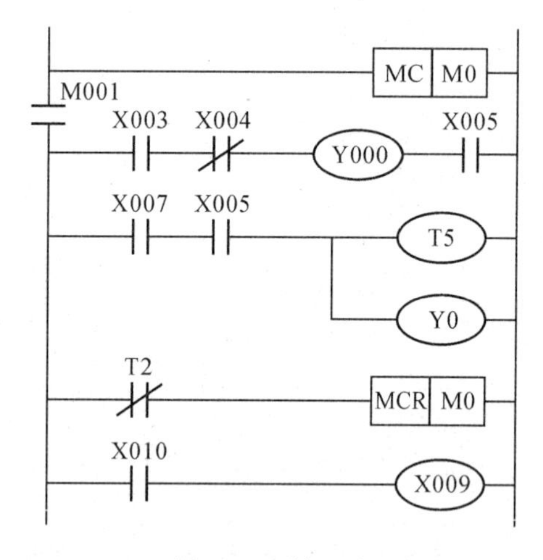

图 4-33　题 6 图

7. 写出如图 4-34 所示梯形图的指令表语句，并补画 M0、M1 和 S30 的时序图。

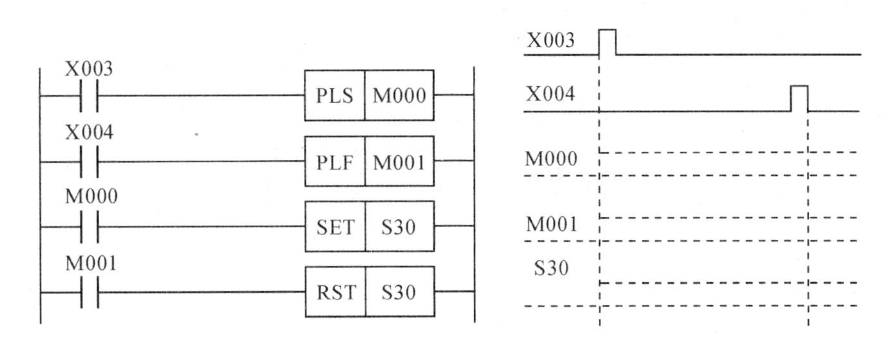

图 4-34　梯形图的指令表

8. 写出如图 4-35 所示梯形图的指令语句表。

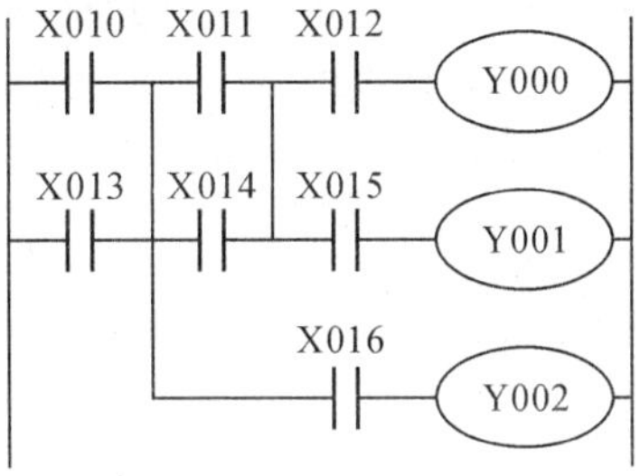

图 4-35　题 8 图

9. 绘出下列指令语句表对应的梯形图。

0	LD	X0	9	OUT	Y0
1	MPS		10	MPP	
2	AND	X1	11	OUT	Y1
3	MPS		12	MPP	
4	AND	X2	13	OUT	Y2
5	MPS		14	MPP	
6	MND	X3	15	OUT	Y3
7	MPS		16	MPP	
8	AND	X4	17	OUT	Y4

任务五　用PLC实现灯光闪烁控制

➢ 任务目标

1.掌握编程元件定时器与计数器的使用方法及其应用。

2.会利用所学指令编写梯形图,完成脉冲发生器、振荡电路、分频电路等常用的逻辑功能电路设计。

3.掌握用编程器对用户程序的编辑及监视程序运行状态。

➢ 任务描述

专业能力训练环节一

随着社会市场经济的不断繁荣和发展,各种装饰彩灯、广告彩灯越来越多地出现在城市中。在大型晚会的现场,彩灯更是成为不可缺少的一道景观。小型的彩灯多为采用霓虹灯管做成各种各样和多种色彩的灯管,或是以日光灯、白炽灯作为光源,另配大型广告语、宣传画来达到效果。这些灯的控制设备多为数字电路。而在现代生活中,大型楼宇的轮廓装饰或大型晚会的灯光布景,由于其变化多、功率大,数字电路则不能胜任。针对PLC日益得到广泛应用的现状,不同变化类型的彩灯控制的应用中,灯的亮灭、闪烁时间及流动方向的控制均可通过PLC来达到控制要求。

如图5-1所示是彩灯电路实验板,它是一个比较典型的电路,既可以实现灯光的发射型、收缩型,还可以实现电路的循环流动型。

控制要求:按下启动按钮,L1亮1s后灭,接着L2、L3、L4、L5亮1s后灭,再接着L6、L7、L8、L9亮1s后灭,L1又亮,如此循环下去。

要求如下:

(1)分析上述电路工作过程,并在PLC学习机上用实验板模拟调试程序。

(2)按照控制要求设计PLC的输入/输出(I/O)地址分配表。

(3)按照控制要求进行PLC的输入/输出(I/O)接线图的设计。

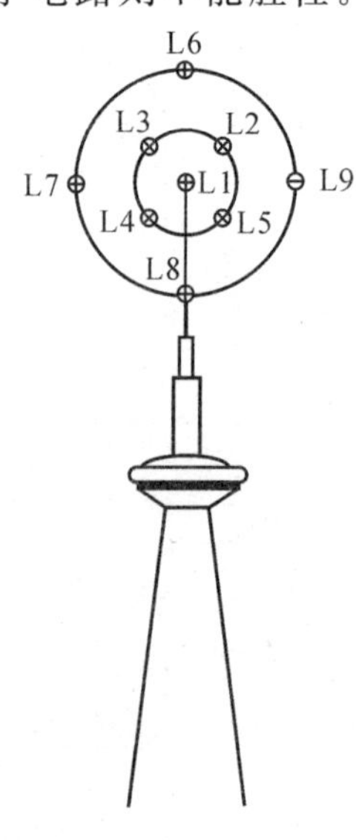

图5-1　彩灯实验板

(4)按照控制要求进行 PLC 梯形图程序的设计。

(5)按照控制要求进行 PLC 指令程序的设计。

(6)程序调试正确后,笔试回答表 5-1 的核心问题,评分标准如表 5-5 所示。

(7)工时:60 分钟,每超时 5 分钟扣 5 分。

(8)配分:本任务满分为 100 分,比重 40%。

专业能力训练环节二

对彩灯进行控制时,除了可利用定时器进行控制外,还可利用计数器来完成对彩灯控制系统的设计。

控制要求:用一个按钮开关(X0)控制三个灯(Y1、Y2、Y3),按钮按三下 1#灯亮,再按三下 2#灯亮,再按三下 3#灯亮,再按一下全灭,以此反复。

要求如下:

(1)分析上述控制要求,并在 PLC 学习机上用实验板模拟调试程序。

(2)按照控制要求采用四步设计法进行 PLC 程序的设计。

(3)程序调试正确后,笔试回答表 5-1 的核心问题。

(4)工时:90 分钟,每超时 5 分钟扣 5 分。

(5)配分:本任务满分 100 分,比重 40%。

专业能力拓展训练

进一步加强对定时器与计数器的灵活应用。

1. 控制要求

(1)脉冲电路:设计周期为 50s 的脉冲发生器,其中断开 30s,接通 20s,时序图如图 5-2 所示,其中 X0 外接的是带自锁的按钮。

(2)分频电路:如图 5-3 所示为二分频电路时序图,X0 为要分频的输入信号,Y0 为分频后的脉冲信号,利用微分指令设计 PLC 梯形图。

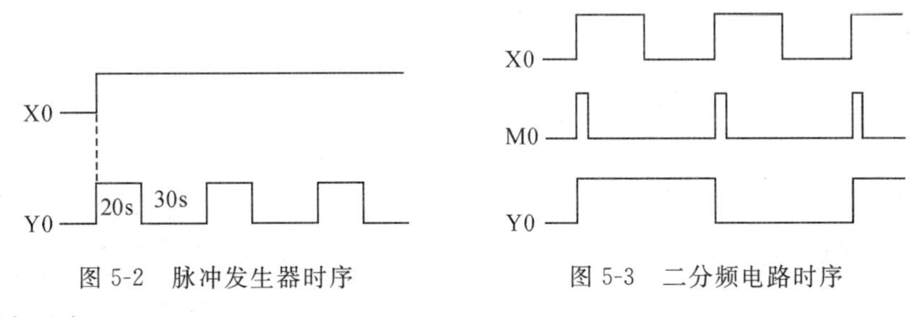

图 5-2　脉冲发生器时序　　　　图 5-3　二分频电路时序

2. 设计要求

(1)分析上面两个时序图,并在 PLC 学习机上用实验板模拟调试程序。

(2)按照控制要求采用四步设计法进行 PLC 程序的设计。

(3)程序调试正确后,笔试回答表 5-4 的核心问题,评分标准如表 5-5 所示。

➢ 任务实施

一、训练器材

PLC 实训设备、连接导线、彩灯模拟实验板、投影仪、激光笔、翻页笔。

二、预习内容

1. 复习基本指令，并进一步学习本任务知识链接中 PLC 的基本指令。
2. 了解并熟悉 PLC 定时器和计数器的使用方法。
3. 复习 PLC 程序设计的原则、步骤和方法。

三、训练步骤

"专业能力训练环节一"训练步骤

1. 简要说明"专业能力训练环节一"的要求后，先对知识链接中的相关指令进行说明，解决在预习过程中遇到的困难，并对定时器和计数器的使用方法进行分析，结合本任务要求讲解分析，之后各自在 PLC 学习机上进行彩灯控制的发光二极管的模拟调试，并填写表 5-1。

表 5-1　笔试回答核心问题

要求	将合理的答案填入相应栏目		扣分		得分	
	专业能力训练环节一	专业能力训练环节二	一	二	一	二
PLC 的输入/输出(I/O)地址分配表						
PLC 的输入/输出(I/O)接线图						
PLC 梯形图程序的设计						
PLC 指令程序 的设计						

调试步骤如下：

(1)运行三菱 PLC 的 MELSOFT 编程软件。

(2)程序录入。根据控制要求在程序编辑界面进行程序的设计与编辑。

(3)根据表 5-1 已经设计好的 PLC 输入/输出(I/O)接线图进行 PLC 外围电路的连接。

(4)在 PLC 学习机上接通 PLC 的工作电源与发光二极管的驱动电源。

(5)按下启动按钮，观察发光二极管的亮灭情况是否符合彩灯控制的功能要求。

(6)按下停止按钮，观察发光二极管的亮灭情况是否符合停机控制要求。

(7)若不符合控制要求，则进行程序的修改；若符合要求，则对程序设计的 4 个基本要素进行整理与总结，并将正确内容填入表 3-1。

(8)注意事项同任务二中要求。

2. 程序调试成功后按照正确的断电顺序与拆线顺序进行 PLC 外围线路的拆除，并整理好工位，待对自己的"专业能力训练环节一"进行评价后，简要小结本环节的训练经验并填入表 5-2，进入"专业能力训练环节二"的能力训练。

表 5-2　"专业能力训练环节一"经验小结

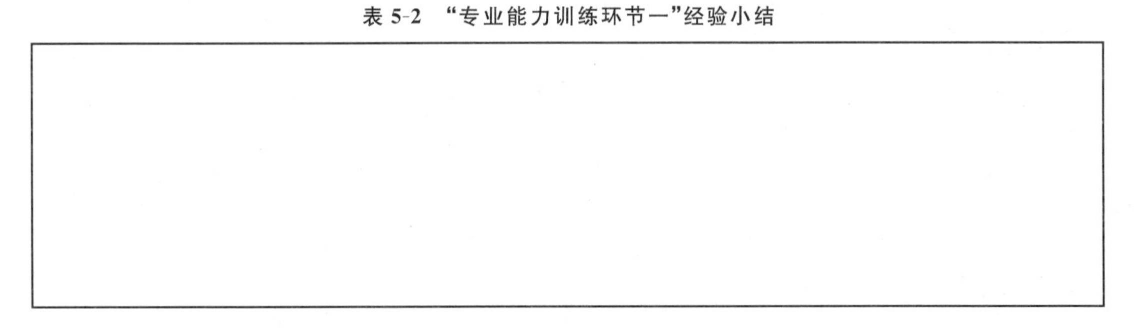

3. 实训指导教师对本任务实施情况进行小结与评价。

"专业能力训练环节二"训练步骤

1. 在"专业能力训练环节一"的基础上，利用计数器对电路进行设计，由于前面已基本具备了简单 PLC 控制系统的输入/输出(I/O)地址分配和输入/输出(I/O)接线能力，因此本环节不再强调，重点是对程序设计方法的掌握。

具体步骤如下：

(1)具体说明训练要求，强调计数器的应用，引导成员设计利用计数器实现彩灯控制的电路。

(2)要求每个成员独立完成本环节中的设计，填入表 5-1 中。

(3)其他要求同"专业能力训练环节一"训练步骤中类似，完成后简要小结本环节的训练经验并填入表 5-3，进入"专业能力拓展训练"。

表 5-3 “专业能力训练环节二”经验小结

3. 实训指导教师对本任务实施情况进行小结与评价。

“专业能力拓展训练”步骤

在完成前面任务的基础上，部分成员可以进行以下部分的练习。请采用不同的思路及方法设计脉冲电路及分频电路，以拓展思维。

（1）明确训练要求，强调计数器的应用，分析时序图，并可先对其一的设计方法进行分析讲解，以引导设计的思路。

（2）要求每个成员独立完成本环节中几个时序图的设计，填入表 5-4 中。

表 5-4 笔试回答核心问题

序号	将合理的答案填入相应栏目		扣分	得分
	梯形图	指令表		
图 5-2				
图 5-3				

（3）其他要求同“专业能力训练环节一”训练步骤中的要求类似。

➢ 任务评价

专业能力训练环节一、二的评分标准如表 5-5 所示。

表 5-5　评价标准

序号	主要内容	考核要求	评分标准	配分	扣分	得分
1	电路及程序设计	1. 根据给定的控制要求，列出 PLC 输入/输出(I/O)地址分配表；设计 PLC 输入/输出(I/O)的接线图 2. 根据控制要求设计 PLC 的梯形图和指令表程序	1. PLC 输入/输出(I/O)地址遗漏或有错，扣 5 分/处 2. PLC 输入/输出(I/O)接线图设计不全或设计有错，扣 5 分/处 3. 梯形图表达不正确或画法不规范，扣 5 分/处 4. 接线图表达不正确或画法不规范，扣 5 分/处 5. PLC 指令程序有错，扣 5 分/处	50		
2	程序输入及调试	1. 熟练操作 PLC 编程软件，能正确地将所设计的程序输入 PLC 2. 按照被控设备的动作要求进行模拟调试，达到设计要求	1. 不会熟练操作 PLC 编程软件来输入程序，扣 10 分 2. 不会用删除、插入、修改等命令，扣 6 分/次 3. 缺少功能，扣 6 分/项	30		
3	通电试验	在保证人身安全和设备安全的前提下，通电试验一次成功	1. 第一次试车不成功，扣 10 分 2. 第二次试车不成功，扣 20 分 3. 第三次试车不成功，扣 30 分	20		
4	安全要求	1. 安全文明生产 2. 自觉在实训过程中融入 6S 理念 3. 有组织、有纪律，守时诚信	1. 违反安全文明生产规程，扣 5～40 分 2. 乱线敷设，加扣不安全分，扣 10 分 3. 工位不整理或整理不到位，扣 10～20 分 4. 随意走动，无所事事，不刻苦钻研，扣 10～20 分	倒扣		
备注	除了定额时间外，各项内容的最高分不应超过该项目的配分数；每超 5 分钟扣 5 分		合计	100		
定额时间	150 分钟	开始时间		结束时间		考评员签字

➢ 知识链接

PLC 应用小窍门

一、恒“0”与恒“1”程序

在进行 PLC 程序设计时(特别是对功能模块进行编程时)，经常需要将某些信号的状态设置为“0”或“1”。因此，大部分长期从事 PLC 程序设计的人，一般均会在程序的起始位置首先编入产生恒“0”与恒“1”的程序段，以便在程序中随时调用。

产生恒“0”与恒“1”的梯形图程序如图 5-4 所示。

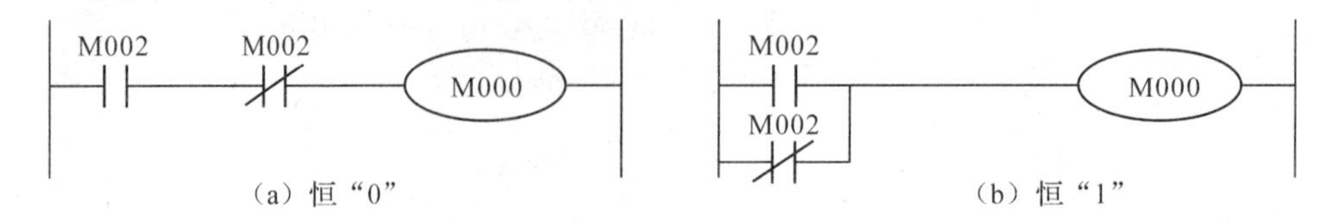

图 5-4 恒“0”与恒“1”程序

在图 5-4(a)中，M000 的状态等于信号 M002 的状态与 M002 的“非”信号进行“与”运算的结果，M000 恒为“0”。

在图 5-4(b)中，M000 的状态等于信号 M002 的状态与 M002 的“非”信号进行“或”运算的结果，M000 恒为“1”。

二、启动、保持和复位程序(自锁信号生成程序)

在许多控制场合，有的输出(或内部继电器)需要在某一信号进行“启动”后，一直保持这一状态，直到其他的信号“断开”，这就是继电器控制系统中所谓的“自锁”。

生成“自保持”的程序有 2 种编程方法，即通过“自锁”的方法实现与通过“置位”“复位”指令实现，分别如图 5-5 和图 5-6 所示。

“自锁”有“断开优先”与“启动优先”两种控制方式。其区别在于当“启动”“断开”信号同时生效时，其输出状态将有所不同。

“断开优先”的 PLC 梯形图程序如图 5-5 所示。

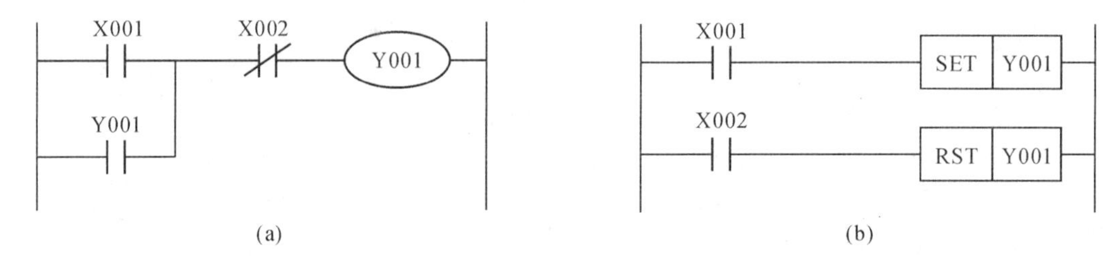

图 5-5 “断开优先”的启动、保持和复位程序

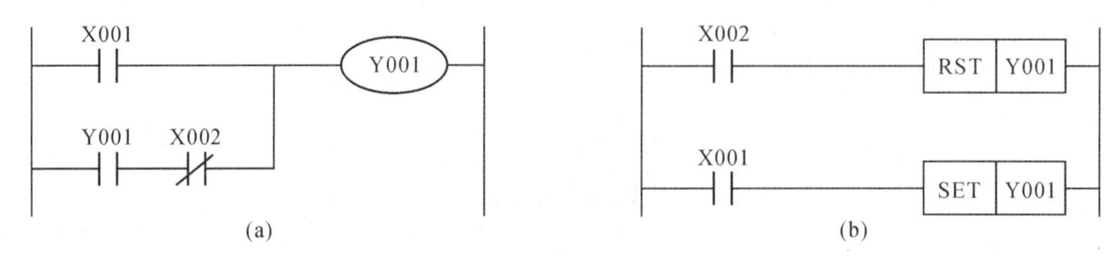

图 5-6 “启动优先”的启动、保持和复位程序

“启动优先”的 PLC 梯形图程序如图 5-6 所示。在正常情况下，它与图 5-5 的工作过程相同。但是，当 X001、X002 同时为“1”时，Y1 输出为“1”状态，故称为“启动优先”或“置位优先”。

三、边沿信号检测的程序(单一脉冲生成程序)

在许多 PLC 程序中,需要检测某些输入、输出信号的上升或下降的"边沿"信号,以实现特定的控制要求。实现信号边沿检测的典型程序有 2 种,如图 5-7 和图 5-8 所示。

如图 5-7 所示是 PLC 梯形图中经常使用的"边沿"输出程序,在继电器控制回路中类似的回路设计无意义(输出 M0 恒为"0"),但是 PLC 程序严格按照梯形图"自上而下"的时序执行。因此,在 X001 为"1"的第一个 PLC 循环周期里,可以出现 M000、M001 同时为"1"的状态,即在 M000 中可以获得宽度为 1 个扫描周期的脉冲输出。

如图 5-8 所示的边沿检测程序的优点是在生成边沿脉冲的同时,还在内部产生了边沿检测状态"标志"信号 M001。M001 为"1"代表有边沿信号生成。

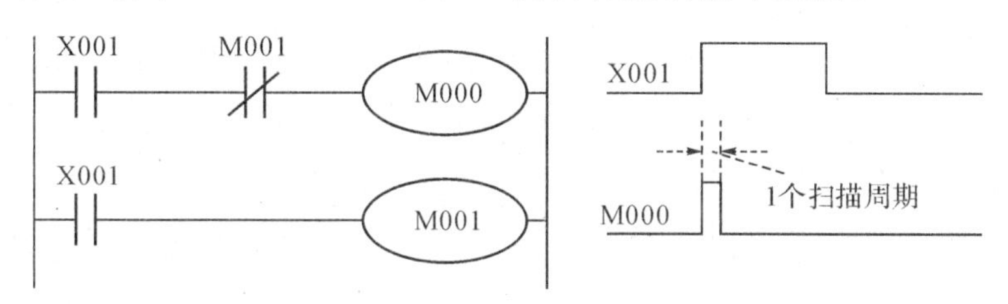

图 5-7　边沿信号检测程序

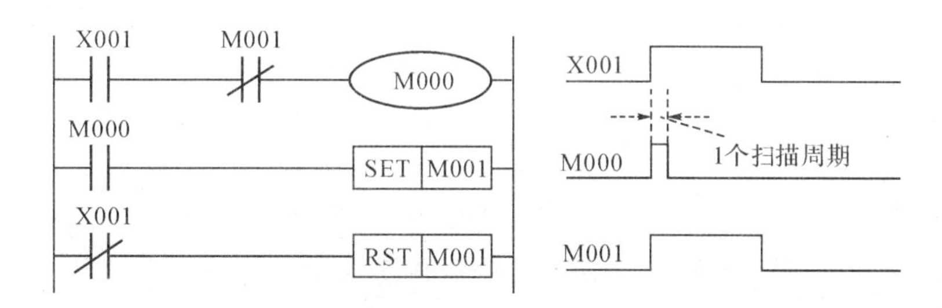

图 5-8　带边沿检测状态"标志"的边沿检测信号程序

如图 5-9 与图 5-10 所示为利用脉冲微分指令来得到脉宽为一个扫描周期的单脉冲的梯形图。

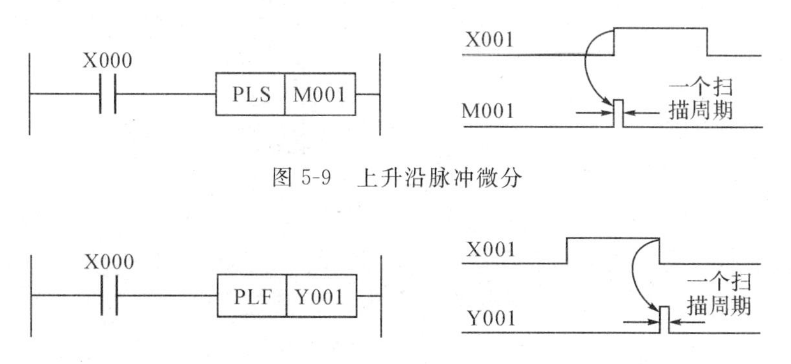

图 5-9　上升沿脉冲微分

图 5-10　下降沿脉冲微分

另外,在某些控制回路中,为了使断电保持寄存器在电源接通时能够初始复位,或进行初始化设定,有时要求在电源接通时产生一个单脉冲信号。在这种情况下,可以使用 PLC 内部相应的特殊辅助继电器的功能，如 FX_{2N}系列 PLC 中的 M8002、M8003 等，但更为通用的方法是用如图 5-11 所示的梯形图。

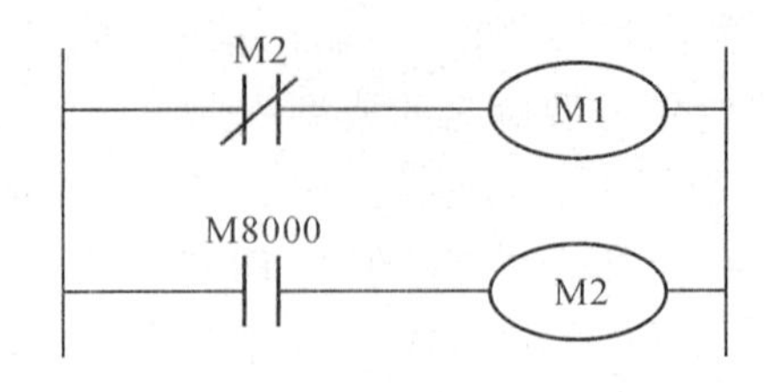

图 5-11　单一脉冲发生器回路

四、连续脉冲生成程序

FX_{2N}系列 PLC 内部有四个特殊辅助继电器（软元件），即 M8011（10ms 时钟）、M8012（100ms 时钟）、M8013（1s 时钟）、M8014（1min）四个时钟脉冲，它们可以直接产生周期固定的连续脉冲。

在 PLC 程序设计中，也经常会使用自行设计的连续脉冲发生器以此产生连续的脉冲信号作为计数器的计数脉冲或其他作用。如图 5-12 与图 5-13 所示梯形图就是能产生连续脉冲的基本程序。

在图 5-12 中，利用辅助继电器 M000 产生一个脉宽为一个扫描周期、脉冲周期为两个扫描周期的连续脉冲。该梯形图是利用 PLC 的扫描工作方式来设计的。当 X000 常开触点闭合后，第一次扫描到 M000 的常闭触点时，因 M000 线圈得电后其常闭触点已经断开，M000 线圈失电。这样，M000 线圈得电时间为一个扫描周期。M000 线圈不断连续得电、失电，其常开触点也随之不断连续地断开、闭合，就产生了脉宽为一个扫描周期的连续脉冲信号输出。此程序的缺点是脉冲宽度和脉冲周期不可调节。

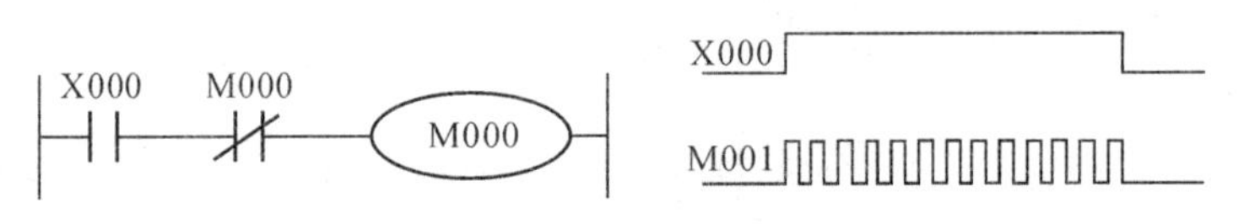

图 5-12　周期不可调的连续脉冲发生器

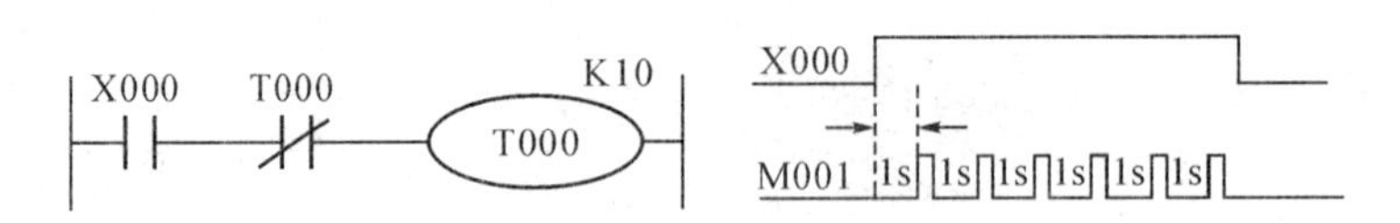

图 5-13　周期可调的连续脉冲发生器

在图 5-13 中，利用定时器 T0 产生一个周期可调节的连续脉冲。当 X000 常开触点闭合后，第一次扫描到 T0 常闭触点时，它是闭合的，于是 T0 线圈得电，经过 1s 的延时，T0 常闭触点断开。T0 常闭触点断开后的下一个扫描周期中，当扫描到 T0 常闭触点时，因它已断开，使 T0 线圈失电，T0 常闭触点又随之恢复闭合。这样，在下一个扫描周期扫描到 T0 常闭触点时，又使 T0 线圈得电。重复以上动作，T0 的常开触点连续闭合、断开，就产生了脉宽为一个扫描周期、脉冲周期为 1s 的连续脉冲。改变 T0 常数设定值，就可改变脉冲周期。

五、延时接通、延时断开功能程序(基本延时)

延时接通、延时断开程序利用定时器实现延时功能。如图 5-14(a)所示为延时接通程序,如图 5-14(b)所示为其时序图。当 X000 的输入端子接通时,输入继电器 X000 线圈接通,其常开触点 X000 闭合,内部继电器线圈 M000 接通并自保持。M000 的常开触点接通后定时器 T0 开始计时,延时 3s 后 T0 常开触点闭合输出继电器线圈 Y000 得电保持。当输入端 X001 接通后,内部继电器线圈 M000 断电,M000 的常开触点断开,定时器 T0 复位,T0 常开触点断开输出继电器线圈 Y000 失电。

如图 5-14(c)所示也为延时接通程序,该图说明要使定时器完成设定的定时时间,定时器的连续通电时间必须大于其本身的时间设定值。

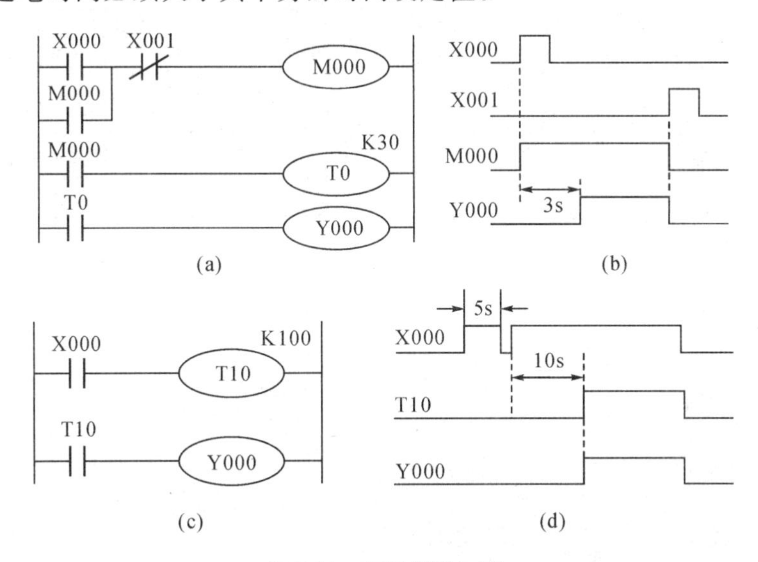

图 5-14 延时接通电路

如图 5-15(a)为延时断开程序,如图 5-15(b)所示为其时序图。当 X000 的输入端子接通时,内部继电器线圈 M000 接通并自保持。M000 的常开触点接通,定时器 T0 开始计时,同时输出继电器为 ON,延时 3s 后,T0 常闭触点断开,输出继电器线圈 Y000 断电。

图 5-15(c)所示也为延时断开程序,只是计时的开始时间与图 5-15(a)不同。图 5-15(a)的定时器是从 X000 的上升沿就开始计时,而图 5-15(c)的定时器是从 X001 的下降沿才开始计时的。

如图 5-15(e)所示为另一种延时断开程序,该图说明:当定时器的启动信号 X000 接通时间少于 10s 时,则输出信号 Y017 接通时间保持 10s;当 X000 接通时间大于 10s 时,则 Y017 接通时间与 X000 接通时间相同,即输出信号 Y017 最少接通时间为 10s。在工程上采用这种程序,可控制负载的最少工作时间。

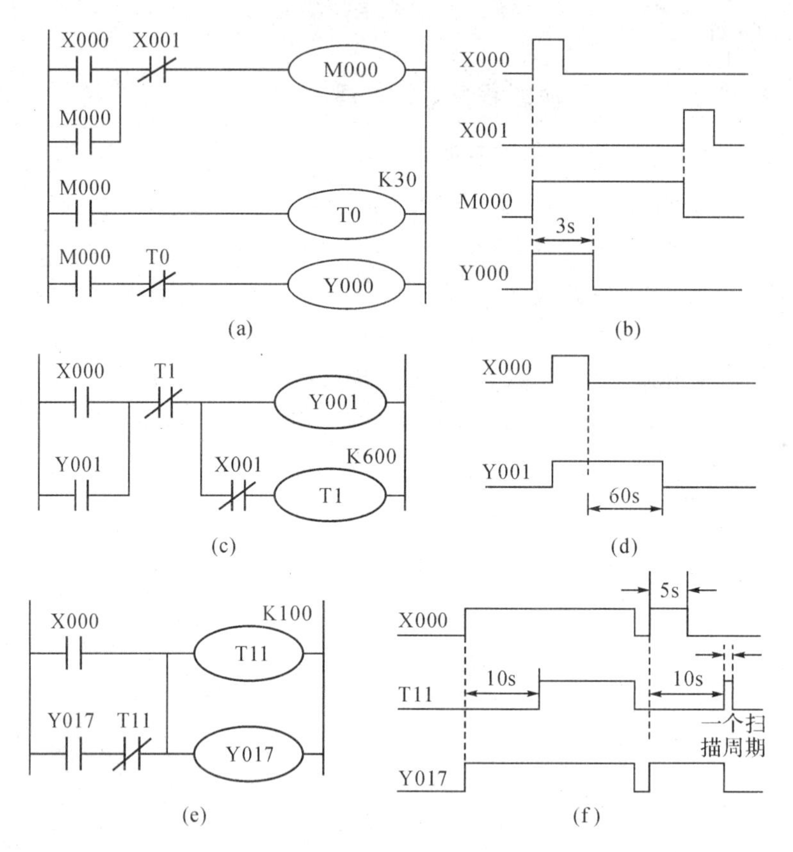

图 5-15　延时断开电路

六、长时间延时电路(扩展延时)

无论是哪一种时间控制程序,其定时时间的长短都是由定时器常数设定值决定的。FX_{2N}系列 PLC 中,编号为 T0～T199 的定时器常数设定值的取值范围为 0.1～3276.7s,即最长的定时时间为 3276.7s,不到 1h。如果需要设定时间为 1h 或更长的定时器,则可采用下面的方法实现长时间延时。

长时间延时电路可以由多个定时器[见图 5-16(a)]或者是定时器和计数器组成的电路[见图 5-16(b)],或者采用单一的计数器[见图 5-16(c)]或者采用多个计数器实现[见图 5-16(d)]。

在图 5-16(a)中有两个定时器形成延时 1h 的长时间延时电路,当 X000 闭合后,定时器 T0 开始计时,1800s 后 T0 常开触点闭合,定时器 T1 开始计时,再经 1800s 后 T1 常开触点闭合,输出继电器 Y000 经过 1h(1800s+1800s)的等待才使输出为 ON。

在图 5-16(b)中由定时器和计数器组成延时 6000s 的长时间延时电路,当 X000 闭合后,定时器 T0 开始计时,300s 后 T0 常开触点闭合,常闭触点断开,计数器计数一次。定时器 T0 重新开始计时,300s 后计数器再计数一次,如此反复。当计数到第 20 次时 C1 常开触点闭合保持,继电器 Y000 输出为 ON。当 X001 闭合时,C1 复位,Y000 输出为 OFF。

要让单一的计数器实现定时功能，必须将脉冲生成程序或者时钟脉冲信号作为计数器的输入信号。时钟脉冲信号可以由 PLC 内部特殊继电器产生，如 FX_{2N}系列 PLC 内部的 M8011(10ms 时钟)、M8012(100ms 时钟)、M8013(1s 时钟)、M8014(1min)等。下面我们利用 M8012 时钟脉冲进行长延时程序的设计。如图 5-16(c)所示是由一个计数器组成的长延时程序，其延时时间为 18000×0.1s=1800s=30min。延时时间的最大误差一般等于或小于时钟脉冲的周期。要减小延时时间的误差，提高定时精度，就必须用周期更短的时钟脉冲作为计数信号。

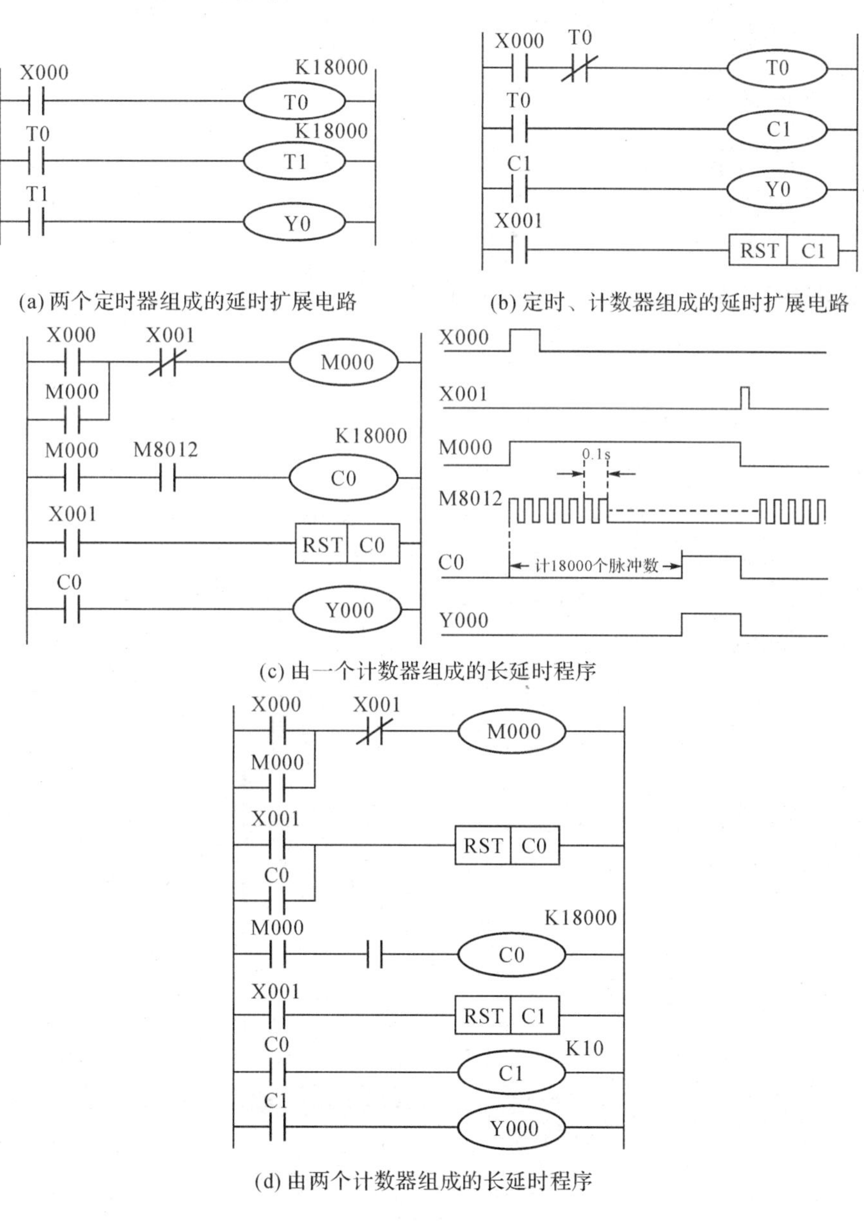

图 5-16　长时间延时电路

如图 5-16(c)所示长延时控制程序的最大延时时间受计数器的最大计数值和时钟脉冲的周期限制，而计数器的最大计数值为 32767，所以该延时程序的最大延时时间为 32767×0.1=3276.7s=54.6min，不到 1h。可见，要增大最大延时时间，可以增大时钟脉冲的周期，如采用 M8013(1s 时钟)、M8014(1min)等时钟脉冲，但这会使定时精度下降。为了获得更长时间的延时，同时又能保证定时精度，可采用两级或更多的计数器串级计数。如图 5-16(d)所示为两个计数器组成的长延时程序，其延时时间为 18000×0.1s×10=18000s=5h。可见，两个计数器串级后，能得到的最大延时时间为 32767×0.1s×32767=29824.34h=1242.68d。

七、分频电路

在 PLC 控制系统中，经常有需要利用一个按钮的反复使用来交替控制执行元件的通断的要求。即在输出为“0”时，通过输入可以将输出变成“1”；而在输出为“1”时，通过输入可以将输出变成“0”。

实现这一控制要求的程序比较多，常见的如图 5-17(a)、(b)、(c)、(d)所示。图中的 Y000 为执行元件的驱动器，由于这种控制要求的输入信号动作频率是输出的 2 倍，故常称为“二分频”

如图 5-17(a)所示为二分频电路，当 X000 端加入脉冲信号后，M010 在 X000 脉冲信号的上升沿接通一个扫描周期，M010 常开触点闭合，常闭触点断开，1 支路接通，Y000 为 ON。当 M010 的单脉冲结束后，M010 复位，2 支路接通，使 Y000 保持。当 M010 在第二个单脉冲信号到来时，使 2 支路断开，Y000 为 OFF。单脉冲结束后，M010 复位，使 Y000 继续为 OFF。第三个单脉冲和第四个单脉冲重复前面的过程。

如图 5-17(b)所示为二分频电路的另一种形式。

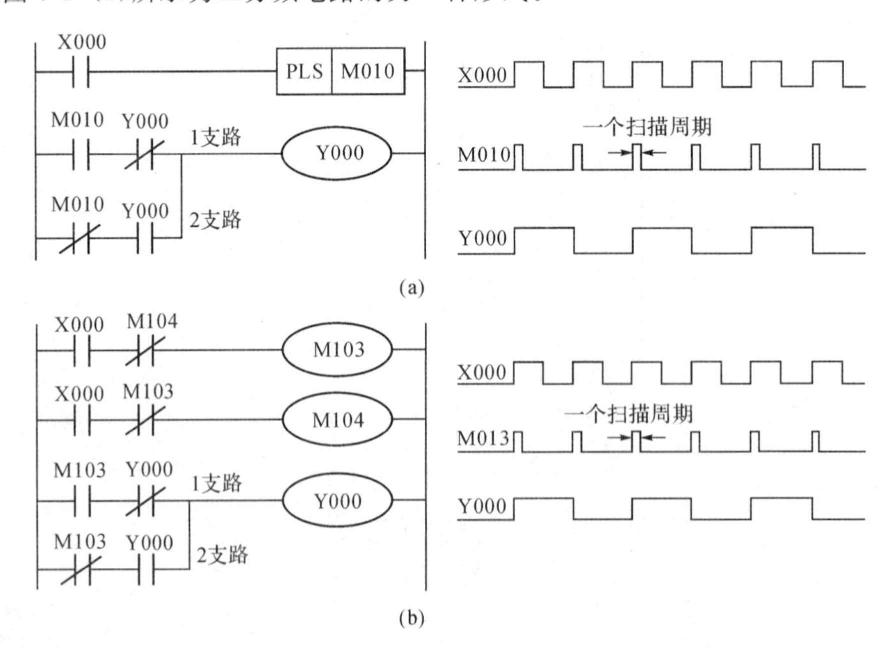

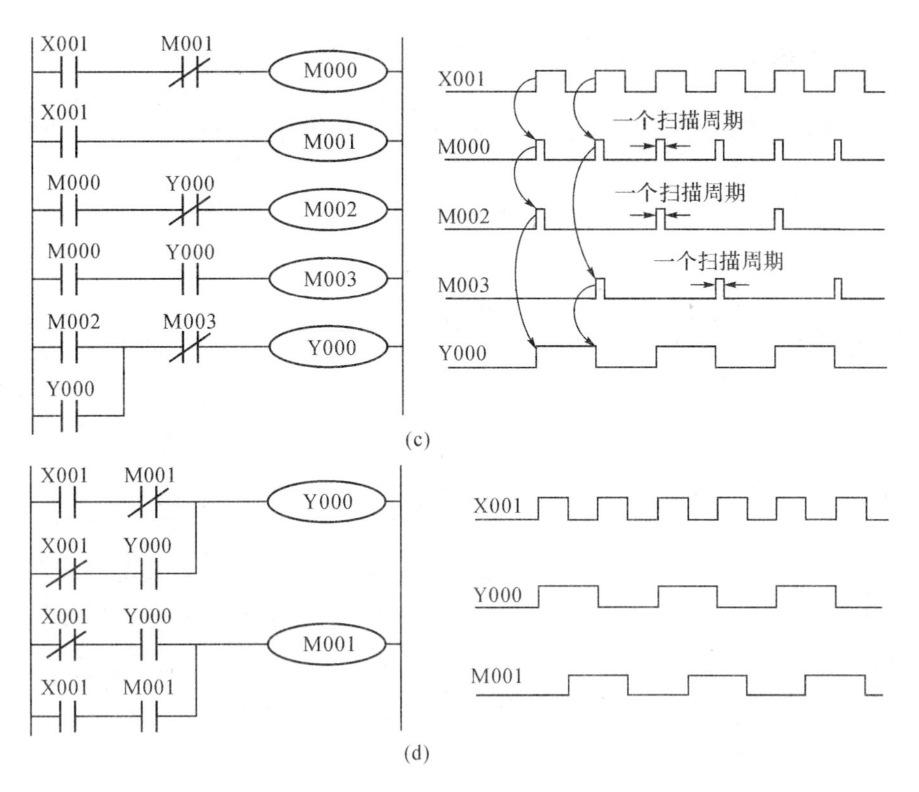

图 5-17　二分频电路

如图 5-17(c)所示的“二分频”控制程序，动作清晰，容易理解，但占用了 M000～M003 共 4 个内部继电器，在控制要求复杂的设备上使用，可能会导致内部继电器的不足。为此可以使用图 5-17(a)、(b)、(d)实现控制要求。

八、互锁程序

三相异步电动机的可逆运转要求控制电动机的正反转用的接触器 KM1 与 KM2 的常闭触头之间需要互锁(联锁)，以防止电动机主电路相互短路事故的发生。互锁程序表达如图 5-18 所示。

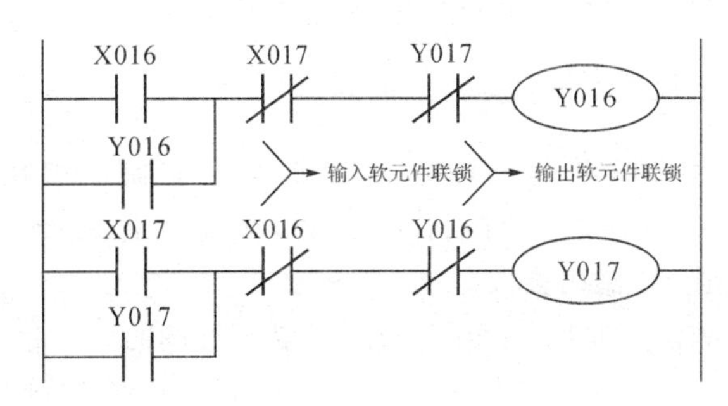

图 5-18　互锁程序

九、自动闪烁与单稳态程序(振荡信号产生程序)

如图 5-19 所示是由两个定时器组成的闪烁或单稳态程序。该程序是一种按照规定时间交替接通、断开的控制信号,它常常被用来作为闪光报警指示。

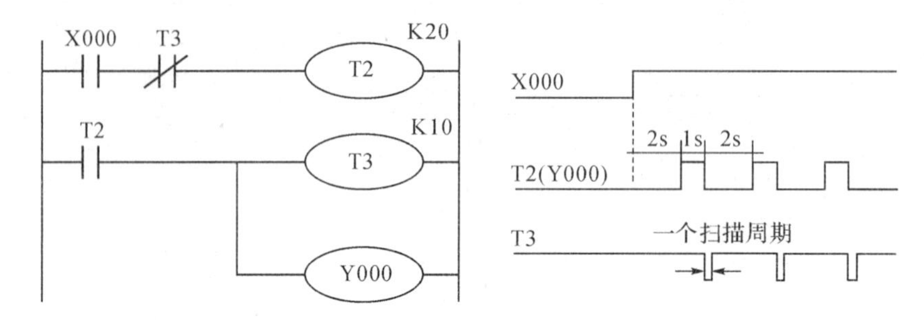

图 5-19 闪烁功能的梯形图与时序原理图

只要输入 X000 通电,输出 Y000 就周期性地“通电”和“断电”,“通电”和“断电”的时间分别等于 T1 和 T0 的设定值。如图 5-19 所示的例子的结果是输出继电器 Y000 做断电 2s 通电 1s 周而复始的工作。闪烁回路实际上是一个具有正反馈的振荡回路,T0 和 T1 的输出信号通过它们的触点分别控制对方的线圈,形成了正反馈。

十、控制运行状态的指示

在实际系统中,经常需要在操纵台上指示 PLC 的运行状态或者在控制器出现故障时进行报警。实现这一功能的梯形图如图 5-20 所示。

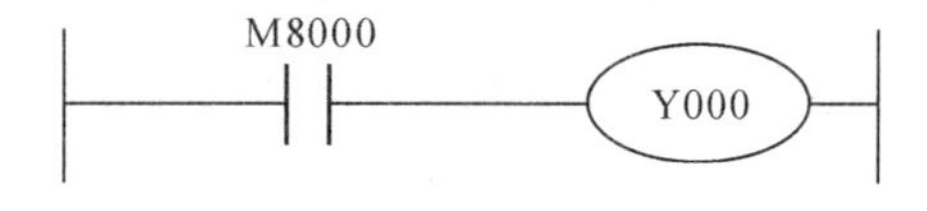

图 5-20 运行状态指示

当 PLC 处于运行状态时,线圈 Y000 总是处于接通状态,只有控制器停止运行或出现故障停止扫描时,线圈 Y000 才断开。因此,可以将线圈 Y000 对应的输出端子与操纵台上的指示灯连接,即可完成控制器运行状态的指示功能。

十一、方波和占空比可调的脉冲发生器

如图 5-21(a)所示的梯形图由两个定时器和一个输出继电器组成,可产生如图 5-21(b)所示的方波。定时器 T0 控制 Y0 接通时间,T1 控制 Y0 断开时间。若 T0 和 T1 的设定时间相同,则 Y0 输出方波。

调整两个定时器的设定时间,就可以输出占空比可调的脉冲信号。设 T1 的设定时间为 1s,即占空比为 2 ∶ 1(输出信号接通 2s,断开 1s),产生的脉冲波形如图 5-21(c)所示。

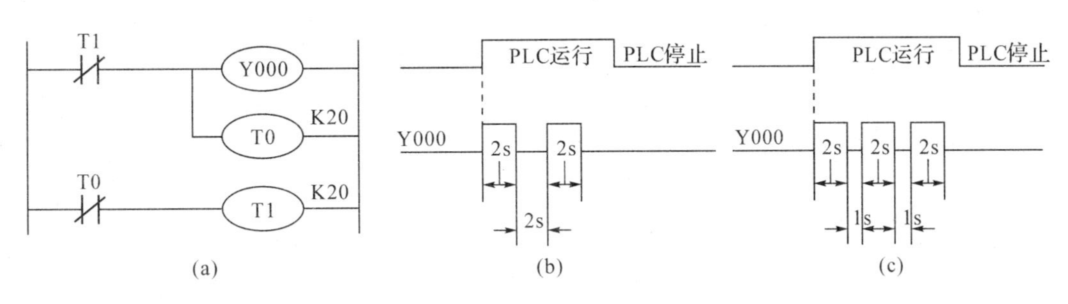

图 5-21　方波和占空比可调的脉冲发生器

十二、顺序脉冲发生器

要求顺序脉冲发生器产生如图 5-22 所示脉冲信号。

用 PLC 实现该顺序脉冲发生器的功能，梯形图如图 5-22(a)所示。当输入继电器 X0 触点闭合时，输出继电器 Y000、Y001、Y002 按设定顺序产生脉冲信号；当 X000 断开时，所有输出复位。用计时器产生这种顺序脉冲，其工作过程如下：

当 X000 接通时，定时器 T0 开始计时，同时 Y000 产生脉冲，计时时间到，T0 动断触点断开，Y000 线圈断电；T0 动合触点闭合，T1 开始计时，同时 Y001 输出脉冲。

T1 定时器时间到时，其动断触点断开，Y001 输出也断开；同时，T1 动合触点闭合，T2 开始计时，Y002 输出脉冲。

T2 定时器时间到时，Y2 输出断开，此时，如果 X0 还接通，则重新开始产生顺序脉冲。

如此反复下去，直到 X0 断开为止。

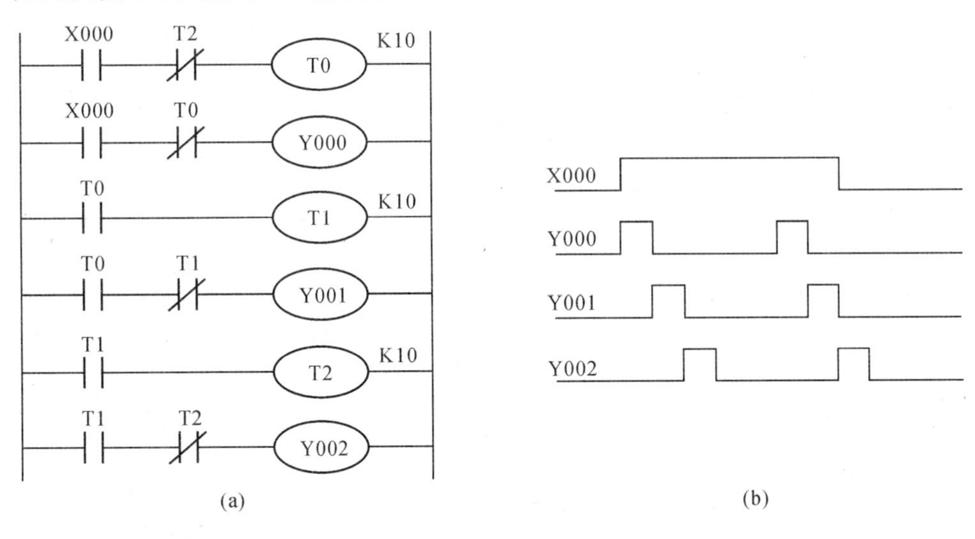

图 5-22　顺序脉冲发生器

➢ 思考练习

1. 比较 OUT、SET/RST、PLS 和 PLF 指令在执行结果上的不同，如图 5-23 所示。

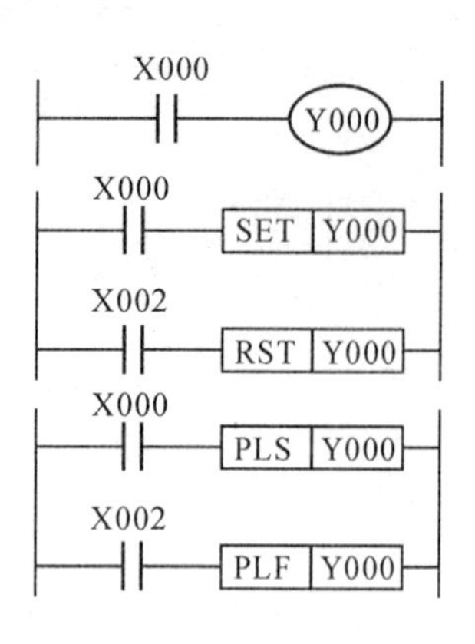

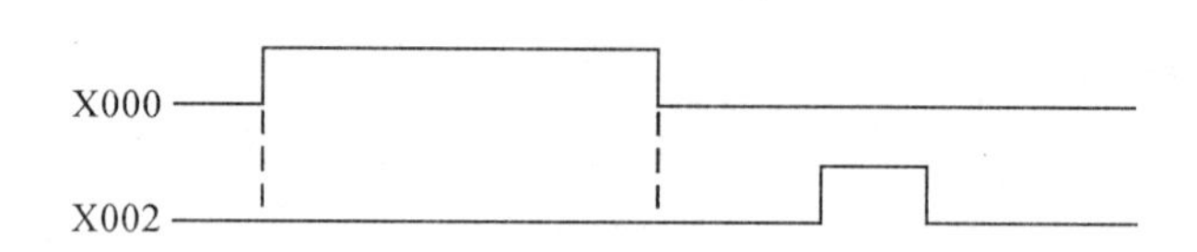

图 5-23　题 1 图

2. 在进行完“专业能力训练环节一”之后，可完成下面的练习：

(1)隔两灯闪烁：L1、L4、L7 亮，1s 后灭，接着 L2、L5、L8 亮，1s 后灭，接着 L3、L6 亮，1s 后灭，接着 L1、L4、L7 亮，1s 后灭……如此循环。编制程序，并上机调试运行。

(2)发射型闪烁：L1 亮 0.05s 后灭，接着 L2、L3、L4 亮 0.05s 后灭，接着 L6、L7、L8 亮 2s 后灭，接着 L1 亮，0.05s 后灭……如此循环。编制程序并上机调试运行。

(3)比较前面两个电路在定时器的选用中有何不同。

3. 设计利用定时器实现电子钟的控制电路，并试车运行、调试。

4. 设计利用计数器实现电子钟的控制电路，并试车运行、调试，比较与使用定时器电路的异同。

任务六　用PLC实现八段数码显示控制

➢ 任务目标

1.进一步熟练运用取指令LD/LDI、触点串联指令AND/ANI、触点并联指令OR/ORI、线圈输出指令OUT、程序结束指令END等基本指令进行本任务的四步法程序设计。

2.熟练应用定时器T和计数器C进行延时功能的程序设计。

3.掌握PLC的编程方法、编程规则或程序设计的基本原则和步骤,通过本任务的训练逐步建立程序设计的基本思路和方法。

➢ 任务描述

专业能力训练环节一

如图6-1所示是八段数码管的外形图，它实质上是七只发光二极管组成的阿拉伯数字及数字后的小数点显示器,其工作原理如图6-2与图6-3所示。下面请按照下列要求进行PLC的程序设计与调试。

图6-1　八段数码管实物外形

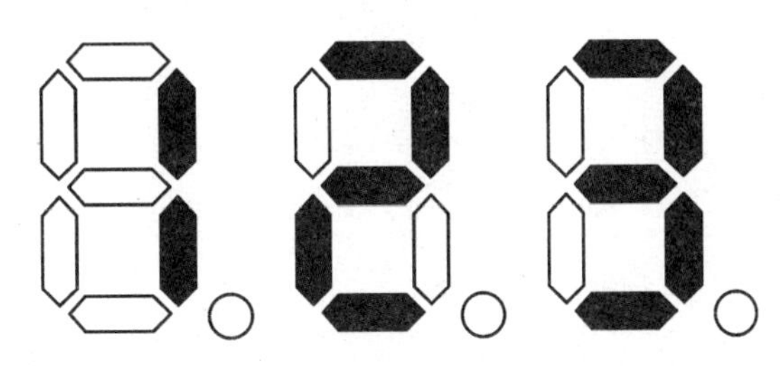

图6-2　八段码显示阿拉伯数字“1”“2”“3”的示意图

设计要求如下:

请用PLC实现输出控制对象——八段码显示器从0～9十个阿拉伯数字的升序连续显示,要求升序显示的阿拉伯数字间的时间间隔为1s,并且用两个按钮分别实现数字显示的启动与停止。

(1)按照控制要求设计PLC的输入/输出(I/O)地址分配表。

(2)按照控制要求进行PLC的输入/输出(I/O)接线图的设计。

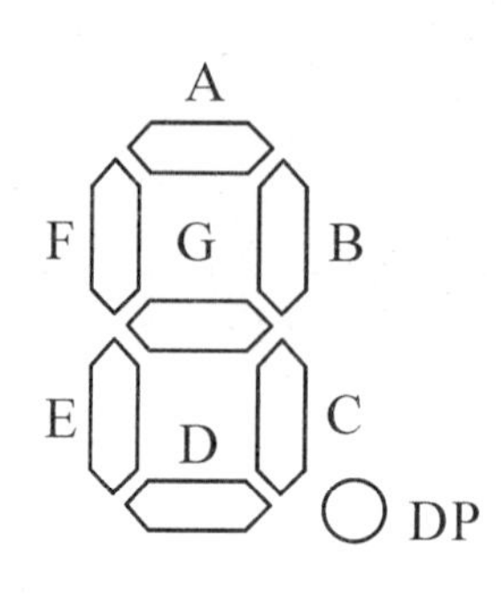

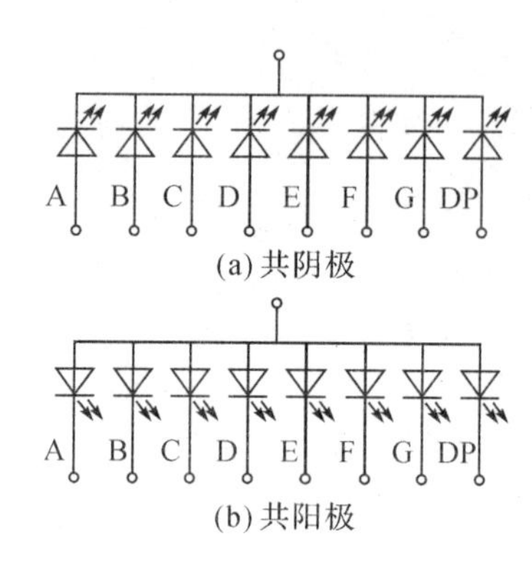

图 6-3　八段码显示电路原理

(3)按照控制要求进行 PLC 梯形图程序的设计。

(4)按照控制要求进行 PLC 指令程序的设计。

(5)按照以上四个步骤,笔试回答表 6-1 中所列的问题。

(6)按照设计要求和笔试设计结果进行程序的模拟调试。

(7)工时:120 分钟,每超时 5 分钟扣 5 分。

(8)配分:本任务满分为 100 分,比重 50%,评分标准如表 6-5 所示。

专业能力训练环节二

设计要求如下:

用 PLC 构成抢答器系统并编制控制程序。

一个四组抢答器结构如图 6-4 所示,任一组抢先按下按键后,显示器能及时显示该组的编号并使蜂鸣器发出响声,同时锁住抢答器,使其他组按下按键无效。抢答器有复位开关,复位后可以重新抢答。

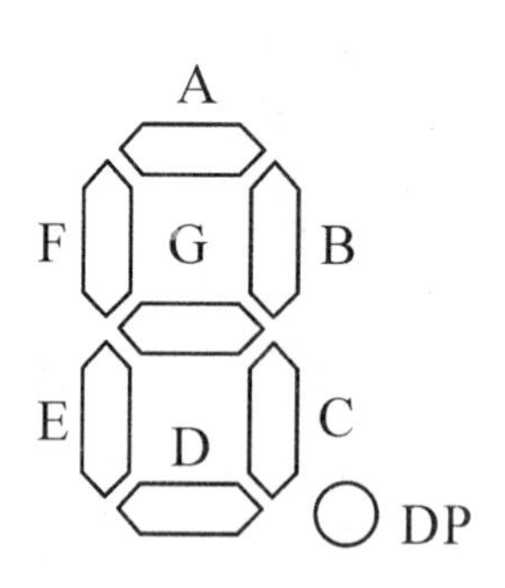

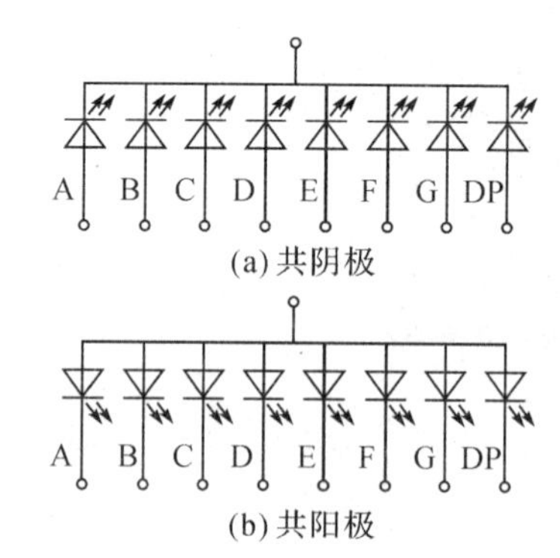

图 6-4　四组抢答器的结构示意

(1)按照控制要求设计 PLC 的输入/输出(I/O)地址分配表。

(2)按照控制要求进行 PLC 的输入/输出(I/O)接线图的设计。

(3)按照控制要求进行 PLC 梯形图程序的设计。

(4)按照控制要求进行 PLC 指令程序的设计。

(5)按照以上四个步骤，笔试回答表 6-3 中所列的问题。

(6)按照设计要求和笔试设计结果进行程序的模拟调试。

(7)工时：120 分钟，每超时 5 分钟扣 5 分。

(8)配分：本任务满分为 100 分，比重 50%，评分标准如表 6-5 所示。

➢ 任务实施

一、训练器材

验电笔、螺钉旋具、尖嘴钳、万用表、PLC、PLC 模拟调试实训模块、连接导线。

二、预习内容

1. 了解八段码显示器的结构与工作原理。

2. 复习任务五的【知识链接】内容。

3. 尝试进行“专业能力训练环节一”与“专业能力训练环节二”的两个 PLC 程序的设计。

4. 预习本任务的【知识链接】内容。

5. 分析 PLC 通电调试有哪些自检核心步骤。

6. 三菱 FX_{2N}-16MR 型号的 PLC 上的输出接口的 COM 端是在什么位置？与三菱 FX_{2N}-48MR 输出接口的 COM 端有何异同？

三、训练步骤

“专业能力训练环节一”训练步骤

1. 实训指导教师简要说明“专业能力训练环节一”的要求后，各小组各自在 PLC 学习机上用 PLC 实现 0～9 十个数字的升序显示程序的编写并进行模拟调试。训练步骤如下：

(1)按照控制要求设计 PLC 的输入/输出(I/O)地址分配表并填入表 6-1 相应栏目。

(2)按照控制要求进行 PLC 的输入/输出(I/O)接线图的设计并填入表 6-1 相应栏目。

(3)按照控制要求进行 PLC 的梯形图的设计并填入表 6-1 相应栏目。

(4)按照控制要求进行 PLC 的指令表的设计并填入表 6-1 相应栏目。

(5)对计算机进行开机。

(6)运行三菱 PLC 的 GX Developer 编程软件。

(7)将已经构思好的梯形图在计算机上进行程序录入与编辑。(录入方法见任务二。)

(8)根据第(2)步已经设计好的 PLC 输入/输出(I/O)接线图进行 PLC 外围电路的

连接。(在程序编辑过程中有可能重新认识设计要求,因此 I/O 分配表与 I/O 接线图均有可能进行解构与重构,因此在 PLC 的外围电路连线时请按照正确的 I/O 接线图进行)

(9)程序调试:

①在 PLC 学习机上接通 PLC 的工作电源与八段码的驱动电源。

②按下微型启动按钮 SB1,观察 PLC 输出口的八段码显示器的数字显示是否按照任务要求从 0~9 升序且依次间隔 1s 显示。

③按下微型停止按钮 SB1,观察是否能正常关闭显示中的八段码显示器。

④若不符合控制要求则修改程序,若符合要求,则对程序设计的四个基本要素进行整理并总结。

表 6-1　笔试回答下列问题

要求	请将合理的答案填入相应表格	扣分	得分
PLC 的输入/输出(I/O)地址分配表			
PLC 的输入/输出(I/O)接线图			
PLC 梯形图程序的设计			
PLC 指令程序的设计			

(10)程序调试及试车注意事项:

①在断开电源的情况下独自进行 PLC 外围电路的连接,如连接 PLC 的输入接口线、连接 PLC 的输出接口线。

②检查熔断器的管状熔丝是否安装可靠,熔体的额定电流选择是否恰当。

③程序调试完毕拆除 PLC 的外围电路时,要断电进行。

2.指导教师小结本训练环节的教学准备、教学内容、教学组织、教学实施、教学效果等方面情况,填写表 6-2。

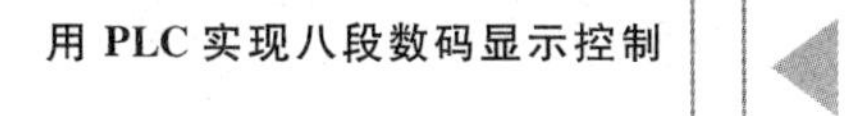

表 6-2　“专业能力训练环节一”经验小结

(1)完成任务情况(数量与质量):
(2)程序设计能力方面的问题:
(3)动手操作方面的问题:
(4)小组合作方面的问题:
(5)存在的错误问题及解决情况:
(6)给同学的建议:

“专业能力训练环节二”训练步骤

1. 实训指导教师简要说明“专业能力训练环节二”的要求后，学生各自在 PLC 学习机上用 PLC 实现四组抢答器程序的编写并进行模拟调试。调试步骤同“专业能力训练环节一”的训练步骤，然后按照设计要求填写表 6-3。

表 6-3　笔试回答下列问题

自检 要求	请将合理的答案填入相应表格	扣分	得分
PLC 的输入/输出(I/O)地址分配表			
PLC 的输入/输出(I/O)接线图			
PLC 梯形图程序的设计			
PLC 指令程序的设计			

2. 程序调试成功后按照正确的断电顺序与拆线顺序进行 PLC 外围线路的拆除，并按照 6S 的要求整理好工位，待实训指导教师对自己的“专业能力训练环节二”进行评价后，简要小结本环节的训练经验并填入表 6-4，进入职业核心能力训练环节。

3. 指导教师小结本训练环节的教学准备、教学内容、教学组织、教学实施、教学效果等方面情况。

表 6-4 “专业能力训练环节二”经验小结

➢ 任务评价

专业能力训练环节一、二的评价标准如表 6-5 所示。

表 6-5 专业能力训练环节一、二的评价标准

序号	主要内容	考核要求	评分标准	配分	扣分		得分	
					一	二	一	二
1	电路及程序设计	1. 根据给定的控制要求，列出 PLC 输入/输出(I/O)地址分配表；设计 PLC 输入/输出(I/O)的接线图 2. 根据控制要求设计 PLC 的梯形图和指令表程序	1. PLC 输入/输出(I/O)地址遗漏或有错，扣 5 分/处 2. PLC 输入/输出(I/O)接线图设计不全或设计有错，扣 5 分/处 3. 梯形图表达不正确或画法不规范，扣 5 分/处 4. 接线图表达不正确或画法不规范，扣 5 分/处 5. PLC 指令程序有错，扣 5 分/处	50				
2	程序输入及调试	1. 熟练操作 PLC 编程软件，能正确地将所设计的程序输入 PLC 2. 按照被控设备的动作要求进行模拟调试，达到设计要求	1. 不会熟练操作 PLC 编程软件来输入程序，扣 10 分 2. 不会用删除、插入、修改等命令，扣 6 分/次 3. 缺少功能，扣 6 分/项	30				
3	通电试验	在保证人身安全和设备安全的前提下，通电试验一次成功	1. 第一次试车不成功，扣 10 分 2. 第二次试车不成功，扣 15 分 3. 第三次试车不成功，扣 20 分	20				
4	安全要求	1. 安全文明生产 2. 自觉在实训过程中融入 6S 理念 3. 有组织、有纪律、守时诚信	1. 违反安全文明生产规程，扣 5～40 分 2. 乱线敷设，加扣不安全分，扣 10 分 3. 工位不整理或整理不到位，扣 10～20 分 4. 随意走动，无所事事，不刻苦钻研，扣 10～20 分	倒扣				
备注	除了定额时间外，各项内容的最高分不应超过该项目的配分数；每超 5 分钟扣 5 分		合计	100				
定额时间	120 分钟	开始时间		结束时间		考评员签字		

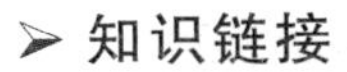

知识链接

一、编程元件——辅助继电器

辅助继电器是 PLC 中数量最多的一种继电器。一般的辅助继电器的作用与继电器控制电路系统中的中间继电器的作用相似。

辅助继电器不能直接驱动外部负载，负载只能由输出继电器的外部触点驱动。辅助继电器的常开与常闭触点在 PLC 可内部编程时可以无限次使用。

辅助继电器采用 M 与十进制数共同组成编号（只有输入/输出继电器才用八进制数），如 M0、M8000 等。

（一）通用辅助继电器（M0～M499）

FX_{2N}系列 PLC 共有 500 个通用辅助继电器。通用辅助继电器在 PLC 运行时，如果电源突然断电，则全部线圈均断开。当电源再次接通时，除了因外部输入信号而变为接通的以外，其余的仍将保持断开，它们没有断电保护功能。通用辅助继电器常在逻辑运算中作为辅助运算、状态暂存、移位等。如图 6-5 所示的 M0、M1 就起到状态暂存的作用。

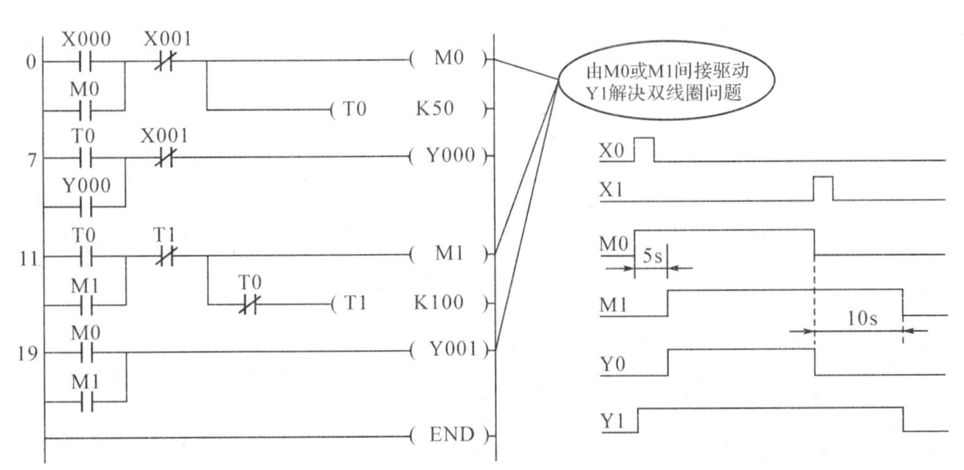

图 6-5　PLC 控制两条顺序相连传送带的梯形图和时序图

（二）断电保持辅助继电器（M500～M3071）

FX_{2N}系列 PLC 共有 2572 个断电保持辅助继电器。它与普通辅助继电器不同的是具有断电保持功能，即能记忆电源中断电瞬间的状态，并在重新通电后再现其原来状态。这是因为电源中断时它们用 PLC 中的锂电池保持自身映像寄存器中的内容。比较图 6-6中（a）和（b），当 X0 接通时，M0 和 M600 都接通并保持，若此时突然停电，M0 断开，但由于 M600 具有断电保持功能，恢复通电时，如果 X0 不接通，M0 断开，而 M600 仍然处于接通状态。但恢复通电时，如果 X1 常闭触点断开，则 M600 也是断开的。

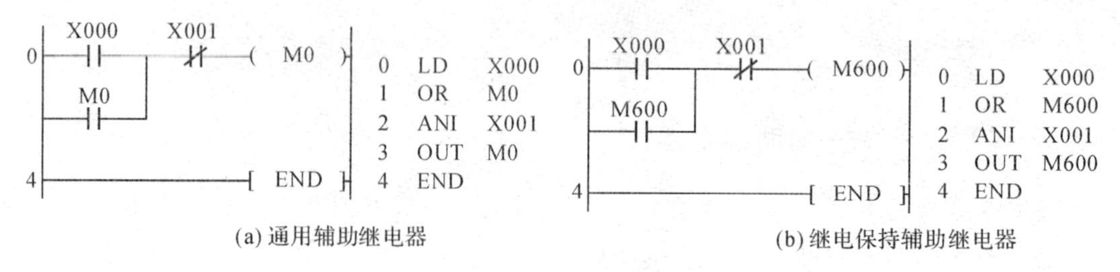

图 6-6 通用辅助继电器和断电保持辅助继电器比较

(三)特殊辅助继电器

PLC 内部有很多的特殊辅助继电器,它们都有各自的特殊功能。FX_{2N}系列中有 256 个特殊辅助继电器,可分成触点型和线圈型两大类。

(1)触点型。其线圈由 PLC 自动驱动,用户只可用其触点。例如:

M8000:运行监视器(在 PLC 运行时接通),M8001 与 M8000 逻辑相反。

M8002:初始脉冲(仅在运行开始时接通一个扫描周期),M8003 与 M8002 逻辑相反。

M8011、M8012、M8013 和 M8014 分别是产生 10ms、100ms、1s、1min 时钟脉冲的特殊辅助继电器。

M8000、M8002、M8012 的时序图如图 6-7 所示。

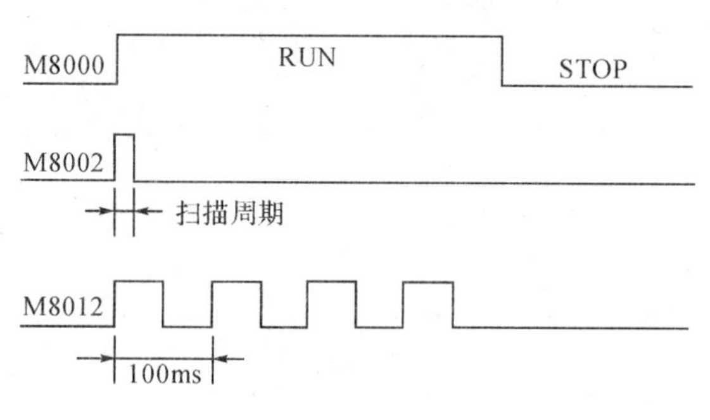

图 6-7 M8000、M8002、M8012 时序图

(2)线圈型。由用户程序驱动线圈后 PLC 执行特定的动作。例如:

M8033:如使其线圈得电,则 PLC 停止时保持输出映像存储器和数据寄存器内容。

M8034:如使其线圈得电,则将 PLC 的输出全部禁止。

M8039:如使其线圈得电,则 PLC 按 D8039 中指定的扫描时间工作。

二、双线圈问题

如图 6-8 所示,在同一个程序同一元件的线圈在同一扫描周期中,输出了两次或多次,称为双线圈输出。在 X0 动作之后,X1 动作之前,同一个扫描周期中第一个 Y1 接通,第二个 Y1 断开,在下一个扫描周期中,第一个 Y1 又接通,第二个 Y1 又断开,Y1 输出继电器出现快速振荡的异常现象。所以,在编程时要避免出现双线圈现象,解决方法如图 6-5 所示。

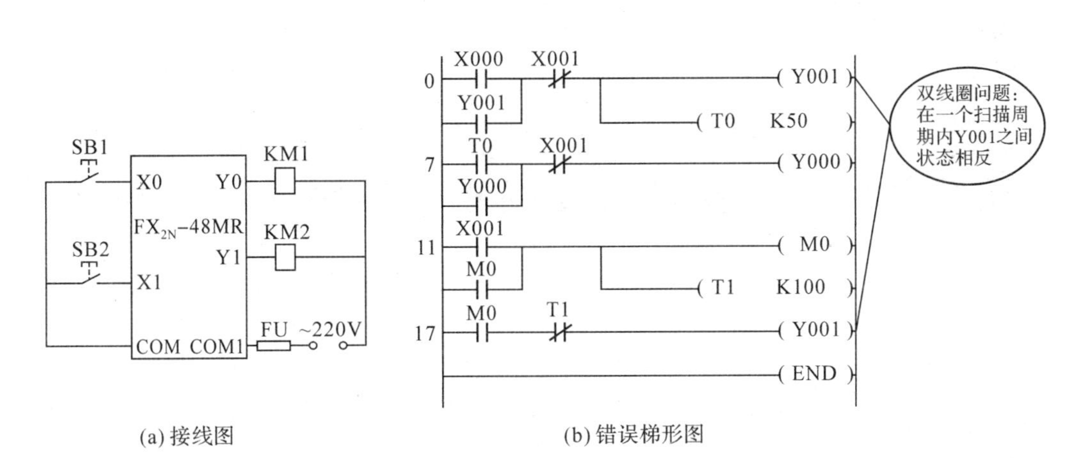

(a) 接线图　　(b) 错误梯形图

图 6-8　PLC 控制两条顺序相连的传送带

➢ 思考练习

1. 有四台电动机，要求启动时每隔 10min 依次启动，停止时，四台电动机同时停止。

2. 有一指示灯，控制要求为：按下按钮后，亮 5s，熄灭 5s，重复 5 次后停止工作。试设计梯形图并写出指令语句表。

3. 有三台电动机，控制要求为：按 M1、M2、M3 的顺序启动；前级电动机不启动，后级电动机不能启动；前级电动机停止时，后级电动机也停止。试设计梯形图，并写出指令语句表。

4. 设计一个三组的智力竞赛抢答器的控制程序，控制要求为：

(1) 当某竞赛者抢先按下按钮，该竞赛者桌上指示灯亮。

(2) 指示灯亮后，主持人按下复位按钮，指示灯熄灭。

5. 绘出下列指令语句表对应的梯形图。

```
0  LD   X0      9  ORB
1  AND  X1     10  ANB
2  LD   X2     11  LD   M0
3  ANI  X3     12  AND  M1
4  ORB         13  ORB
5  LD   X4     14  AND  M2
6  AND  X5     15  OUT  Y4
7  LD   X6     16  END
8  ANI  X7
```

6. 绘出下列指令语句表对应的梯形图。

```
0  LD   X0     5  LD   M0
1  ANI  M0     6  OUT  C0
2  OUT  M0        K    8
3  LDI  X0     7  LD   C0
4  RST  C0     8  OUT  Y0
```

任务七　运料小车控制

➢ 任务目标

1. 掌握顺序功能图。

2. 能根据工艺要求画出单序列顺序功能图，会利用“启－保－停”电路进行单序列顺序功能图和梯形图设计。

➢ 任务描述

如图 7-1 所示是运料小车运行示意。其中，启动按钮 SB1 用来开启运料小车，停止按钮 SB2 用来手动停止运料小车，小车运行到位用左、右限位开关模拟，小车移动电动机由变频器供电，设计不考虑工频电源引入小车方法。其工艺流程如下：按下启动按钮，小车从原点启动向右运行，小车右行直到碰到右侧限位开关停止，料斗翻门打开使料斗开启 7s 装料。随后小车返回原点，直到碰到左侧（原位）限位开关停止，小车底门打开使小车卸料 5s 后完成第一次任务，即一个循环结束。

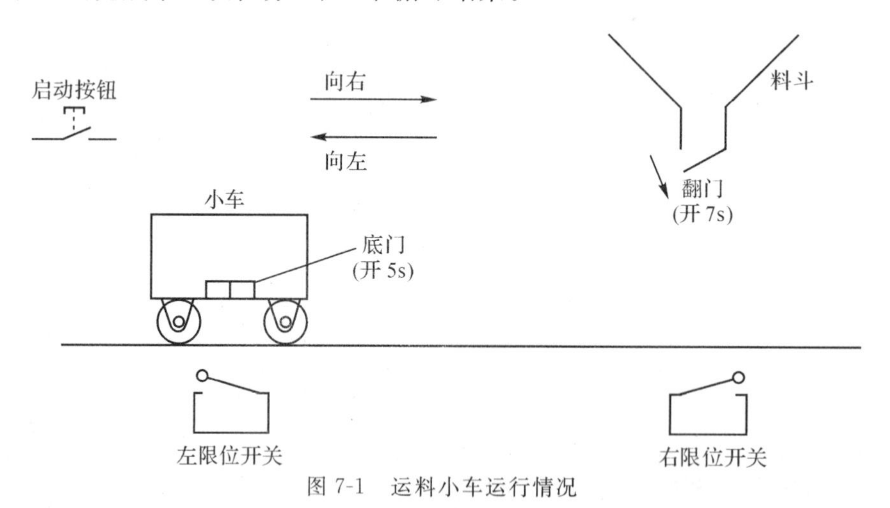

图 7-1　运料小车运行情况

控制设计要求如下：

（1）根据工艺流程要求，列出 PLC 控制输入/输出接口（I/O）元件地址分配表。

（2）绘制 PLC 控制输入/输出接口（I/O）接线图。

（3）根据加工工艺设计梯形图，再根据梯形图列出指令表。

（4）按照设计要求和笔试设计结果进行程序的模拟调试。

➢ 任务实施

一、训练器材

验电笔、螺钉旋具、尖嘴钳、万用表、PLC、PLC模拟调试实训模块、连接导线。

二、预习内容

1. 了解运料小车的工作原理。
2. 知识链接内容。

技能训练

按设计要求列出I/O分配表，画出PLC的外部接线图、系统的顺序功能图和梯形图，并进行安装调试。

表7-1　评价标准

序号	主要内容	考核要求	评分标准	配分	扣分	得分
1	电路及程序设计	1. 根据给定的控制要求，列出PLC输入/输出（I/O）地址分配表；设计PLC输入/输出（I/O）的接线图 2. 根据控制要求设计PLC的梯形图和指令表程序	1. PLC输入/输出（I/O）地址遗漏或有错，扣5分/处 2. PLC输入/输出（I/O）接线图设计不全或设计有错，扣5分/处 3. 梯形图表达不正确或画法不规范，扣5分/处 4. 接线图表达不正确或画法不规范，扣5分/处 5. PLC指令程序有错，扣5分/处	50		
2	程序输入及调试	1. 熟练操作PLC编程软件，能正确地将所设计的程序输入PLC 2. 按照被控设备的动作要求进行模拟调试，达到设计要求	1. 不会熟练操作PLC编程软件来输入程序，扣10分 2. 不会用删除、插入、修改等命令，扣6分/次 3. 缺少功能，扣6分/项	30		
3	通电试验	在保证人身安全和设备安全的前提下，通电试验一次成功	1. 第一次试车不成功，扣10分 2. 第二次试车不成功，扣15分 3. 第三次试车不成功，扣20分	20		
4	安全要求	1. 安全文明生产 2. 自觉在实训过程中融入6S理念 3. 有组织、有纪律、守时诚信	1. 违反安全文明生产规程，扣5～40分 2. 乱线敷设，加扣不安全分，扣10分 3. 工位不整理或整理不到位，扣10～20分 4. 随意走动，无所事事，不刻苦钻研，扣10～20分	倒扣		
备注	除了定额时间外，各项内容的最高分不应超过该项目的配分数；每超5分钟扣5分。		合计	100		
定额时间	150分钟	开始时间		结束时间		考评员签字	

➢ 知识链接

一、顺序控制设计法

前面设计各梯形图的方法一般称为经验设计法，经验设计法没有固定的步骤可循，具有很大的试探性和随意性。但在设计复杂系统的梯形图时，要用大量的中间单元来完成记忆、互锁等功能，由于需要考虑的因素很多，这些因素又交织在一起，分析起来非常困难。并且修改某一局部电路时，可能对系统的其他部分产生意想不到的影响，往往花了很多时间却得不到满意的结果。所以，用经验设计法设计出的梯形图不易阅读，系统维护和改进较困难。

顺序控制设计法是一种先进的设计方法，很容易阅读和接受。使用顺序控制设计法也会提高设计的效率，程序调试、修改和阅读也更方便。

所谓顺序控制，就是按生产工艺预先规定的顺序，在各个输入信号的作用下，根据内部状态和时间的顺序，生产的各个执行机构自动有序地进行操作。使用顺序控制设计法时，首先根据系统的工艺过程，画出顺序功能图，然后根据顺序功能图画出梯形图。

二、顺序功能图

顺序功能图由步、有向连线、转换、转换条件和动作（或命令）五部分组成。

（一）步

顺序控制设计法最基本的思想是将系统的一个工作周期划分为若干个顺序相连的阶段，这些阶段称为步，可以用编程软元件（M 和 S）来代表各步。步是根据输出量的状态变化来划分的，在任何一步之内，各输出量的 ON/OFF 状态不变，但是，相邻两步输出量总的状态是不同的。步的这种划分方法使代表各步的编程元件的状态与各输出量的状态之间的逻辑关系更清晰。以图 7-2 所示的运料小车为例说明，除了起始步外，根据 Y0～Y3 的 ON/OFF 状态的变化，分为装料、右行、卸料和左行 4 步，分别用 M1～M4 来代表这 4 步。如图 7-3 所示是运料小车的控制时序图，如图 7-4 所示是该系统的顺序功能图，图中用矩形方框表示步，方框中是代表该步的编程元件的元件号，它们也可作为步的编号，如 M1、M2 等。如图 7-5 所示是运料小车单周期工作方式的梯形图。

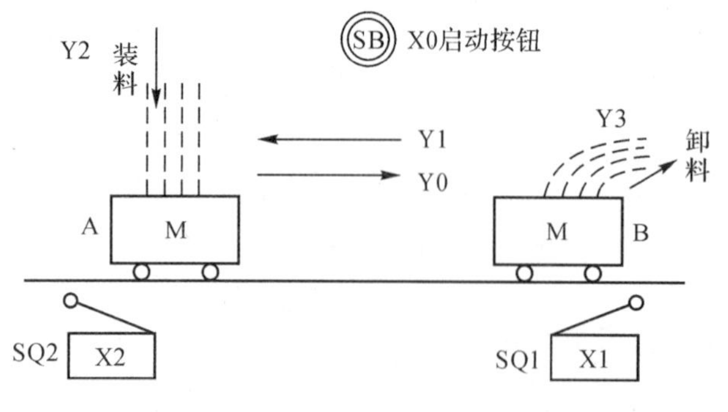

图 7-2　运料小车运行情况

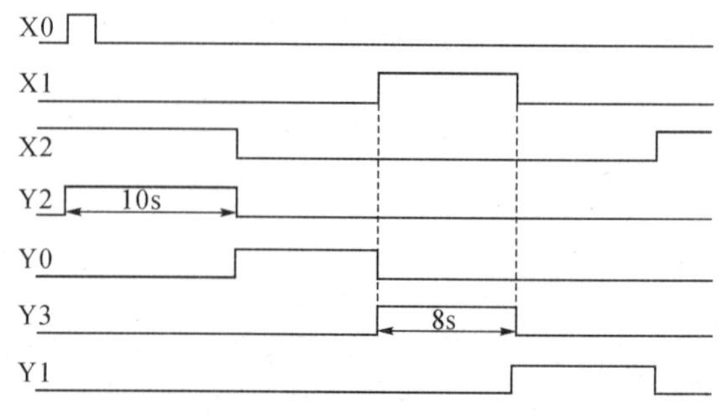

图 7-3　运料小车的控制时序

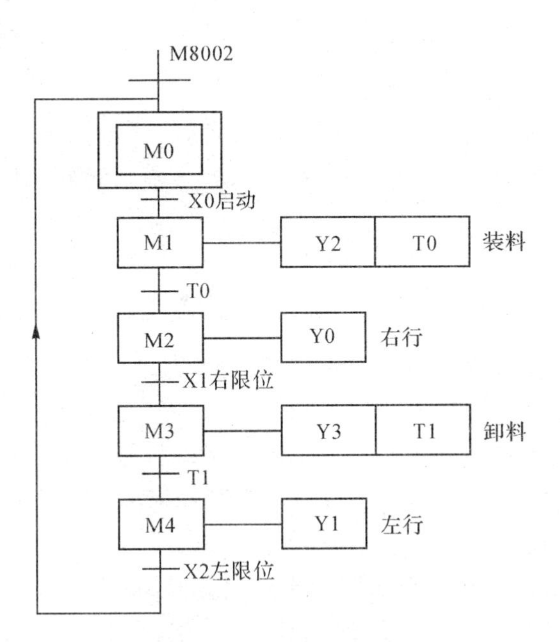

图 7-4　运料小车单周期工作方式顺序功能

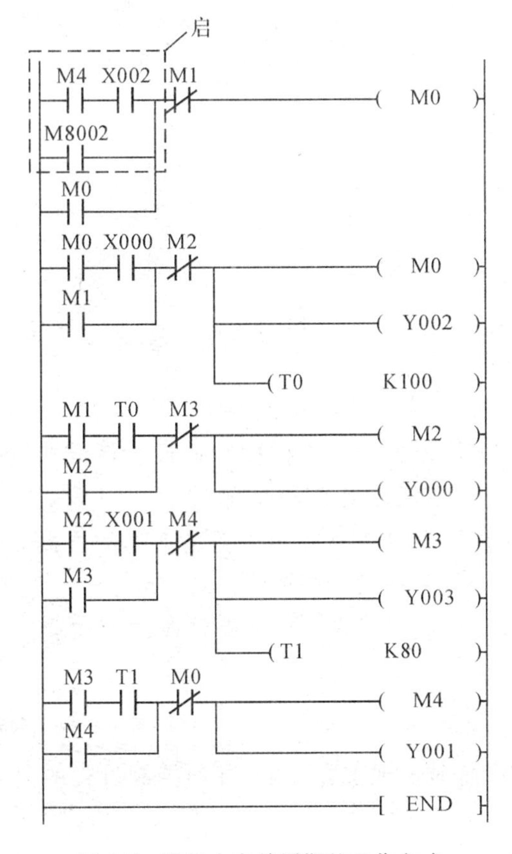

图 7-5　运料小车单周期的工作方式

(1)初始步。与系统的初始状态相对应的步称为初始步,初始状态一般是系统等待启动命令的相对静止的状态。初始步用双线方框表示，每一个顺序功能图至少应该有一个初始步，图 7-4 的 M0 就是初始步。

(2)活动步。当系统正处于某一步所在的阶段时，该步处于活动状态，称该步为“活动步”。步处于活动状态时，相应的动作被执行；处于不活动状态时，相应的非存储型动作被停止。

(二)与步对应的动作或命令

一个控制系统可以划分为被控系统和施控系统。例如，在数控车床系统中，数控装置是施控系统，而车床是被控系统。对于被控系统，在某一步中要完成某些“动作”；对于施控系统，在某一步中则要向被控系统发出某些“命令”(command)。为了叙述方便，下面将命令或动作统称为动作，并用矩形框中的文字或符号表示，该矩形框应与相应的步的符号相连。一个步可以有多个动作，也可以没有任何动作。如图 7-4 所示，M0 步没有任何动作，M2、M4 步各有一个动作，M1、M3 步各有两个动作。如果某一步有多个动作，可以用如图 7-6 所示的两种画法来表示，它们并不隐含这些动作之间的任何顺序。动作只有在相应的步为活动步时才完成。例如，当 M1 为活动步时，Y2 和 T0 的线圈通电；当 M1 为不活动步时，Y2 和 T0 的线圈断电。从这个意义上来说，T0 的线圈相当于步 M1 的一个动作，所以将 T0 作为步 M1 的动作来处理。步 M1 下面的转换条件 T0 由在定时时间到时闭合的 T0 的常开触点提供。因此，动作框中的 T0 对应的是 T0 的线圈，转换条件 T0 对应的是 T0 的常开触点。

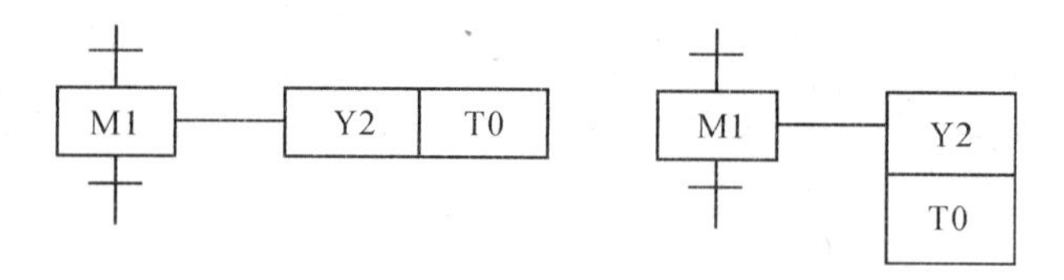

图 7-6　一个步后多个动作的顺序功能图的画法

(三)有向连线

在画顺序功能图时，将代表各步的方框按它们成为活动步的先后次序排列，并用有向连线将它们连接起来。步的活动状态习惯的进展方向是从上到下或从左至右，在这两个方向，有向连线上的箭头可以省略。如果不是上述的方向，应在有向连线上用箭头注明进展方向。如图 7-4 所示，步 M4 转换到步 M0 使用了有向连线，其上的箭头表明了进展方向。为了更易于理解，也可以在可以省略箭头的有向连线上加箭头。

(四)转换

转换用有向连线与垂直于有向连线的短线段来表示，转换将相邻两步分隔开。步的活动状态的进展是由转换的实现来完成的，并与控制过程的发展相对应。

(五)转换条件

转换条件是指与转换相关的逻辑命题，转换条件可以用文字语言、布尔代数表达式或图形符号标注在表示转换的短线段旁边，使用得最多的是布尔代数表达式，如图 7-7 所示。

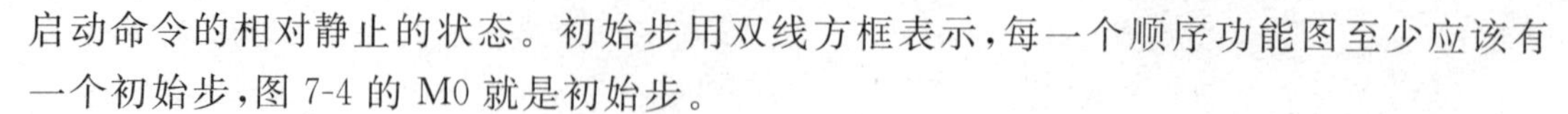

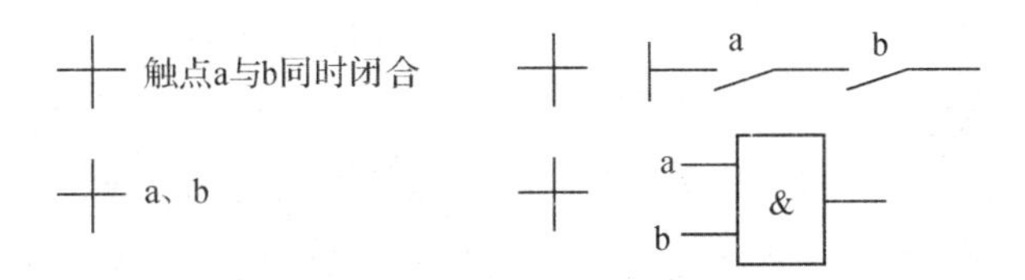

图 7-7　转换与转换条件

（六）注意事项

绘制顺序功能图时的注意事项如下：

（1）两个步之间必须用一个转换隔开，两个步绝对不能直接相连。

（2）两个转换之间必须用一个步隔开，两个转换也不能直接相连。

（3）顺序功能图中的初始步一般对应于系统等待启动的初始状态，这一步可能没有输出处于 ON 状态，因此，初学者很容易遗漏这一步。初始步是必不可少的，一方面因为该步与它的相邻步相比，从总体上讲，输出变量的状态各不相同；另一方面如果没有该步，则无法表示初始状态，系统也无法返回停止状态。

（4）自动控制系统应能多次重复执行同一工艺过程，因此在顺序功能图中一般应有由步和有向连线组成的闭环，即在完成一次工艺过程的全部操作之后，应从最后一步返回初始步，系统停留在初始状态单周期操作。在连续循环工作方式时，将从最后一步返回下一工作周期开始运行的第一步，如图 7-8 所示。此时运料小车完成的任务可叙述为：货物通过运料小车 M 从 A 地运到 B 地，在 B 地卸货后小车 M 再从 B 地返回 A 地继续装料、运料。

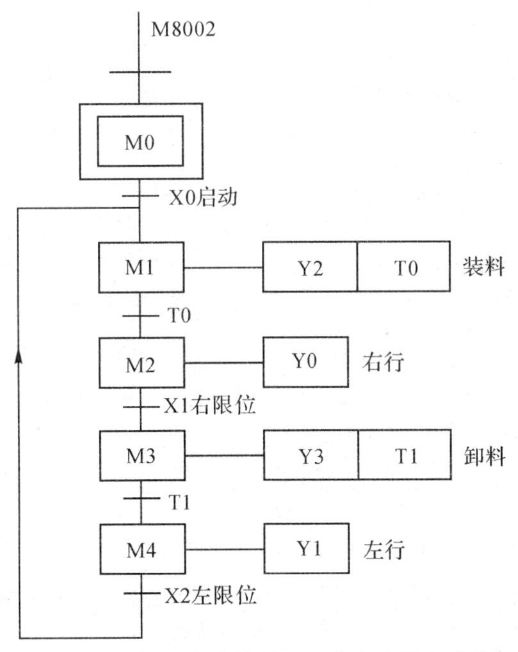

图 7-8　运料小车连续循环工作方式顺序功能

（5）在顺序功能图中，只有当某一步的前级步是活动步时，该步才有可能变成活动步。如果用没有断电保持功能的编程元件代表各步（本例中代表各步的 M0～M4），进入

RUN工作方式时,它们均处于OFF状态,必须用初始化脉冲M8002的常开触点作为转换条件,将初始步预置为活动步,否则因顺序功能图中没有活动步,系统将无法工作。

(6)顺序功能图是用来描述自动工作过程的,如果系统有自动、手动两种工作方式,这时还应在系统由手动工作方式进入自动工作方式时,用一个适当的信号将初始步置为活动步。本任务没有设置手动工作方式。

三、顺序功能图中转换实现的基本规则

(一)转换实现的条件

在顺序功能图中,步的活动状态的进展是由转换的实现来完成的,转换实现必须同时满足两个条件:

(1)该转换所有的前级步都是活动步。

(2)相应的转换条件得到满足。

(二)转换实现应做操作

转换实现时应完成以下两个操作:

(1)使所有由有向连线与相应转换符号相连的后续步都变为活动步。

(2)使所有由有向连线与相应转换符号相连的前级步都变为不活动步。

转换实现的基本规则是根据顺序功能图设计梯形图的基础。

在梯形图中,用编程元件(如M和S)代表步,当某步为活动步时,该步对应的编程元件为ON。如图7-4所示,要实现步M0到步M1的转换,必须同时满足M0为活动步(或者说M0为ON)和X0按下(或者说X0为ON)。此时步M0到步M1的转换实现。而一旦转换实现,就会完成下列两个操作:步M1变为活动步,同时步M0变为不活动步。步M1变为活动步,则完成相应的动作,即Y2和T0线圈变为ON。

四、由顺序功能图画出梯形图——“启—保—停”电路

有的PLC编程软件为用户提供了顺序功能图(SFC)语言,在编程软件中生成顺序功能图后便完成了编程工作。用户也可以自行将顺序功能图改画为梯形图,方法有多种,先介绍利用“启—保—停”电路由顺序功能图画出梯形图的方法。“启—保—停”电路仅仅使用与触点和线圈有关的指令,任何一种PLC的指令系统都有这一类指令,因此,这是一种通用的编程方法,可以用于任意型号的PLC。

利用“启—保—停”电路由顺序功能图画出梯形图,要从步的处理和输出电路两方面来考虑。

(一)步的处理

用辅助继电器M来代表步,某一步为活动步时,对应的辅助继电器为ON,某一转换实现时,该转换的后续步变为活动步,前级步变为不活动步。由于很多转换条件都是短信号,即它存在的时间比它激活后续步为活动步的时间短,因此,应使用有记忆(或称保持)功能的电路(如“启—保—停”电路和置位复位指令组成的电路)来控制代表步的辅

助继电器。

如图 7-9 所示的 M1、M2 和 M3 是顺序功能图中顺序相连的 3 步，X1 是步 M2 之前的转换条件。设计“启—保—停”电路的关键是找出它的启动条件和停止条件。转换实现的条件是它的前级步为活动步，并且满足相应的转换条件。所以步 M2 变为活动步的条件是它的前级步 M1 为活动步，且转换条件 X1＝1。在“启—保—停”电路中，应将前级步 M1 和转换条件 X1 对应的常开触点串联，作为控制 M2 的“启动”电路。

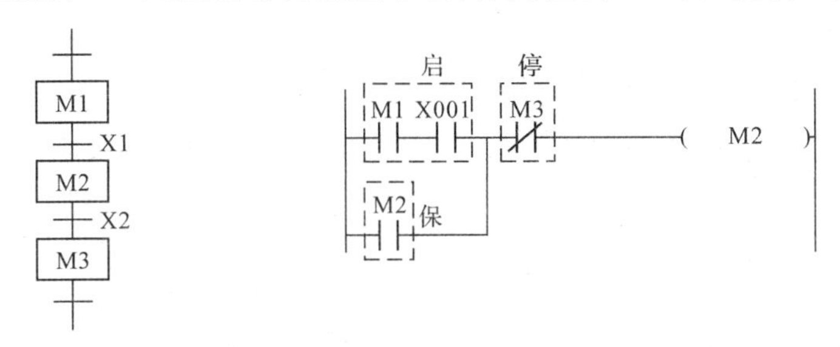

图 7-9　用“启—保—停”电路控制步

当 M2 和 X2 均为 ON 时，步 M3 变为活动步，这时步 M2 应变为不活动步。因此，可以将 M3＝1 作为使辅助继电器 M2 变为 OFF 的条件，即将后续步 M3 的常闭触点与 M2 的线圈串联，作为“启—保—停”电路的停止电路。如图 7-9 所示的梯形图可以用逻辑代数式表示为

$$M2=(M1\cdot X1+X2)\cdot\overline{M3}$$

但是，当转换条件由多个信号经“与”“或”“非”逻辑运算组合而成时，应将它的逻辑表达式求反，再将对应的触点串并联电路作为“启—保—停”电路的停止电路。但这样不如使用后续步的常闭触点简单方便。

根据上述的编程方法和顺序功能图，很容易画出梯形图。以图 7-4 中步 M1 为例，M1 的前级步为 M0，该步前面的转换条件为 X1，所以 M1 的启动电路由 M0 和 X1 的常开触点串联而成，启动电路还并联了 M1 的自保持触点。步 M1 的后续步是步 M2，所以应将 M2 的常闭触点与 M1 的线圈串联，作为步 M1 的“启—保—停”电路的停止电路，M2 为 ON 时，其常闭触点断开，使 M1 的线圈“断电”。再以步 M0 为例，有两种方法使 M0 变为活动步：M8002 为 ON 时或者 M4 为活动步且转换条件 X2 为 ON 时，所以 M0 的启动电路由 M4 和 X2 的常开触点串联再与 M8002 的常开触点并联而成，启动电路中并联的 M0 的常开触点是自保持触点。

在顺序功能图中有多少步，在梯形图中就有多少个驱动步的“启—保—停”电路。例如，在图 7-4 中有 5 步，由此设计的梯形图（见图 7-5）就有 5 个“启—保—停”电路。梯形图的关键在于“启”和“停”的设计，特别是有多个“启”的条件时，千万不要遗漏了某一个，一定要把每一个“启”的条件相并联再与“保”的常开触点并联。

（二）输出电路

下面介绍设计梯形图的输出电路的方法。由于步是根据输出变量的状态变化来划分的，它们之间的关系极为简单，可以分为两种情况来处理：

(1)某一输出量仅在某一步中为ON,可以将它们的线圈分别与对应步的辅助继电器的线圈并联。本例中输出量Y0～Y3、T0、T1都仅在某一步中为ON,所以将它们的线圈分别与对应步的辅助继电器的线圈并联。如图7-5所示的梯形图中将Y2和T0的线圈与M1的线圈并联,将Y0的线圈与M2的线圈并联。

也许有人会认为,既然如此,不如用这些输出继电器来代表该步。这样做可以节省一些编程元件,但是辅助继电器是完全够用的,多用一些不会增加硬件费用,在设计和键入程序时也不会花费很多时间。全部用辅助继电器来代表步具有概念清楚、编程规范、梯形图易于阅读和查错的优点。

(2)某一输出继电器在几步中都为ON,应将代表各有关步的辅助继电器的常开触点并联后,驱动该输出继电器的线圈。

➢ 思考练习

1. 小车在初始状态时停在中间位置,限位开关X1为ON,按下启动按钮X0,小车按如图7-10所示的顺序运动,最后返回并停在初始位置。请分别用经验设计法与顺序控制设计法设计控制系统的梯形图,并调试程序。

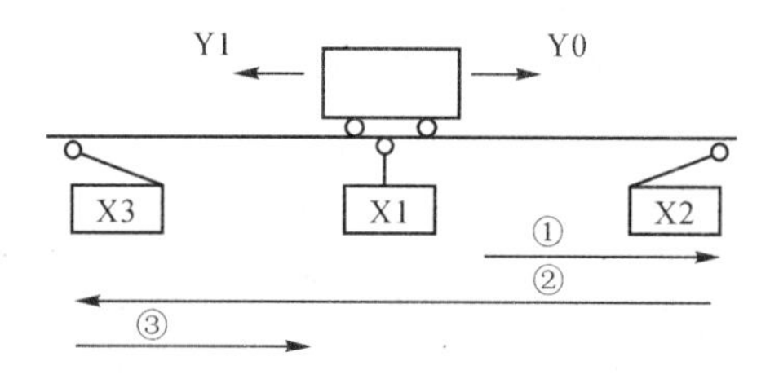

图7-10　题1图

2. 用顺序控制设计法设计如图7-11所示要求的输入/输出关系的顺序功能图和梯形图,并调试程序。

3. 某组合机床动力头进给运动示意图和输入/输出信号时序图如图7-12所示。设动力头在初始状态时停在左边,限位开关X3为ON,Y0～Y2是控制动力头运动的3个电磁阀。按下启动按钮X0后,动力头向右快速进给(简称快进),碰到限位开关X1后变为工作进给(简称工进),碰到限位开关X2后快速退回(简称快退),返回初始位置后停止运动。请画出实现此功能的PLC外部接线图、控制系统的顺序功能图和梯形图,并调试程序。

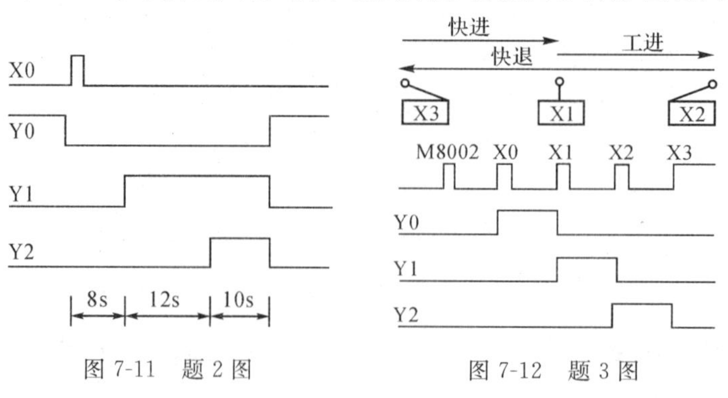

图7-11　题2图

图7-12　题3图

任务八　自动门控制

➢ 任务目标

1. 掌握顺序功能图。

2. 能根据工艺要求画出单序列顺序功能图，会利用"启－保－停"电路进行选择序列顺序功能图和梯形图设计。

➢ 任务描述

许多公共场所都采用自动门，如图 8-1 所示。人靠近自动门时，红外感应器 X0 为 ON，Y0 驱动电动机高速开门，碰到开门减速开关 X1 时，变为低速开门。碰到开门极限开关 X2 时电动机停止转动，开始延时。若在 0.5s 内红外感应器检测到无人，Y2 启动电动机高速关门。碰到关门减速开关 X3 时，改为低速关门，碰到关门极限开关 X4 时电动机停止转动。在关门期间若感应器检测到有人，停止关门，延时 0.5s 后自动转换为高速开门。

本任务利用 PLC 控制自动门，用选择序列的顺序功能图编程。

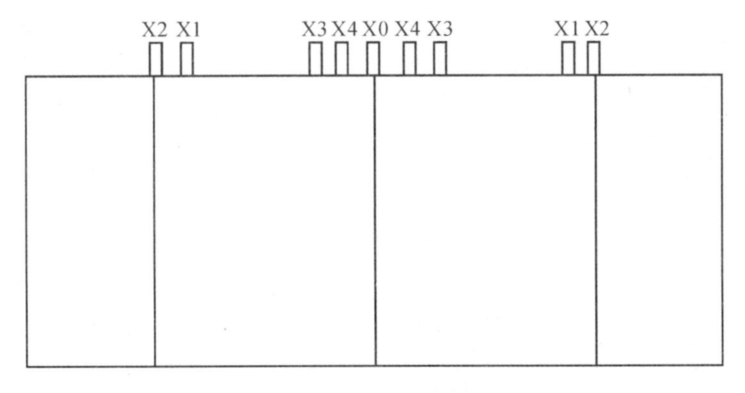

图 8-1　自动门控制

如图 8-2(a)所示是自动门控制系统在关门期间无人要求进出的时序图，如图 8-2(b)所示是自动门控制系统在关门期间又有人要求进出时的时序图。从时序图上可以看到，自动门在关门时会有两种选择：关门期间无人要求进出时继续完成关门动作，而如果关门期间又有人要求进出的话，则暂停关门动作，开门让人进出后再关门，所以要设计选择序列的顺序功能图。

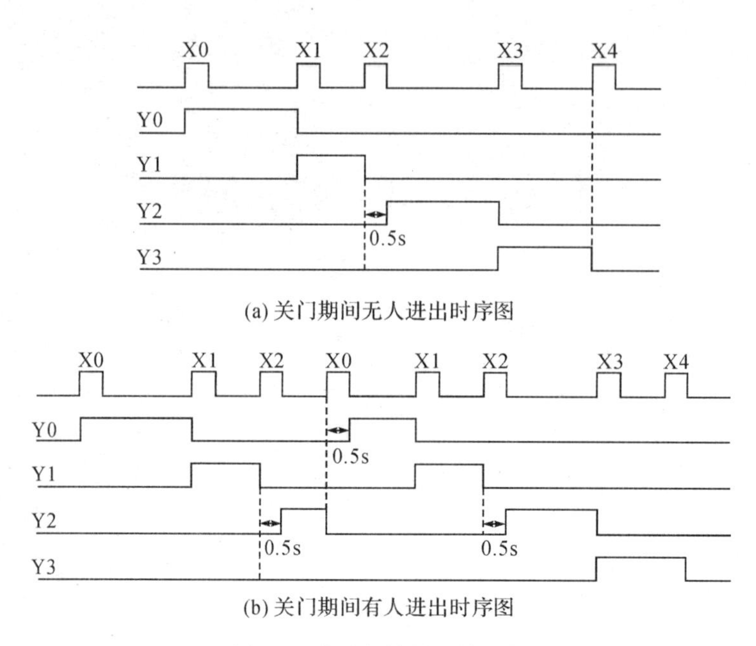

(a) 关门期间无人进出时序图

(b) 关门期间有人进出时序图

图 8-2　自动门控制系统时序

➢ 任务实施

一、训练器材

验电笔、螺钉旋具、尖嘴钳、万用表、PLC、PLC 模拟调试实训模块、连接导线。

二、预习内容

1. 熟悉自动门的工作原理。

2. 阅读知识链接内容。

技能训练

按设计要求列出 I/O 分配表，画出 PLC 的外部接线图、系统的顺序功能图和梯形图，并进行安装调试。

表 8-1　评价标准

序号	主要内容	考核要求	评分标准	配分	扣分		得分	
					①	②	①	②
1	电路及程序设计	1. 根据给定的控制要求，列出 PLC 输入/输出(I/O)地址分配表；设计 PLC 输入/输出(I/O)的接线图 2. 根据控制要求设计 PLC 的梯形图和指令表程序	1. PLC 输入/输出(I/O)地址遗漏或搞错，扣 5 分/处 2. PLC 输入/输出(I/O)接线图设计不全、设计有错，扣 5 分/处 3. 梯形图表达不正确或画法不规范，扣 5 分/处 4. 接线图表达不正确或画法不规范，扣 5 分/处 5. PLC 指令程序有错，扣 5 分/处	50				
2	程序输入及调试	1. 熟练操作 PLC 编程软件，能正确将所设计的程序输入 PLC 2. 按照被控设备的动作要求进行模拟调试，达到设计要求	1. 不会熟练操作 PLC 编程软件、输入程序，扣 10 分 2. 不会用删除、插入、修改等命令，扣 6 分/次 3. 缺少功能，扣 6 分/项	30				
3	通电试验	在保证人身安全和设备安全的前提下，通电试验一次成功	1. 第一次试车不成功，扣 10 分 2. 第二次试车不成功，扣 15 分 3. 第三次试车不成功，扣 20 分	20				
4	安全要求	1. 安全文明生产 2. 自觉在实训过程中融入 6S 理念 3. 有组织、有纪律、守时诚信	1. 违反安全文明生产规程，扣 5～40 分 2. 乱线敷设，加扣不安全分，共扣 10 分 3. 工位不整理或整理不到位，扣 10～20 分 4. 随意走动，无所事事，不刻苦钻研，扣 10～20 分	倒扣				
备注	除了定额时间外，各项内容的最高分不应超过该项目的配分数；每超 5 分钟扣 5 分		合计	100				
定额时间	120 分钟	开始时间		结束时间		考评员签字		

➢ 知识链接

一、单流程的编程方法

如图 8-3(a)所示是小车运动的示意图，小车在初始位置时停在右边，限位开关 X2 为 ON，按下起动按钮 X3 后，小车向左运动(简称左行)，碰到限位开关 X1 时，变为右行；返回限位开关 X2 处变为左行，碰到限位开关 X0 时，变为右行，返回起始位置后停止运动。

根据上述的动作流程，小车的工作周期可以分为一个初始步和 4 个运动步，分别用

M0～M4 来代表这 5 步；起动按钮 X3 和限位开关 X0～X2 的常开触点是各步之间的转移条件，因此可画出如图 8-3(b)所示的顺序功能图。

由上述顺序功能图可知：步 M0 的前级步为步 M4，转移条件为 X2，后续步是步 M1，另外，步 M0 有一个初始置位条件 M8002，所以 M0 的起动电路由 M4 和 X2 的常开触点串联后再与 M8002 的常开触点并联组成，步 M0 的停止电路为 M1 的常闭触点。步 M1 的前级步为步 M0，转移条件为 X3，后续步是步 M2，所以 M1 的起动电路由 M0 和 X3 的常开触点串联而成，步 M1 的停止电路为 M2 的常闭触点，其余以此类推。因此，用起—保—停电路设计的梯形图如图 8-3(c)所示。

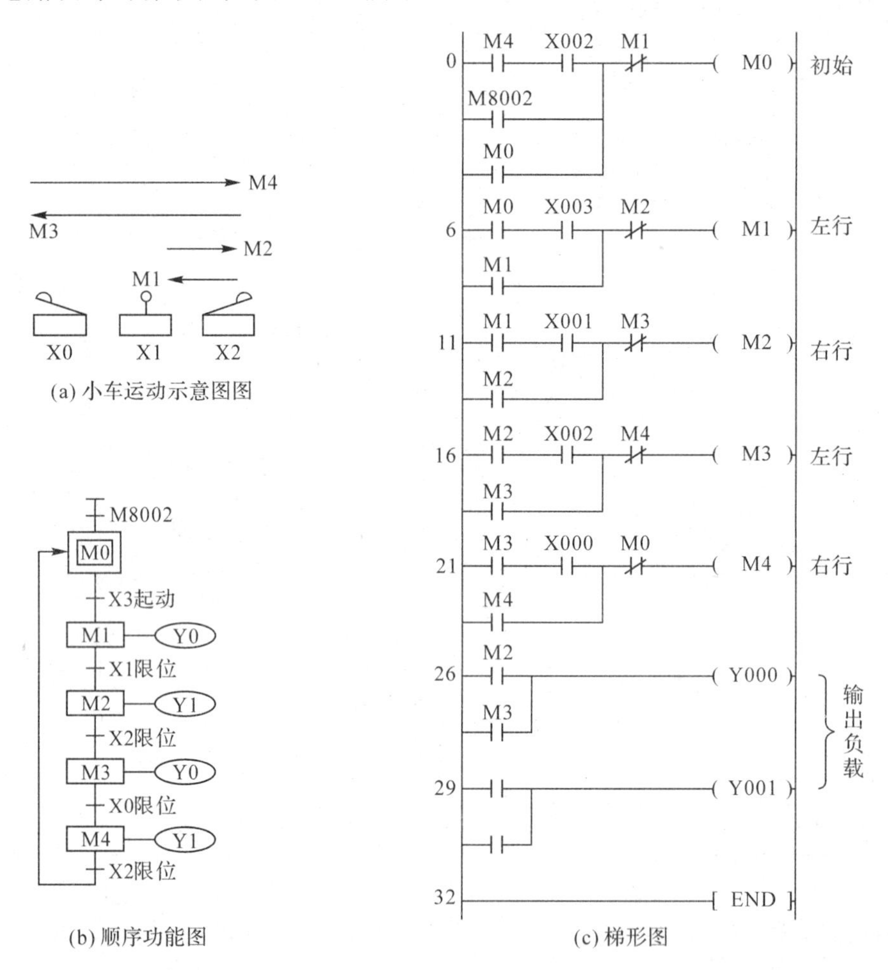

图 8-3　小车控制系统

下面介绍设计梯形图的输出电路部分的方法。由于步是根据输出变量的状态变化来划分的，它们之间的关系极为简单，可以分为两种情况来处理：

(1)当某一输出量仅在某一步中为 ON 时，可以将它们的线圈分别与对应步的辅助继电器的线圈并联。

(2)当某一输出继电器在几步中都为 ON 时，应将各有关步的辅助继电器的常开触点并联后再驱动该输出继电器的线圈。例如，在图 8-3(c)中，Y0 在步 M1 和 M3 中都为

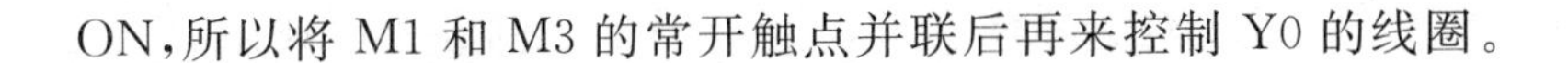
ON,所以将 M1 和 M3 的常开触点并联后再来控制 Y0 的线圈。

二、选择性流程的编程方法

(一)选择性分支的编程方法

如果某一步的后面有一个由 N 条分支组成的选择流程,应将这 N 个后续步对应的辅助继电器的常闭触点与该步的线圈串联,作为结束该步的条件。

在图 8-4(a)中步 M0 之后有一个选择性分支,当 M0 为活动步时,只要分支转移条件 X1 或 X4 为 ON,它的后续步 M1 或 M4 就变成活动步。当它的后续步 M1 或 M4 变为活动步时,它应变为不活动步,所以只需将 M1 和 M4 的常闭触点与 M0 的线圈串联,如图 8-5(a)所示。

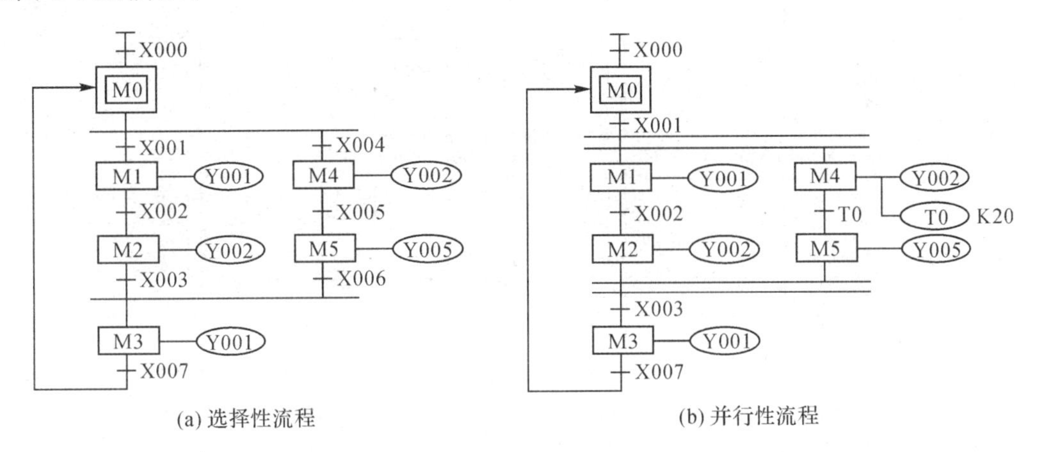

(a) 选择性流程　　(b) 并行性流程

图 8-4　顺序功能图

(二)选择性汇合的编程方法

对于选择性汇合,如果某一步之前有 N 个分支(即有 N 条分支在该步之前汇合后进入该步),则代表该步的辅助继电器的起动电路由 N 条支路并联而成,各支路由某一前级步对应的辅助继电器的常开触点与相应转移条件对应的触点或电路串联而成。

在图 8-4(a)中,步 M3 之前有一个选择性流程的汇合,当步 M2 为活动步(M2 为 ON)且转移条件 X3 满足,或步 M5 为活动步且转移条件 X6 满足,则步 M3 应变为活动步,即控制 M3 的起—保—停电路的起动条件应为 M2、X3、M5、X6,对应的起动电路由两条并联支路组成,每条支路分别由 M2、X3 和 M5、X6 的常开触点串联而成,如图 8-5(a)所示。

三、并行性流程的编程方法

(一)并行性分支的编程方法

并行性流程中各分支的第一步应同时变为活动步,所以对控制这些步的起—保—停电路使用同样的起动电路,可以实现这一要求。

在图 8-4(b)中,步 M0 之后有一个并行性分支,当步 M0 为活动步,并且转移条件

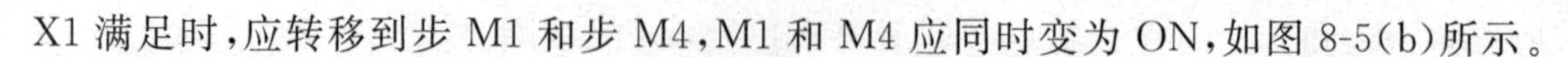

X1 满足时，应转移到步 M1 和步 M4，M1 和 M4 应同时变为 ON，如图 8-5(b)所示。

(二)并行性汇合的编程方法

步 M3 之前有一个并行性分支的汇合，该转移实现的条件是所有的前级步(即步 M2 和 M5)都是活动步和转移条件 X3 满足。所以，应将 M2、M5 和 X3 的常开触点串联，作为控制 M3 的起—保—停电路的起动电路，如图 8-5(b)所示。

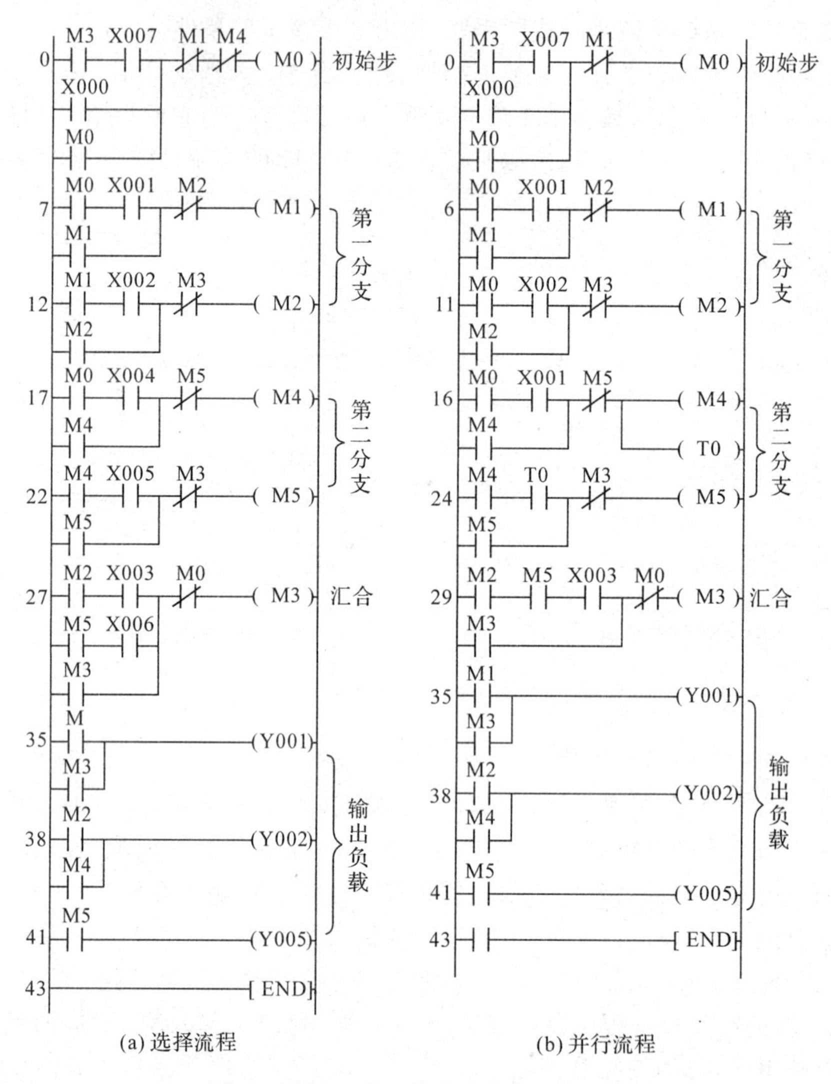

图 8-5　用起—保—停电路编程的梯形图

四、使用置位复位指令的编程方法

(一)设计思想

图 8-6 给出了使用置位复位指令编程的顺序功能图与梯形图的对应关系。若要实现图中 X1 对应的转移，则需要同时满足两个条件，即该转移的前级步是活动步(M1＝1)和转移条件满足(X1＝1)，在梯形图中可以用 M1 和 X1 的常开触点组成的串联电路

来表示上述条件。若两个条件同时满足，该电路就接通，此时应完成两个操作，即将转移的后续步变为活动步(用 SET 指令将 M2 置位)和将该转移的前级步变为不活动步(用 RST 指令将 M1 复位)。这种编程方法与实现转移的基本规则之间有着严格的对应关系，所以又叫作以转移为中心的编程方法。用它编制复杂的顺序功能图的梯形图时，更能显示出它的优越性。

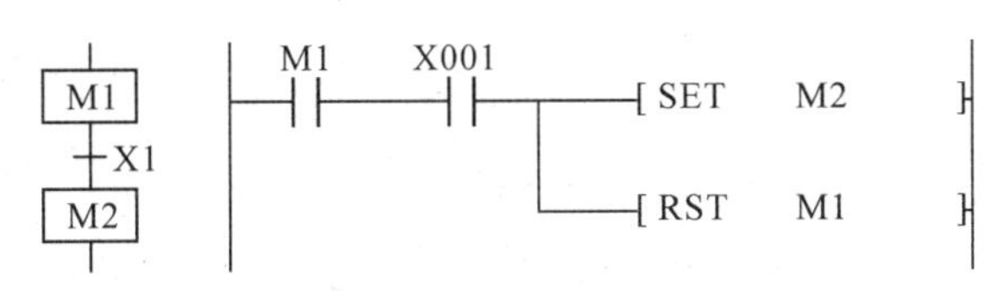

图 8-6　使用置位复位指令的编程方法

(二)单流程的编程方法

在顺序功能图中，用转移的前级步对应的辅助继电器的常开触点与转移条件对应的触点或电路串联，将它作为转移的后续步对应的辅助继电器置位(使用 SET 指令)和转移的前级步对应的辅助继电器复位(使用 RST 指令)的条件。在任何情况下，代表步的辅助继电器的控制电路都可以用这一原则来设计，每一个转移对应一个这样的控制置位和复位的电路块，有多少个转移就有多少个这样的电路块。这种设计方法特别有规律，在设计复杂的顺序功能图的梯形图时，既容易掌握，又不容易出错。

使用这种编程方法时，不能将输出继电器的线圈与 SET 和 RST 指令并联，这是因为前级步和转移条件对应的串联电路接通的时间是相当短的，而输出继电器的线圈至少应该在某一步对应的全部时间内被接通。所以，应根据顺序功能图，用代表步的辅助继电器的常开触点或它们的并联电路来驱动输出继电器的线圈。如图 8-3(a)所示的小车运动控制系统，使用置位复位指令编程的梯形图如图 8-7 所示。

(三)选择性流程的编程方法

选择性流程的编程方法与单流程的相似，如图 8-4(a)所示的选择性流程，其分支条件为 X1、X4，所以，M0 和 X1 的常开触点的串联电路是实现第一分支转移的条件，M0 和 X4 的常开触点的串联电路是实现第二分支转移的条件。其汇合条件为 X3、X6，所以，M2 和 X3 的常开触点的串联电路是实现第一分支汇合的条件，M5 和 X6 的常开触点的串联电路是实现第二分支汇合的条件。其梯形图如图 8-8(a)所示。

(四)并行性流程的编程方法

并行性流程的编程方法与单流程的相似，如图 8-4(b)所示的并行性流程，其分支条件为 X1，所以，M0 和 X1 的常开触点组成的串联电路是实现分支转移的条件。其汇合条件为 X3，所以，M2、M5 和 X3 的常开触点组成的串联电路是实现分支汇合的条件。其梯形图如图 8-8(b)所示。

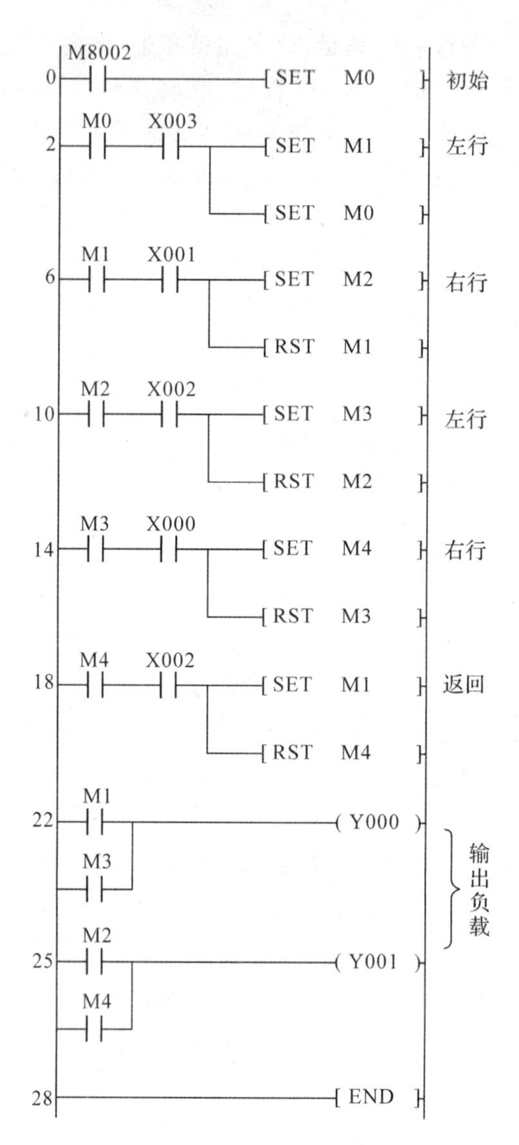

图 8-7 使用置位复位指令的梯形图

五、仅有两步的闭环的处理

如图 8-9(a)所示的顺序功能图用“启—保—停”电路设计，那么，步 M3 的梯形图就如图 8-9(b)所示。从中可以发现，由于 M2 的常开触点和常闭触点串联，它是不能正常工作的。这种顺序功能图的特征是：仅由两步组成的小闭环。在 M2 和 X2 均为 ON 时，M3 的启动电路接通，但是，这时与它串联的 M2 的常闭触点却是断开的，所以 M3 的线圈不能通电。出现上述问题的根本原因在于步 M2 既是步 M3 的前级步，又是它的后续步。解决的方法有以下两种。

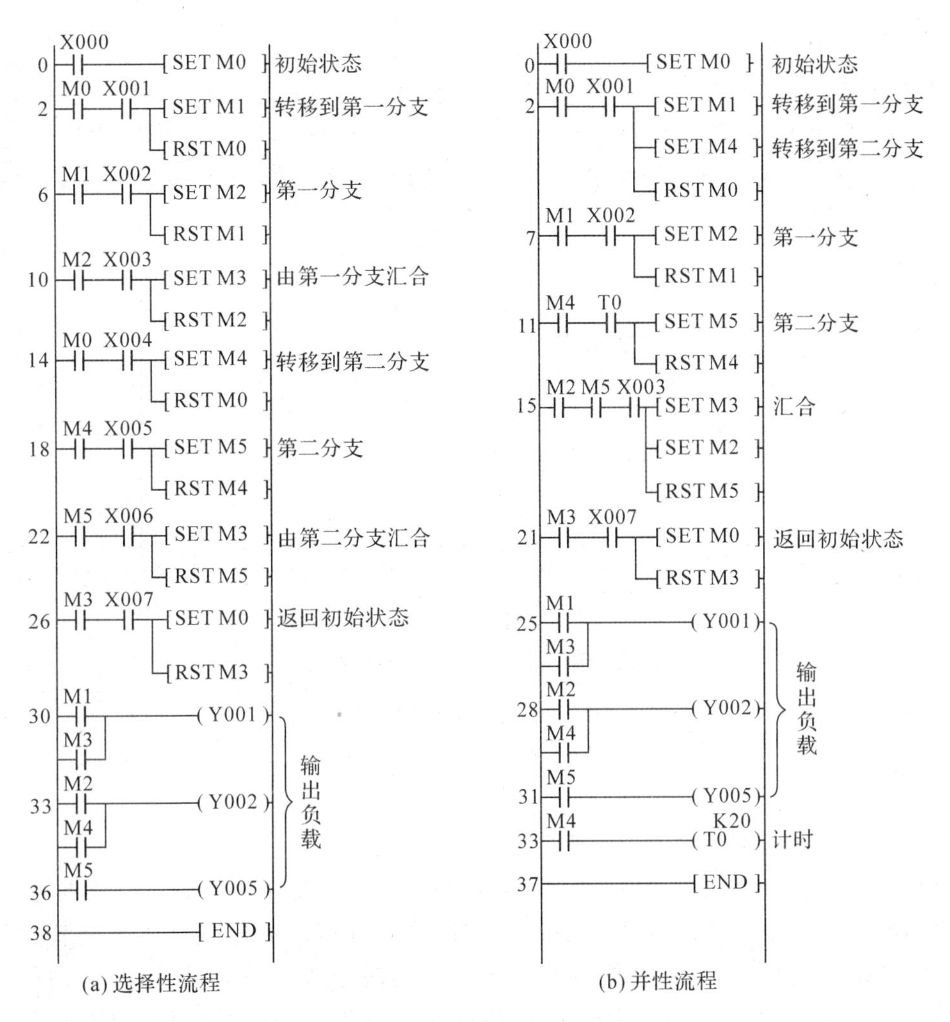

(a) 选择性流程　　(b) 并性流程

图 8-8　使用置位复位指令编程的梯形图

（一）以转换条件作为停止电路

将图 8-9(b)中 M2 的常闭触点用转换条件 X3 的常闭触点代替即可，如图 8-9(c)所示。如果转换条件较复杂时，要将对应的转换条件整个取反才可以完成停止电路。

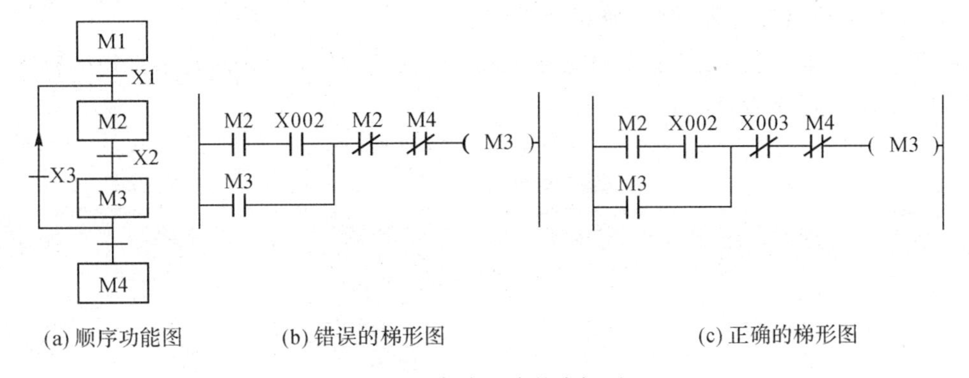

(a) 顺序功能图　　(b) 错误的梯形图　　(c) 正确的梯形图

图 8-9　仅有两步的小闭环

（二）在小闭环中增设一步

如图 8-10(a)所示，在小闭环中增设步 M10 就可以解决这一问题，这一步没有什么操作，它后面的转换条件“＝1”相当于逻辑代数中的常数 1，即表示转换条件总是满足的，只要进入步 M10，将马上转换到步 M2。如图 8-10(b)所示是根据图 8-10(a)画出的梯形图。

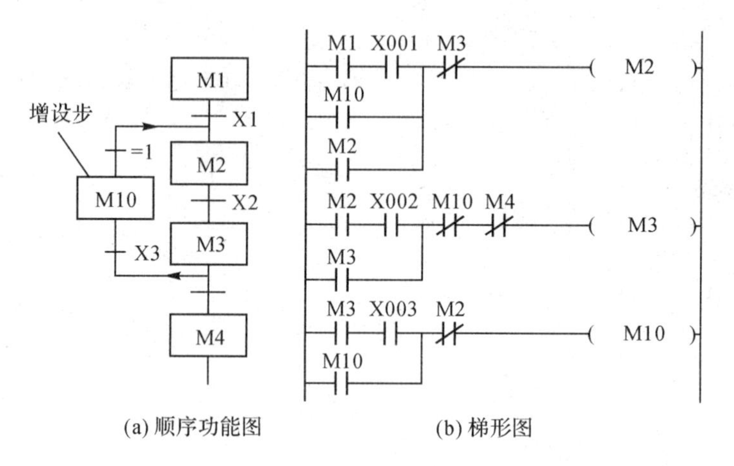

(a) 顺序功能图　　(b) 梯形图

图 8-10　小闭环中增设步

➢ 思考练习

设计一饮料灌装生产线的控制程序。要求如下：

(1)系统通过开关设定为自动操作模式，一旦起动，则传送带的驱动电动机起动并一直保持到停止开关动作或灌装设备下的传感器检测到瓶子时停止。瓶子装满饮料后，传送带驱动电动机自动起动，并保持到再次检测到瓶子或停止开关动作。当瓶子定位在灌装设备下面时，停 1s，灌装设备开始工作，灌装过程为 5s，灌装过程应有报警显示，5s 后停止并不再显示报警。报警方式为红灯，以 0.5s 间隔闪烁。

(2)以每 24 瓶为一箱，记录产品箱数。

(3)每隔 8h 将记录产品的箱数的计数器当前值转存至其他寄存器，然后对计数器自动清零，重新开始计数。

(4)可以手动对计数器清零(复位)。

根据上述要求进行 PLC 的 I/O 分配，画出 I/O 接线图，并分别采用常规的梯形图和顺序功能图进行程序设计。

任务九　十字路口交通灯的控制

➢ 任务目标

1. 掌握顺序功能图和 SFC 的应用方法。

2. 会应用状态转移图及步进顺控指令实现十字路口交通信号灯的控制。

3. 学会用多种方法实现十字路口交通信号灯的控制，并熟练进行 PLC 程序设计、安装与调试。

➢ 任务描述

某十字路口交通灯如图 9-1 所示，每一方向的车道都有 4 个交通灯：左转绿灯、直行绿灯、黄灯和红灯，每一方向的人行道都有 2 个交通灯：绿灯和红灯。当按下启动按钮

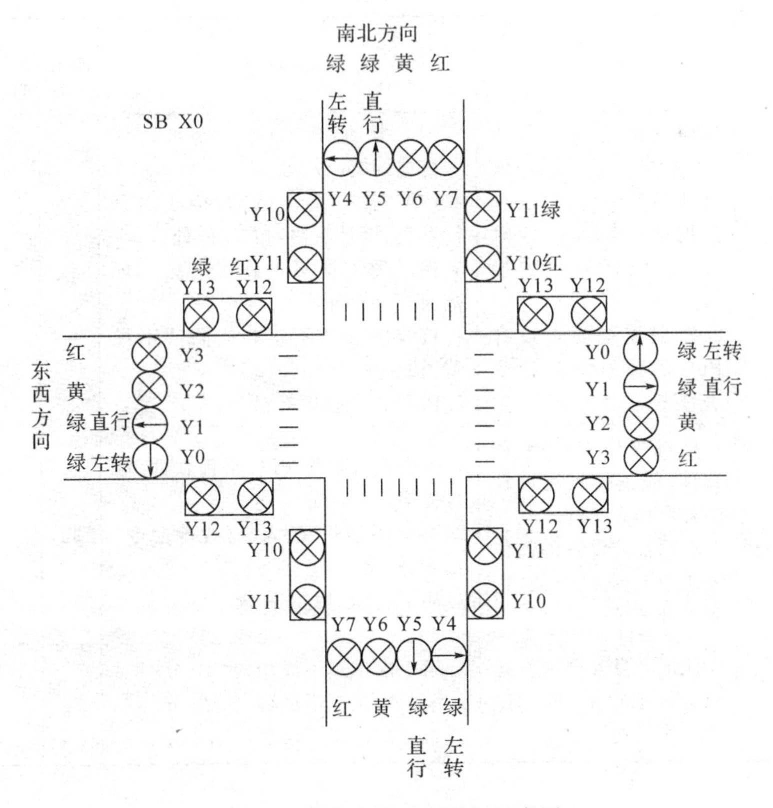

图 9-1　某十字路口交通灯示意图

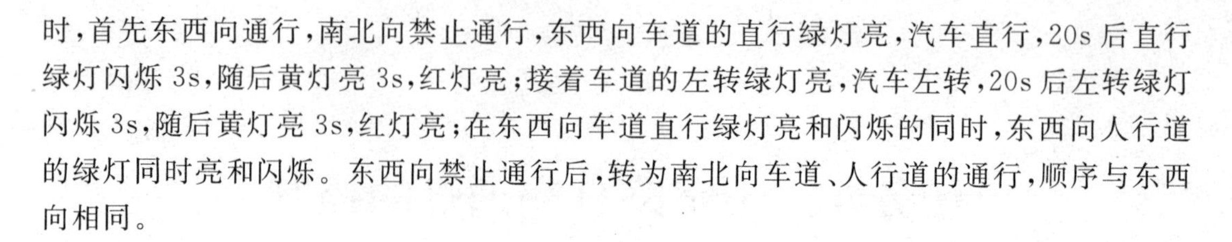

时，首先东西向通行，南北向禁止通行，东西向车道的直行绿灯亮，汽车直行，20s后直行绿灯闪烁3s，随后黄灯亮3s，红灯亮；接着车道的左转绿灯亮，汽车左转，20s后左转绿灯闪烁3s，随后黄灯亮3s，红灯亮；在东西向车道直行绿灯亮和闪烁的同时，东西向人行道的绿灯同时亮和闪烁。东西向禁止通行后，转为南北向车道、人行道的通行，顺序与东西向相同。

➢ 任务实施

一、训练器材

验电笔、螺钉旋具、尖嘴钳、万用表、PLC、PLC模拟调试实训模块、连接导线。

二、预习内容

1. 熟悉交通灯的工作原理。
2. 阅读知识链接内容。

技能训练

按设计要求列出I/O分配表，画出PLC的外部接线图、系统的顺序功能图或SFC图和梯形图，并进行安装调试。

表9-1　评价标准

序号	主要内容	考核要求	评分标准	配分	扣分		得分	
					①	②	①	②
1	电路及程序设计	1. 根据给定的控制要求，列出PLC输入/输出(I/O)口元器件地址分配表；设计PLC输入/输出(I/O)口的接线图 2. 根据控制要求设计PLC的梯形图和指令表程序	1. PLC输入/输出(I/O)地址遗漏或搞错，扣5分/处 2. PLC输入/输出(I/O)接线图设计不全、设计有错，扣5分/处 3. 梯形图表达不正确或画法不规范，扣5分/处 4. 接线图表达不正确或画法不规范，扣5分/处 5. PLC指令程序有错，扣5分/处	50				
2	程序输入及调试	1. 熟练操作PLC编程软件，能正确将所设计的程序输入PLC 2. 按照被控设备的动作要求进行模拟调试，达到设计要求	1. 不会熟练操作PLC编程软件、输入程序，扣10分 2. 不会用删除、插入、修改等命令，扣6分/次 3. 缺少功能，扣6分/项	30				
3	通电试验	在保证人身安全和设备安全的前提下，通电试验一次成功	1. 第一次试车不成功，扣10分 2. 第二次试车不成功，扣20分 3. 第三次试车不成功，扣30分	20				

续表

序号	主要内容	考核要求	评分标准	配分	扣分		得分	
					①	②	①	②
4	安全要求	1.安全文明生产 2.自觉在实训过程中融入 6S 理念 3.有组织、有纪律、守时诚信	1.违反安全文明生产规程,扣 5～40 分 2.乱线敷设,加扣不安全分,扣 10 分 3.工位不整理或整理不到位,扣 10～20 分 4.随意走动,无所事事,不刻苦钻研,扣 10～20 分	倒扣				
备注	除了定额时间外,各项内容的最高分不应超过该项目的配分数;每超 5 分钟扣 5 分		合计	100				
定额时间	120 分钟	开始时间		结束时间		考评员签字		

➢ 知识链接

一、状态转移图及步进顺控指令介绍

很多设备的动作都具有一定的顺序,如流水线、物件的搬运等,都是一步接着一步进行的。针对这些类似工序步进动作的控制,可以用顺序功能图来解决,在 PLC 软件中有专门的顺序功能图(Sequence Function Chart,SFC)和步进指令。

(一)流程图

首先还是来分析一下电动机循环正反转控制的例子,其控制要求为:电动机正转 3s,暂停 2s,反转 3s,暂停 2s,如此循环 5 个周期,然后自动停止;运行中,可按停止按钮停止,热继电器动作也应停止。

从上述的控制要求中可知:电动机循环正反转控制实际上是一个顺序控制,整个控制过程可分为如下 6 个工序(也叫阶段):复位、正转、暂停、反转、暂停、计数;每个阶段又分别完成如下的工作(也叫动作):初始复位、停止复位、热保护复位,正转、延时,暂停、延时,反转、延时,暂停、延时,计数;各个阶段之间只要条件成立就可以过渡(也叫转移)到下一阶段。因此,可以很容易地画出电动机循环正反转控制的工作流程,如图 9-2 所示。

(二)状态转移图

1.状态转移图

状态转移图(SFC)是描述控制工序的控制过程、功能和特性的一种图形,是基于状态(工序)的流程以机械的流程来表示。

一是将流程图中的每一个工序(或阶段)用 PLC 的一个状态继电器来替代;二是将流程图中的每个阶段要完成的工作(或动作)用 PLC 的线圈指令或功能指令来替代;三是将流程图中各个阶段之间的转移条件用 PLC 的触点或电路块来替代;四是流程图中

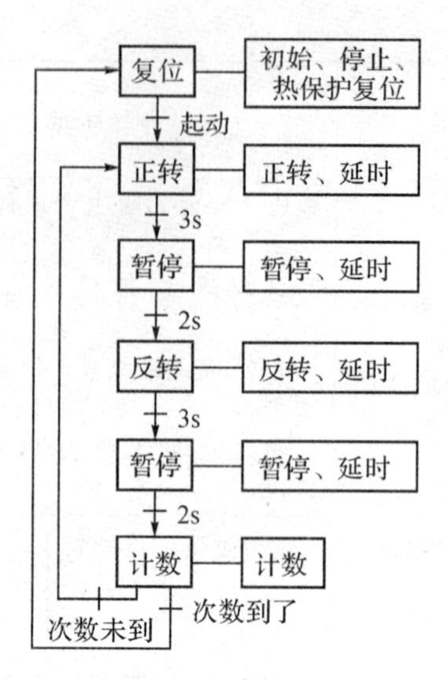

图 9-2　工作流程图

的箭头方向就是 PLC 状态转移图中的转移方向。

2. 设计状态转移图的方法和步骤

(1)将整个控制过程按任务要求分解,其中的每一个工序都对应一个状态(即步),并分配状态继电器。电动机循环正反转控制的状态继电器的分配如下:

复位→S0,正转→S20,暂停→S21,反转→S22,暂停→S23,计数→S24。

(2)搞清楚每个状态的功能、作用。状态的功能是通过 PLC 驱动各种负载来完成的,负载可由状态元件直接驱动,也可由其他软触点的逻辑组合驱动。

(3)找出每个状态的转移条件和方向,即在什么条件下将下一个状态"激活"。状态的转移条件可以是单一的触点,也可以是多个触点的串、并联电路的组合。

(4)根据控制要求或工艺要求,画出状态转移图。

3. 状态转移图的特点

(1)可以将复杂的控制任务或控制过程分解成若干个状态。

(2)相对某一个具体的状态来说,控制任务简单了,给局部程序的编制带来了方便。

(3)整体程序是局部程序的综合,只要搞清楚各状态需要完成的动作、状态转移的条件和方向,就可以进行状态转移图的设计。

(4)这种图形很容易理解,可读性很强,能清楚地反映全部控制的工艺过程。

根据要求可以画出如图 9-3 所示的状态转移图。

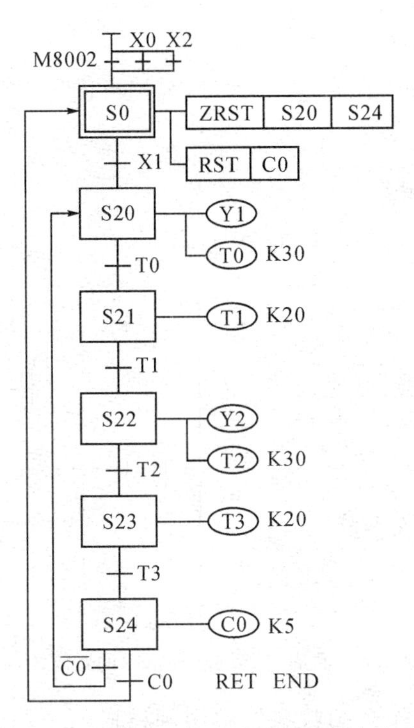

图 9-3　电动机循环正反转控制的状态转移图

(三)状态继电器

FX_{2N}系列 PLC 共有 1000 个状态寄存器,其编号及用途如表 9-2 所示。

表 9-2　FX_{2N}系列 PLC 的状态寄存器

类　别	元件编号	个　数	用 途 及 特 点
初始状态	S0 ～S9	10	用作 SFC 的初始状态
返回状态	S10 ～S19	10	多运行于模式控制当中,用作返回原点的状态
一般状态	S20～S499	480	用作 SFC 的中间状态
掉电保持状态	S500～S899	400	具有停电保持功能,用于停电恢复后需继续执行的场合
信号报警状态	S900～S999	100	作报警元件使用

说明:(1)状态的编号必须在规定的范围内选用。

(2)各状态元件的触点,在 PLC 内部可以无数次使用。

(3)不使用步进指令时,状态元件可以作为辅助继电器使用。

(4)通过参数设置,可改变一般状态元件和掉电保持状态元件的地址分配。

(四)步进顺控指令

FX_{2N}系列 PLC 的步进顺控指令有两条:一条是步进触点(也叫步进开始)指令 STL,一条是步进返回(也叫步进结束)指令 RET。

1. STL 指令

STL 步进触点指令用于"激活"某个状态,其梯形图符号为—[ ]—。

2. RET 指令

RET 指令用于返回主母线,其梯形图符号为—[RET]。

如图 9-4 所示是状态转移图的梯形图对应的关系。

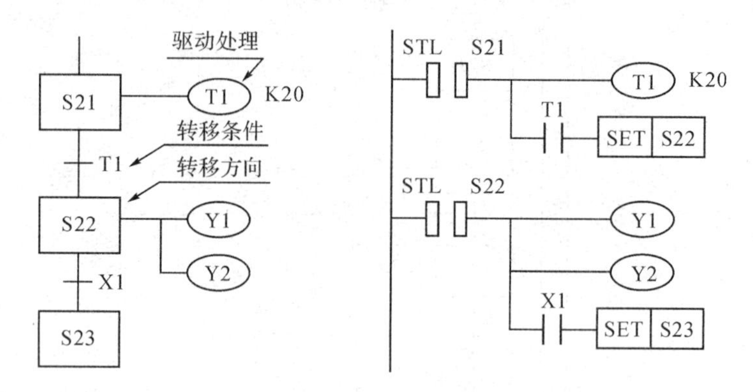

图 9-4　状态转移图和梯形图的对应关系

如图 9-5 所示是旋转工作台的状态转移图和梯形图。

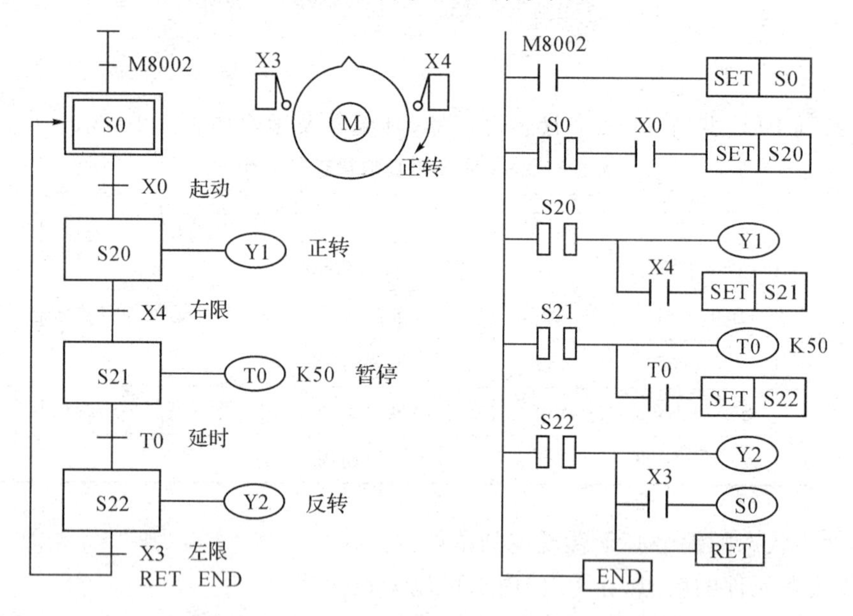

图 9-5　旋转工作台的状态转移图和梯形图

(五)状态转移图的编程方法

1. 状态的三要素

状态转移图中的状态有驱动负载、指定转移目标和指定转移条件三个要素。如图 9-6所示,图中 Y5 为驱动的负载;S21 为转移目标;X3 为转移条件。

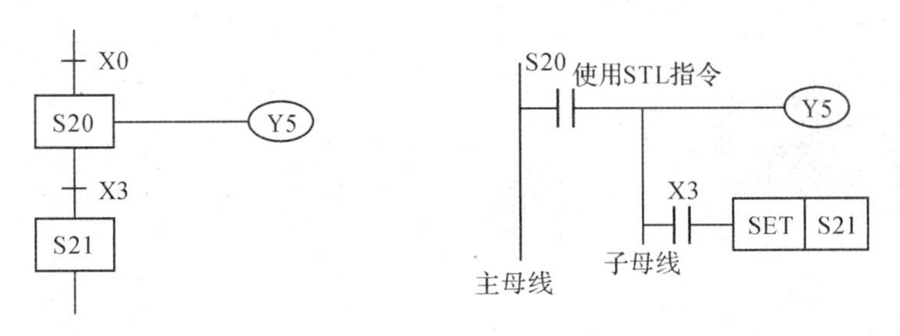

图 9-6　状态的三要素

2.状态转移图的编程方法

步进顺控的编程原则:先进行负载驱动处理,然后进行状态转移处理。

STL	S20	使用 STL 指令
OUT	Y5	负载驱动处理
LD	X3	转移条件
SET	X21	转移处理

3.注意事项

(1)程序执行完某一步要进入下一步时,要用 SET 指令进行状态转移,激活下一步,并把前一步复位。

(2)状态不连续转移时,用 OUT 指令,如图 9-7 所示为非连续状态流程图。

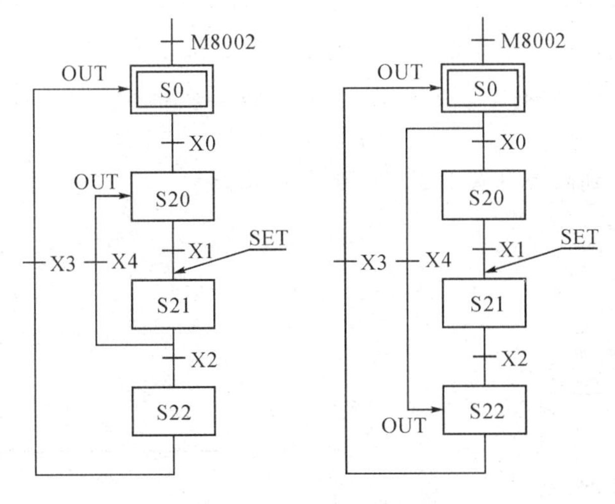

图 9-7　非连续状态流程

例 9-1　液压工作台的步进指令编程,基于状态转移图、梯形图和指令表如图 9-8 所示。

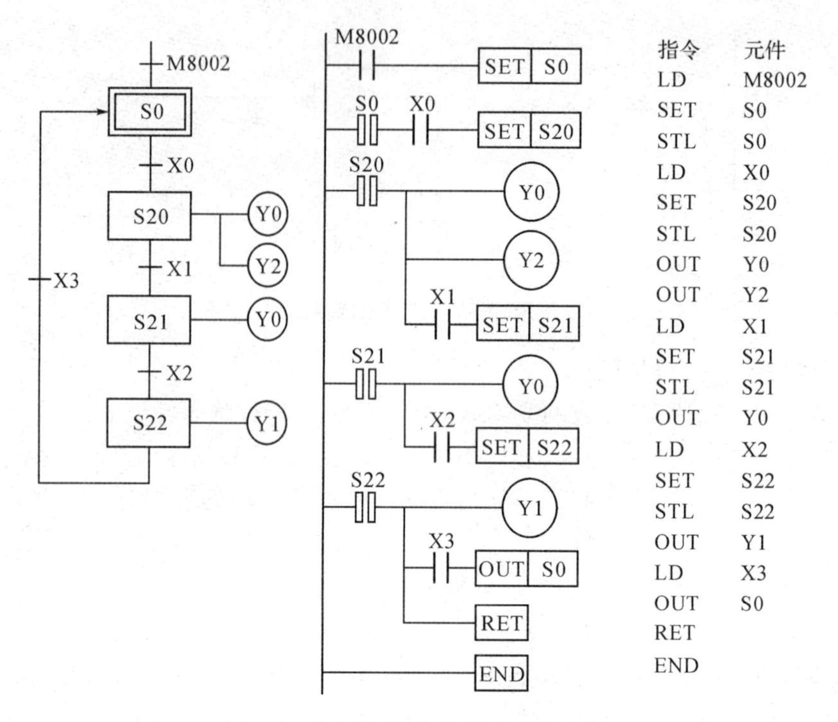

图 9-8 状态转移图、梯形图和指令表

例 9-2 小车两地卸料控制线路(见图 9-9),每个工作周期的控制工艺要求如下:

(1)按下启动按钮 SB,小车前进,碰到限位开关 SQ1 停 5s 后,小车后退;

(2)小车后退压合 SQ2 后,小车停 5s 后,第二次前进,碰到限位开关 SQ3,再次后退;

(3)后退再次碰到限位开关 SQ2 时,小车停止。

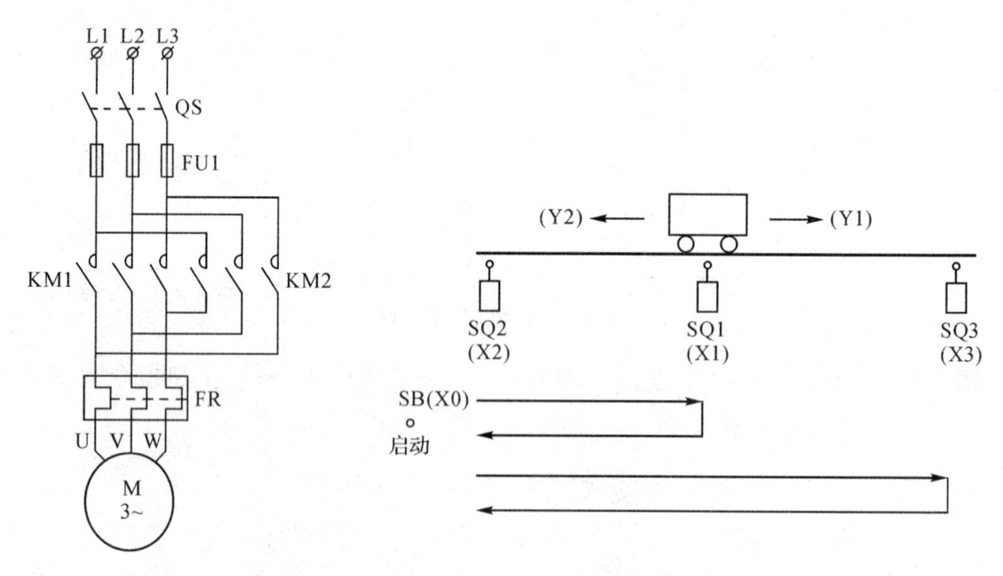

图 9-9 小车两地卸料控制线路

解:(1)PLC 接线图

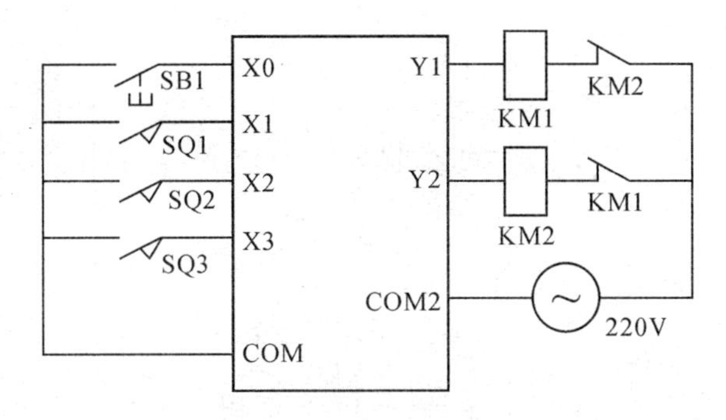

(2)将整个过程按任务要求分解为各状态,并分配状态元件:

初始状态 S0→前进 S20→后退 S21→延时 5s S22→再前进 S23→再后退 S24。

注意:S20 与 S23、S21 与 S24 虽然功能状态相同,但仍不同,故编号也不同。

(3)弄清楚每个状态的功能、作用。

S0 PLC 上电做好工作准备

S20 前进(输出 Y1,驱动电动机 M 正转)

S21 后退(输出 Y2,驱动电动机 M 反转)

S22 延时 5s(定时器 T0,设定为 5s,延时到 T0 动作)

S23 同 S20

S24 同 S21

说明:各状态的输出可由状态元件直接驱动,也可由其他软元件触点的逻辑组合驱动,如图 9-10 所示。

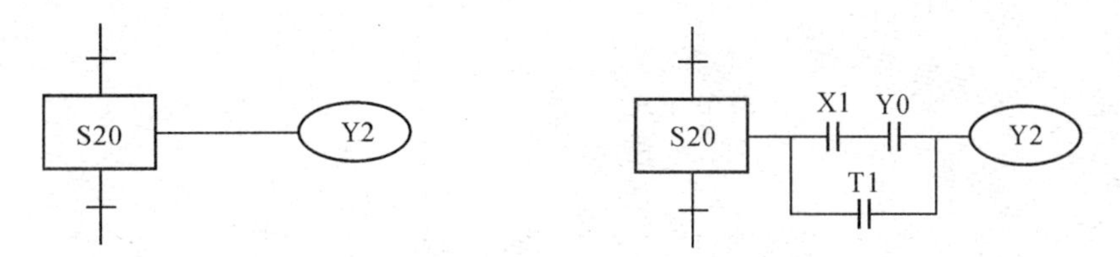

图 9-10　状态元件直接驱动和间接驱动

（4）转态转移图及梯形图（见图 9-11-1）

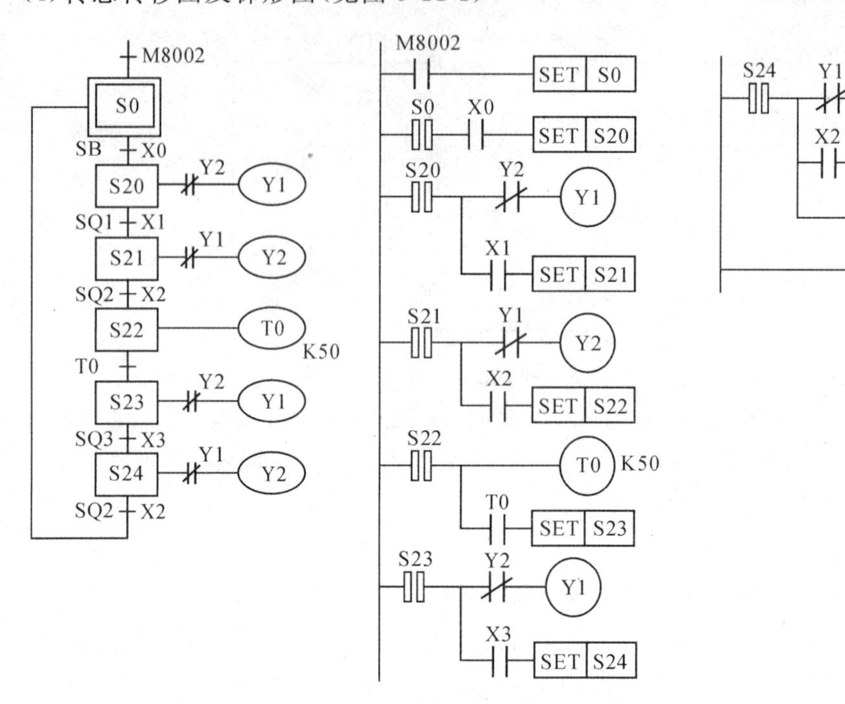

图 9-11-1　转态转移图和梯形图

（5）指令表

```
LD    M8002
SET   S0
STL   S0
LD    X0
SET   S20
STL   S20
LDI   Y2
OUT   Y1
LD    X1
SET   S21
STL   S21
LDI   Y1
OUT   Y2
LD    X2
SET   S22
STL   S22
OUT   T0
      K50
LD    T0
SET   S23
STL   S23
LDI   Y2
OUT   Y1
LD    X3
SET   S24
STL   S24
LDI   Y1
OUT   Y2
LD    X2
OUT   S0
RET
END
```

(六)分支序列结构

分支序列结构可分为:选择性分支结构和并行性分支结构。选择性分支结构是从多个流程中按条件选择执行其中的一个流程。并行性分支结构是多个流程分支可同时执行的分支流程。

1. 选择性分支结构的状态转移图

存在多种工作顺序的状态流程图为分支、汇合流程图。分支流程可分为选择性分支和并行性分支两种。

(1)选择性分支状态转移图的特点

从多个流程顺序中选择执行一个流程,称为选择性分支。图 9-11-2 就是一个选择性分支的状态转移图。

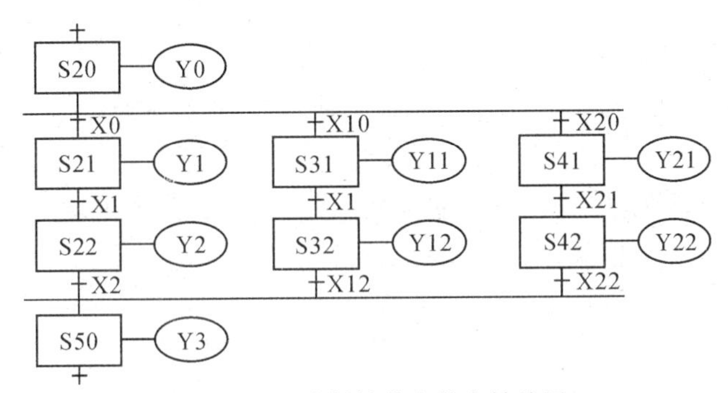

图 9-11-2 选择性分支状态转移图

该状态转移图有三个流程,其中 S20 为分支状态,根据不同的条件(X0、X10、X20),选择执行其中一个条件满足的流程。

X0 为 ON 时执行第一个流程,X10 为 ON 时执行第二个流程,X20 为 ON 时执行第三个流程。X0、X10、X20 不能同时为 ON。

S50 为汇合状态,可由 S22、S32、S42 任一状态驱动。

(2)选择性分支、汇合的编程

编程原则是先集中处理分支状态,然后再集中处理汇合状态。

编程方法是先进行分支状态的驱动处理,再依顺序进行转移处理;进行汇合时,将每条分支的最后状态进行汇合处理。指令如图 9-12 所示。

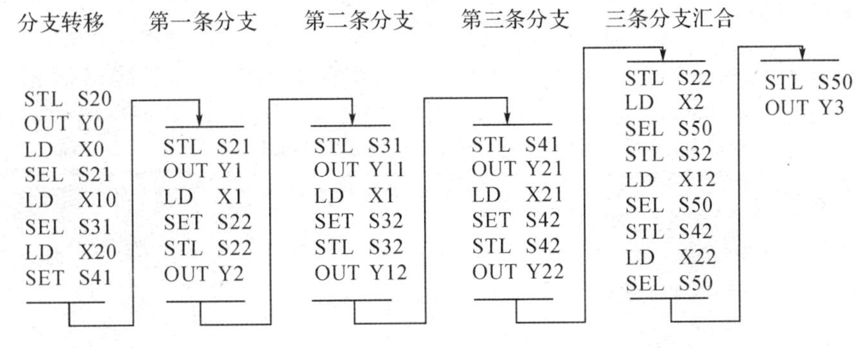

图 9-12 选择性分支指令

2. 并行性分支、汇合的编程

多个流程分支可同时执行的分支流程称为并行性分支，如图 9-13 所示。

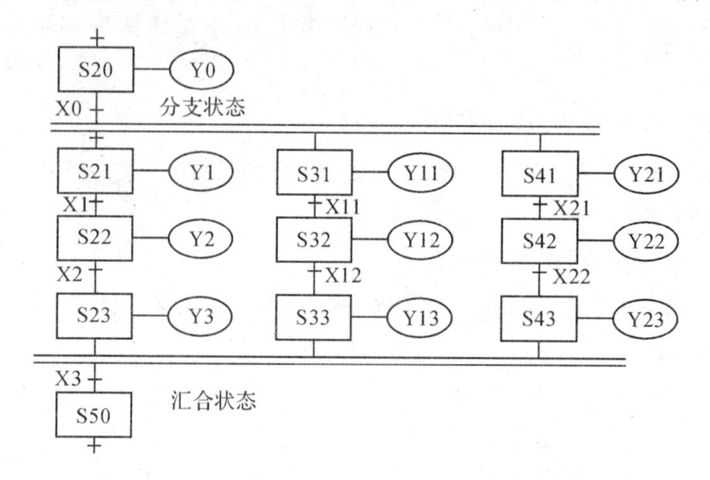

图 9-13　并行性分支状态转移图

并行性分支的编程原则是先集中进行并行性分支的转移处理，然后处理每条分支的内容，最后再集中进行汇合处理。

指令如图 9-14 所示。

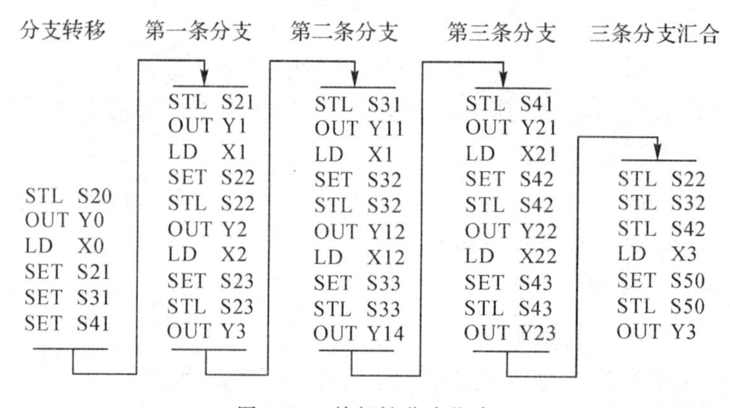

图 9-14　并行性分支指令

二、直接用顺序功能图(SFC)编写程序

先根据工程控制功能要求画出顺序功能图，然后按顺序功能图编写出相应的梯形图，再输入 PLC 进行调试运行，这是一种编程方法。另一种方法是直接用编程软件中的 SFC 功能进行编程。这里介绍用 GX Developer 编程软件中的 SFC 功能编辑顺序功能图。

用 GX Developer 编程软件中的 SFC 功能编辑顺序功能图的步骤如下：

(1)打开软件，出现如图 9-15 所示的界面。

(2)点击“工程”→“创建新工程”，如图 9-16 所示。

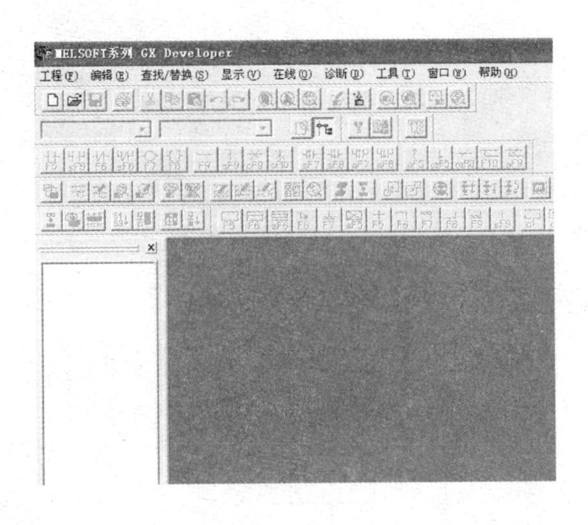

图 9-15　打开 GX Developer 编程软件后的界面

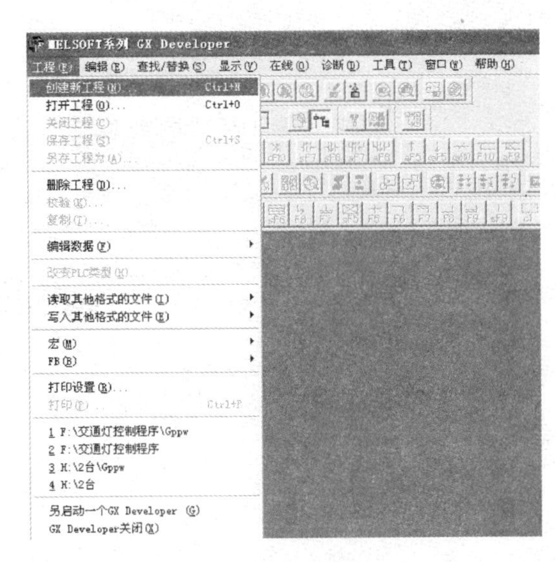

图 9-16　点击“工程”后的界面

(3)点击“创建新工程”后,出现如图 9-17 所示的对话框。

(4)在程序类型栏中,选中“SFC”,在“设置工程名”前打钩,在工程名的空格中填写你为工程取的名称,如图 9-18 所示。

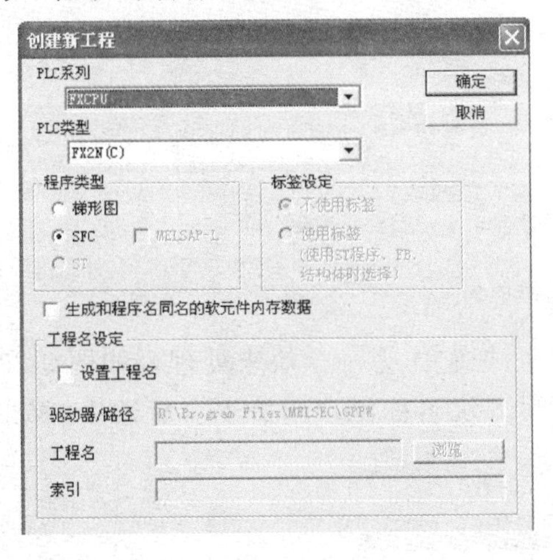

图 9-17　“创建新工程”对话框

图 9-18　填入工程名称

(5)点击“确定”,出现如图 9-19 所示的对话框。

图 9-19　对话框

(6)点击“是”,出现如图 9-20 所示的表格。这是一份有关块信息的表格。在进行 SFC 编程时,块分为两种类型:一种是梯形图块,另一种是 SFC 块。梯形图块是指不属于步状态、游离在整个步结构之外的梯形图部分,如起始、结束、单独关停及其他有专门要求的内容,这些内容无法编到 SFC 块中,只能单独处理。而 SFC 块指的是步与步相连的顺序功能图。一个完整的顺序功能图都有两个部分组成,即梯形图块和 SFC 块。二类块的数量根据程序具体情况而定,分别编写。编写前要对每一个块进行定义,编写完成后要对每一个块进行“转换”。“转换”后的每一块自动组合成一个完整的程序。

(7)以图 9-21 所示的简单顺序功能图为例,说明块的定义与具体的编写过程。

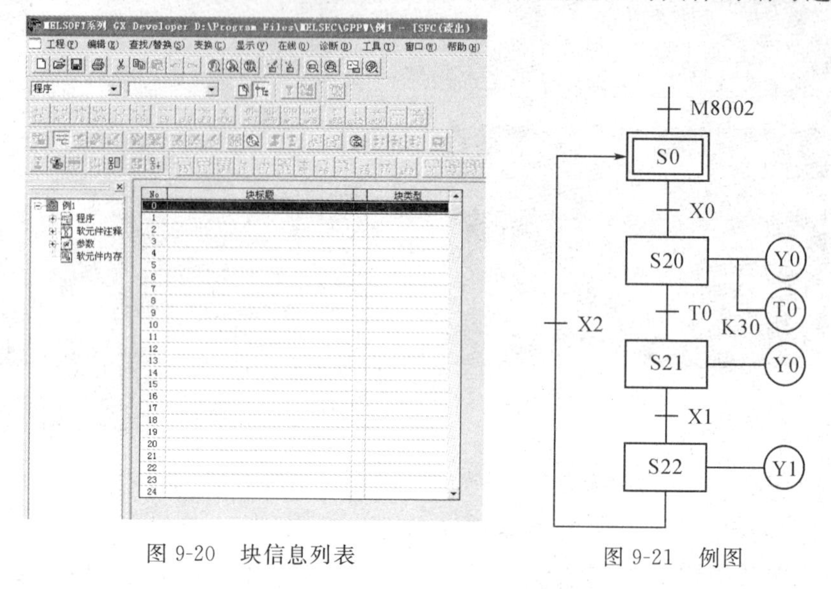

图 9-20 块信息列表

图 9-21 例图

①定义梯形图块。要将如图 9-21 所示的顺序功能图进行 SFC 软件编辑,第一步必须有一条梯形图语句,如图 9-22 所示。它是梯形图块,不属于 SFC,所以要单独作为一个块来处理。

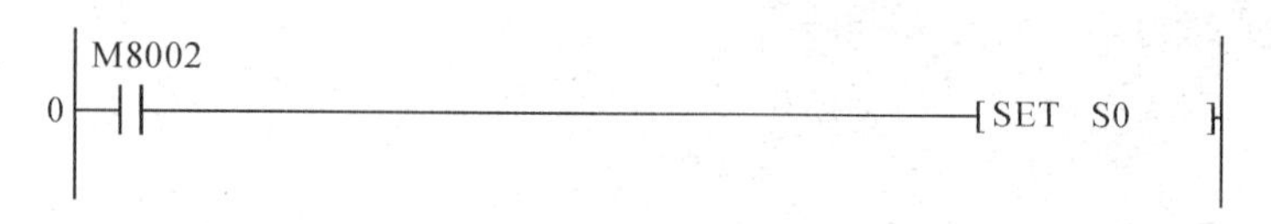

图 9-22 起始语句

具体方法是在如图 9-20 所示的表格中,专门把它作为一个块来处理。如图 9-23 所示,双击 No"0"出现一个对话框,在对话框内写入块名称,如"起始步",后选中"梯形图块",再点击"执行"。

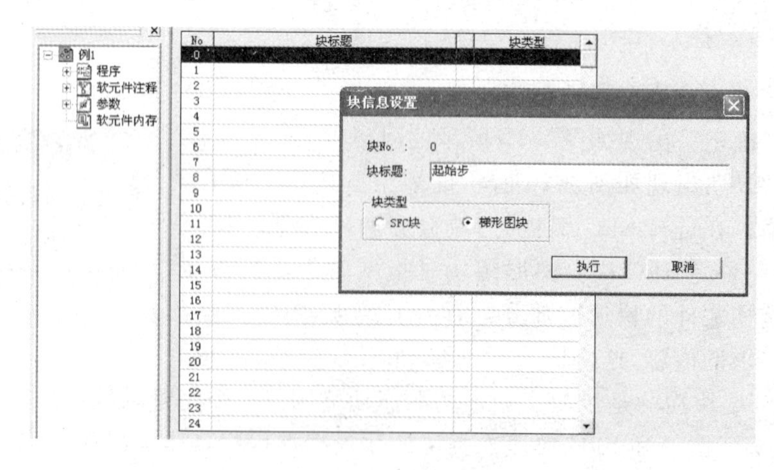

图 9-23 设置梯形图块

点击“执行”后，出现如图 9-24 所示的界面。

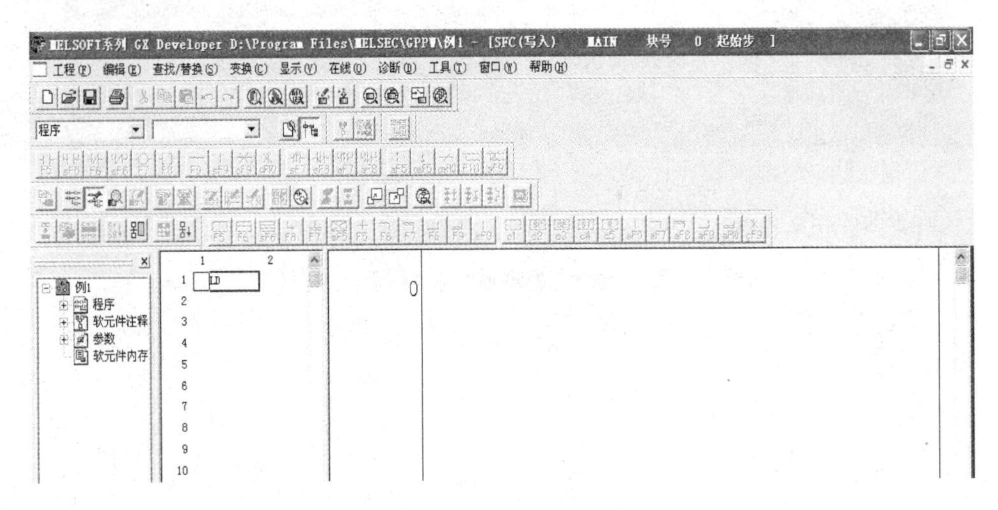

图 9-24　梯形图块编辑界面

按梯形图的画法，在右框处写入语句，如图 9-25 所示。

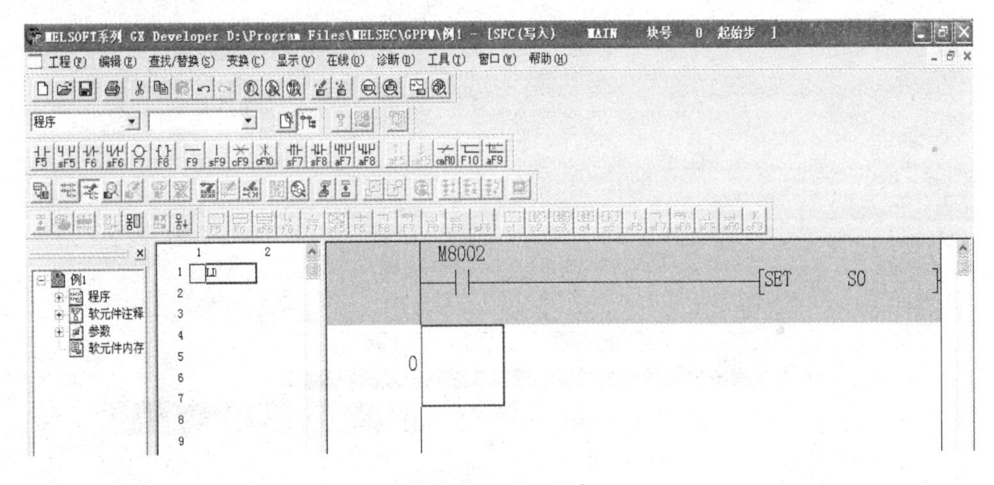

图 9-25　写入语句

点击工具栏上的“转换”，回到如图 9-26 所示的块信息列表。如果回不来，点击左框内的“程序”→“MAIN”即可。“梯形图块”前面的“—”表示已转换。如果是“ * ”表示未转换，则要再点击“转换”，使“ * ”变成“—”。

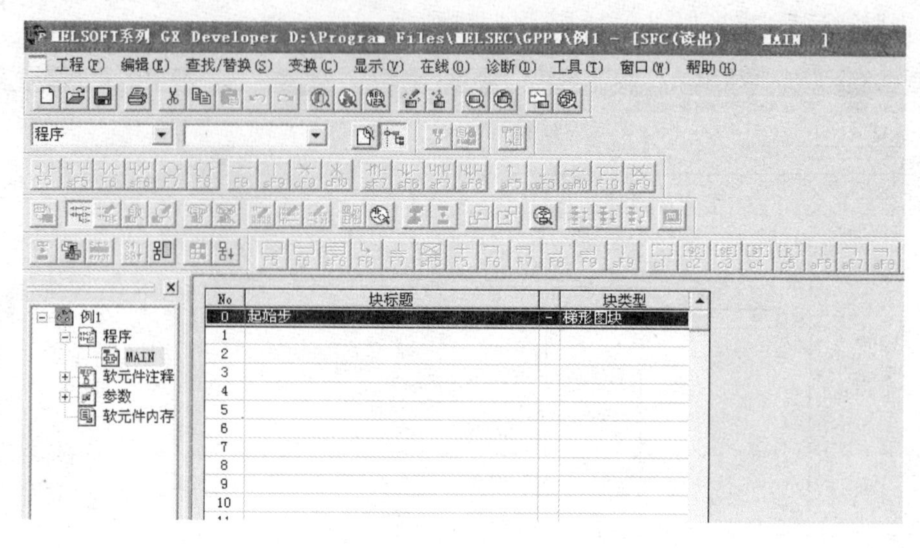

图 9-26　块信息列表

②定义 SFC 块。把鼠标移到下一栏 No 中的“1”，然后双击，出现如图 9-27 所示的对话框。

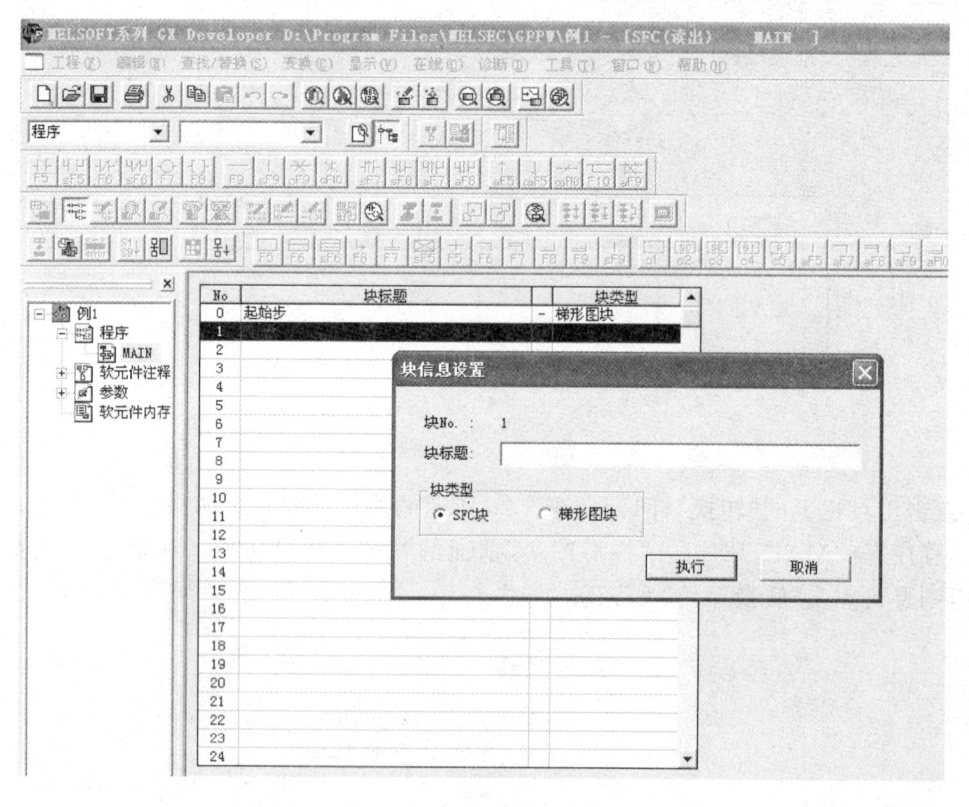

图 9-27　“块设置”对话框

在“块标题”的空格处可填写“主程序”或其他名称，后选中“SFC 块”，点击“执行”，出现如图 9-28 所示的编辑界面。

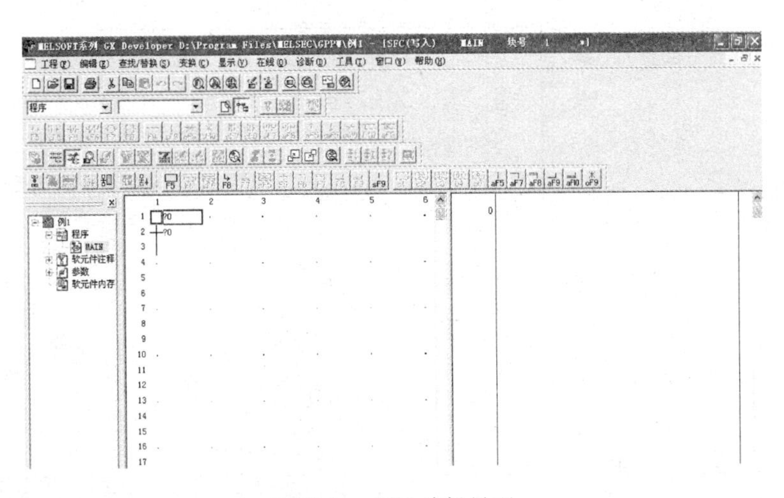

图 9-28　SFC 编辑界面

连续按回车键，一直到框图与图 9-21 例图基本一致，后选“JUMP”，把“12”改成“0”，如图 9-29 所示。

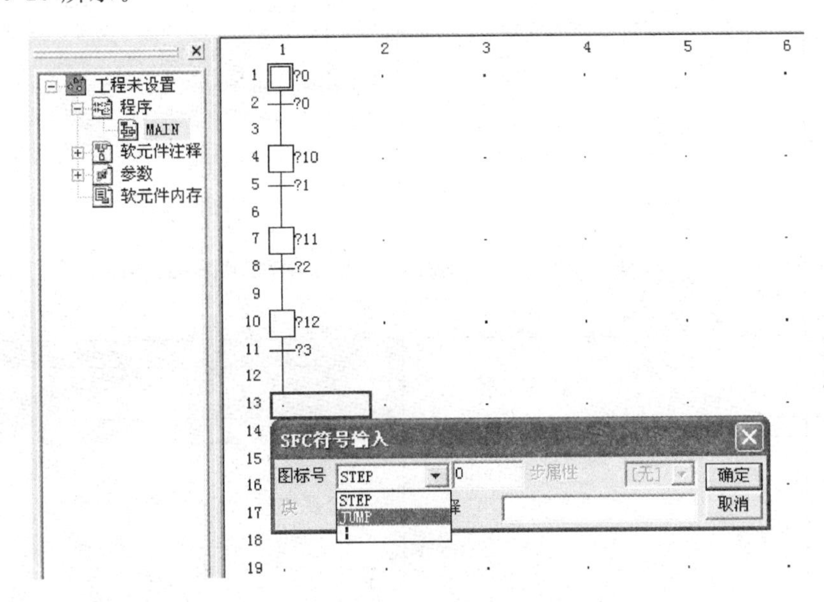

图 9-29　操作方法

点击“确定”后，出现如图 9-30 所示的框图。

把光标移到条件“？0”处，在右框内填写“X0”，如图 9-31 所示。每一个转移条件后，都要加一个“TRAN”。这个“TRAN”可以像指令一样用字符输入，也可以用快捷键“F8”来完成。然后进行程序转换。

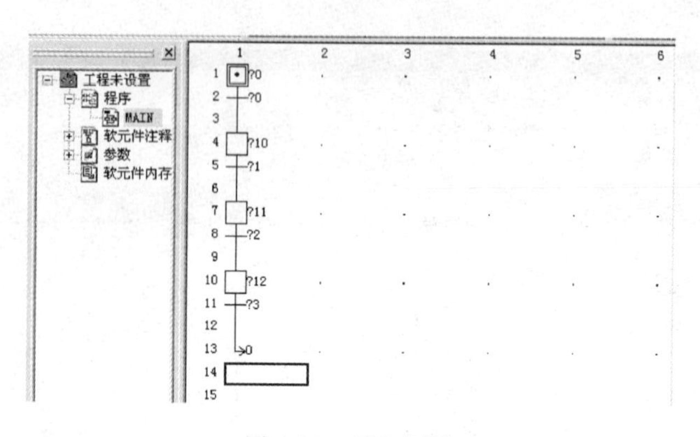

图 9-30　基本框图

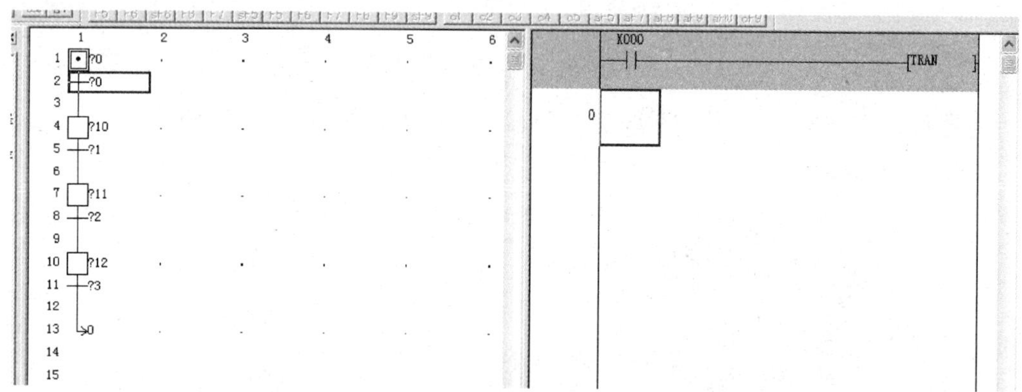

图 9-31　转移条件的写入方法

把光标放到第 10 步,写入第 10 步的输出部分内容,如图 9-32 所示。

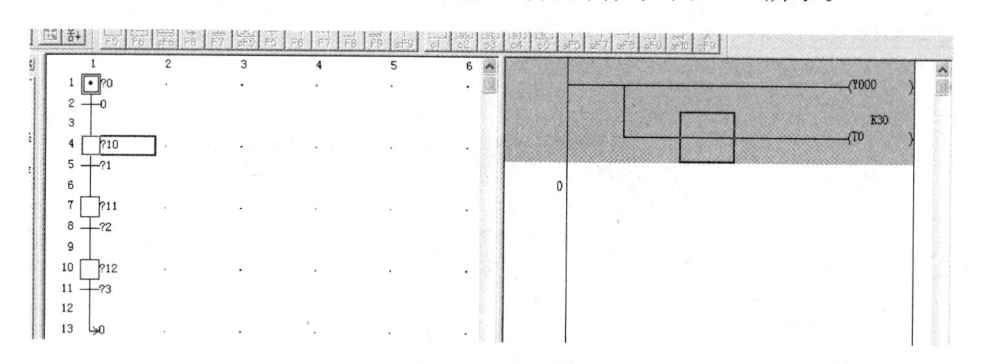

图 9-32　写入第 10 步的输出内容

写入后进行转换,把光标移到下一个转移条件,写入 T0 和 TRAN,如图 9-33 所示。

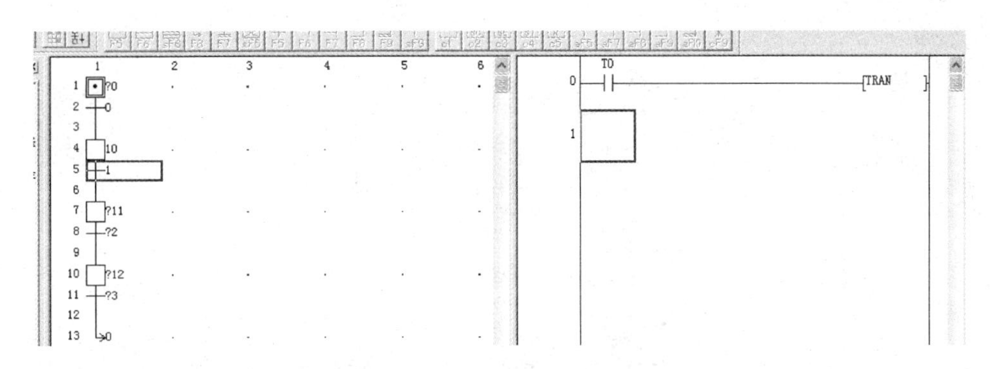

图 9-33　写入转换条件 T0

同样的步骤，完成第 11 步，如图 9-34 所示。

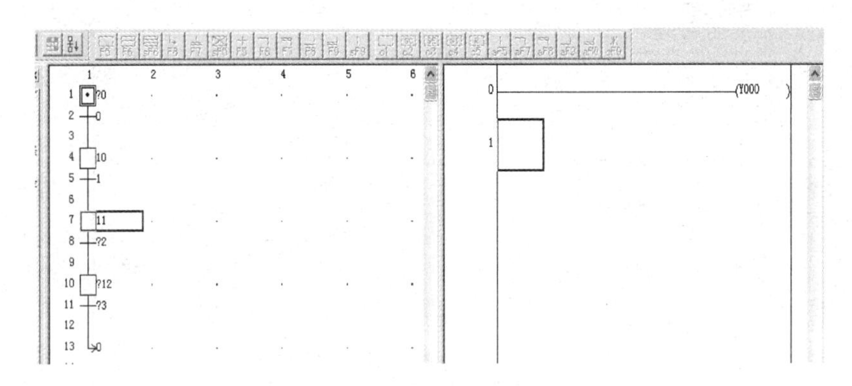

图 9-34　写入第 11 步的输出内容

写入后进行转换，把光标移到下一个转移条件，写入 X1 和 TRAN。如图 9-35 所示。用同样的方法再把第 12 步和下一个转移条件输入并转换。

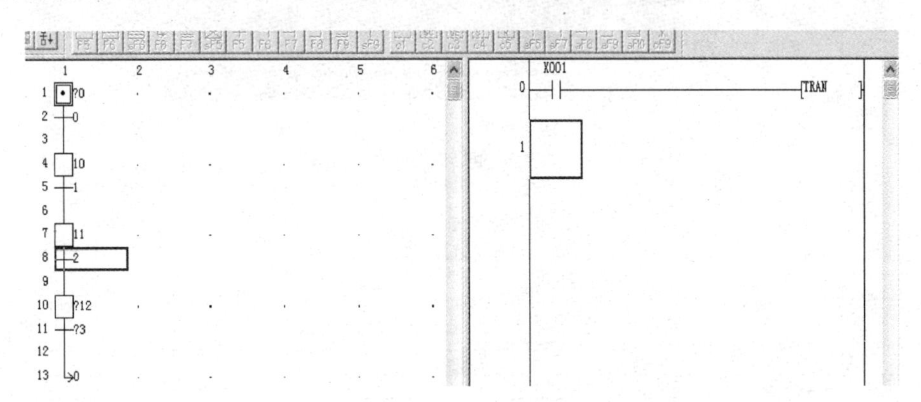

图 9-35　写入转移条件 X1

转换后，如果想直接把刚才编写的 SFC 变成梯形图，会出现如图 9-36 所示的对话框。解决办法是点击左框中的“程序”→“MAIN”，出现如图 9-37 所示的表格，“SFC”前的“ * ”表示未变换。选中后点击“变换”，如图 9-38 所示。

“ * ”变成“—”，表示转换完成，如图 9-39 所示。转换的另一种方式是回到 SFC 编程界面，点击“转换”或按下“F4”。

图 9-36　对话框

No	块标题		块类型
0	起始步		梯形图块
1	主程序	*	SFC块
2			
3			
4			
5			
6			
7			
8			
9			
10			
11			
12			
13			
14			
15			
16			
17			
18			

图 9-37　块信息列表

图 9-38　变换(编辑中的所有程序)

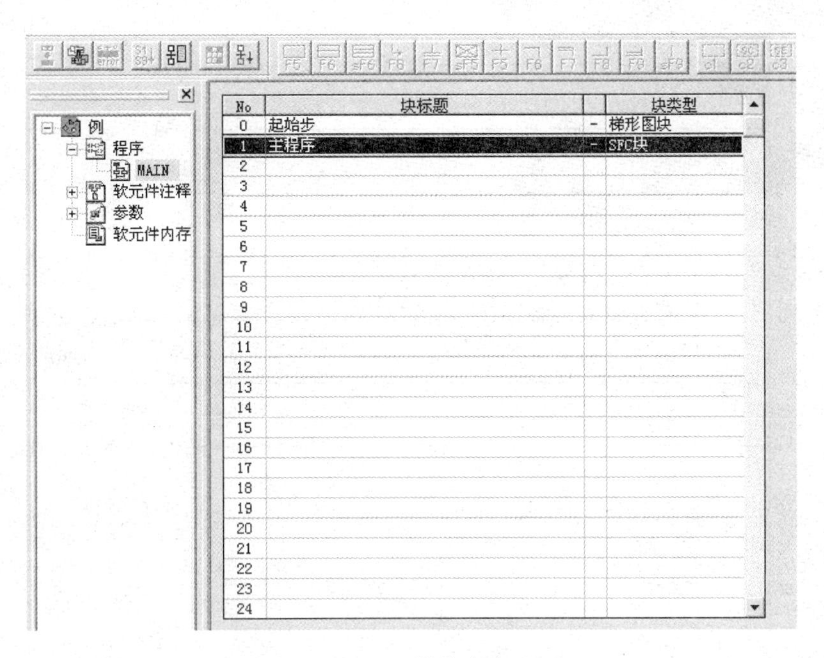

图 9-39　转换完成

(8)把 SFC 转换成梯形图的方法。整个 SFC 块转换完成后，才能把 SFC 变成梯形图。操作方法为点击“工程”→“编辑数据”→“改变程序类型”，如图 9-40 所示。

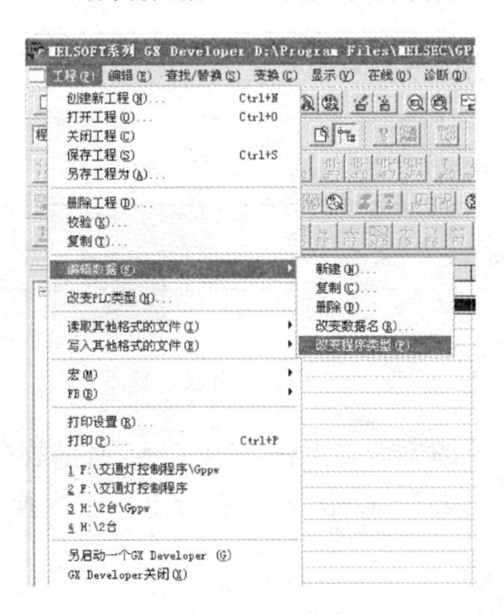

图 9-40　SFC 转换成梯形图的方法

接着，GX Developer 软件会自动把 SFC 变成梯形图，如图 9-41 所示。

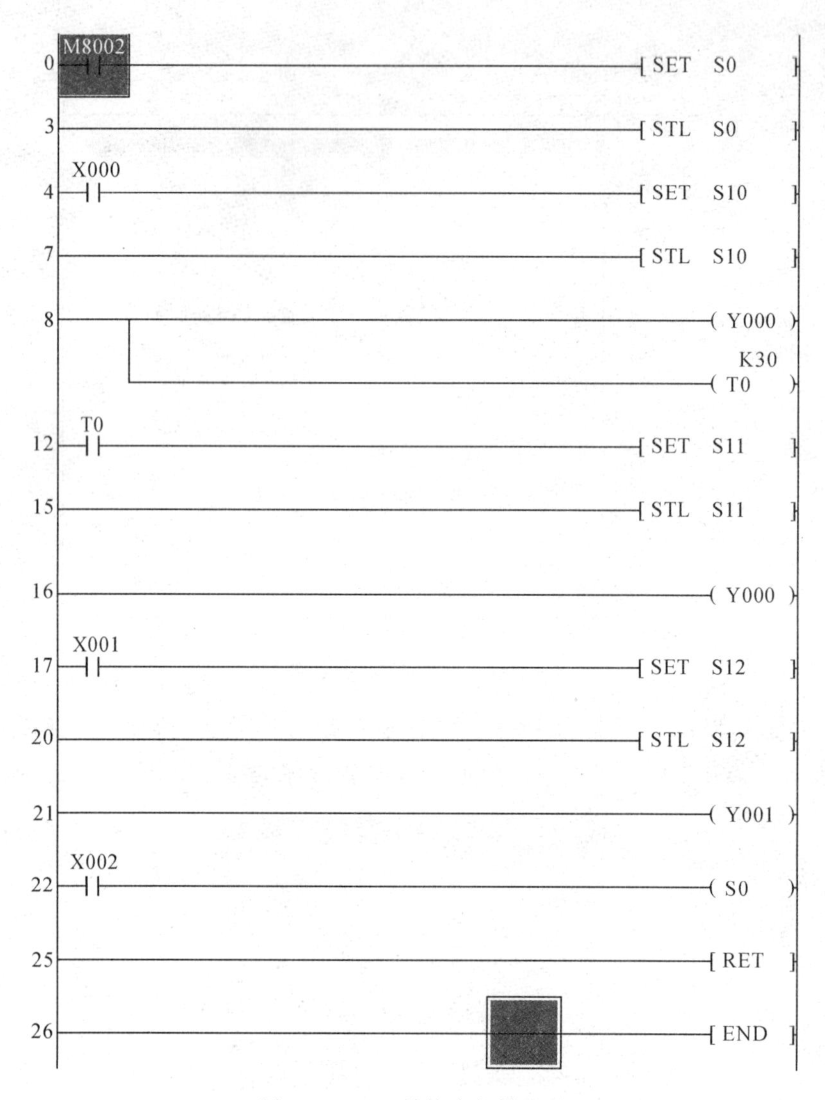

图 9-41　SFC 转换成的梯形图

(9)把梯形图变换成 SFC 的方法。点击“工程”→“编辑数据”→“改变程序类型”,在如图 9-42 所示的对话框中选中 SFC。点击“确定”,梯形图就变换成 SFC,如图 9-43 所示。

图 9-42　选中 SFC

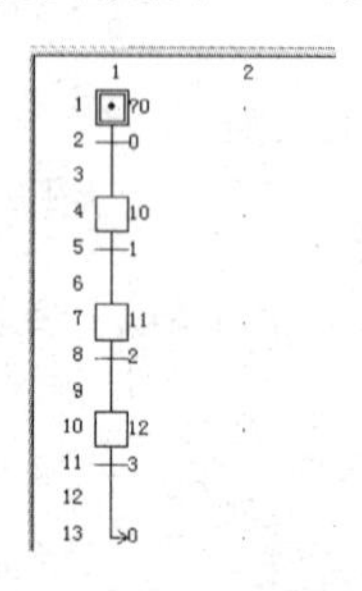

图 9-43　梯形图变换成 SFC

注意,步进梯形图中的 RET 指令会从 SFC 块的末端自动写入至梯形图块的连接部分，因此不能将 RET 指令输入至 SFC 块或梯形图块，RET 指令也不会出现在画面中。

(10)改变步号的方法。在图 9-21 的顺序功能图中，S0 后面是 S20，而如按上述方法，直接以回车键来写入步，S0 后面应该是 S10。用 S10 来替代 S20，其功能是一样的，可以默认。如果一定要把 S10 改成 S20，方法是：点击 S10 的步号，跳出如图 9-44 所示的对话框，把对话框中的步号 10 改成 20 即可，注意要在开始时改变。其余步号的修改方法类似。

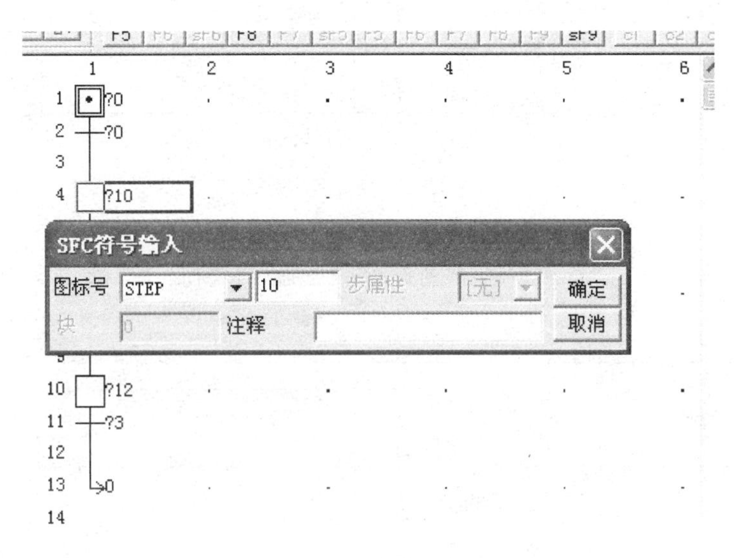

图 9-44　步号修改方法

三、举例说明

下面以按钮式人行道交通灯说明。

在道路交通管理上有许多按钮式人行道交通灯，如图 9-45 所示，在正常情况下，汽车通行，即 Y3 绿灯亮，Y5 红灯亮；当行人想过马路，就按按钮。当按下按钮 X0(或 X1)之后，主干道交通灯变化为绿(5s)→绿闪(3s)→黄(3s)→红(20s)，当主干道红灯亮时，人行道从红灯亮转为绿灯亮，15s 以后，人行道绿灯开始闪烁，闪烁 5s 后转入主干道绿灯亮，人行道红灯亮。利用 PLC 控制按钮式人行道交通灯，用顺序功能图或 SFC 编程。

根据题目提出的任务要求画出时序图，如图 9-46 所示，在按钮式人行道上，主干道与人行道的交通灯是并行工作的，主干道允许通行的同时，人行道是禁止通行的；反之亦然。主干道交通灯的一个工作周期分为 4 步，分别为绿灯亮、绿灯闪烁、黄灯亮和红灯亮，用 M0～M4 表示。人行道交通灯的一个工作周期分为 3 步，分别为绿灯亮、绿灯闪烁和红灯亮，用 M5～M7 表示。再加上初始步 M0，一共由 8 步构成。各按钮和定时器提供的信号是各步之间的转换条件，由此画出此任务的顺序功能图，如图 9-47 所示。用“启—保—停”电路设计出梯形图如图 9-48 所示。

同样也可以用 SFC 来编程。用 SFC 编程时只要把“启—保—停”中的辅助继电器“M”换成状态继电器“S”就可以了。

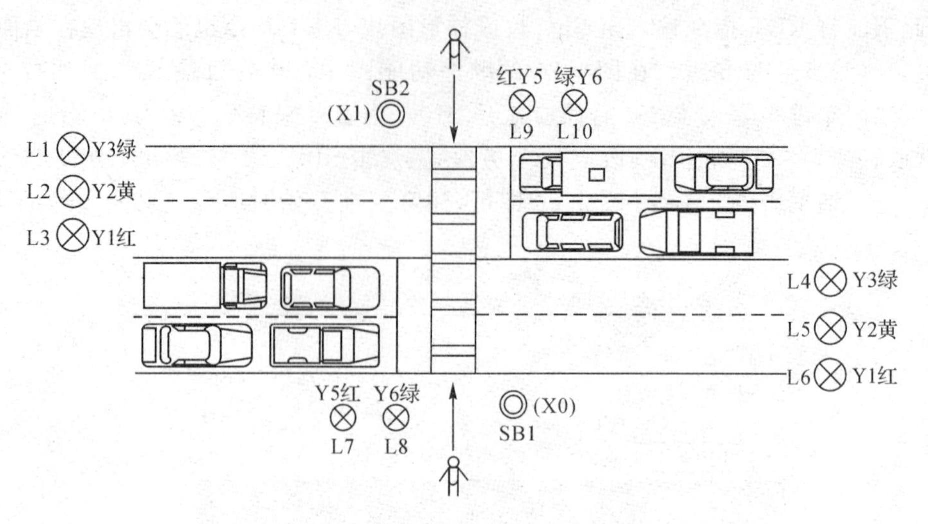

图 9-45 按钮式人行道交通灯示意图

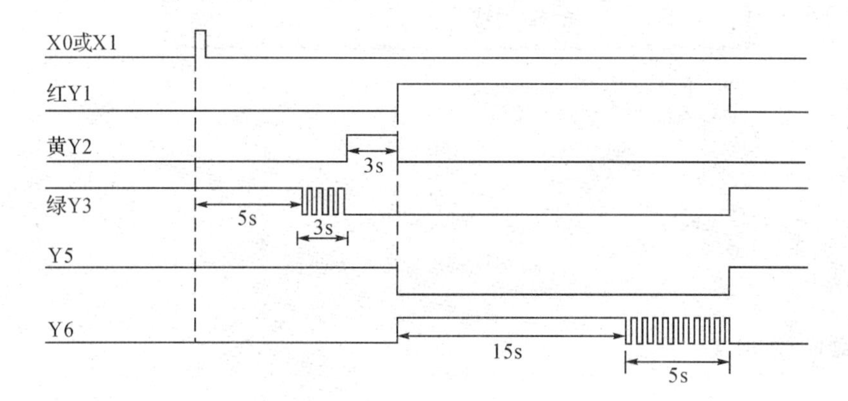

图 9-46 按钮式人行道交通灯时序图

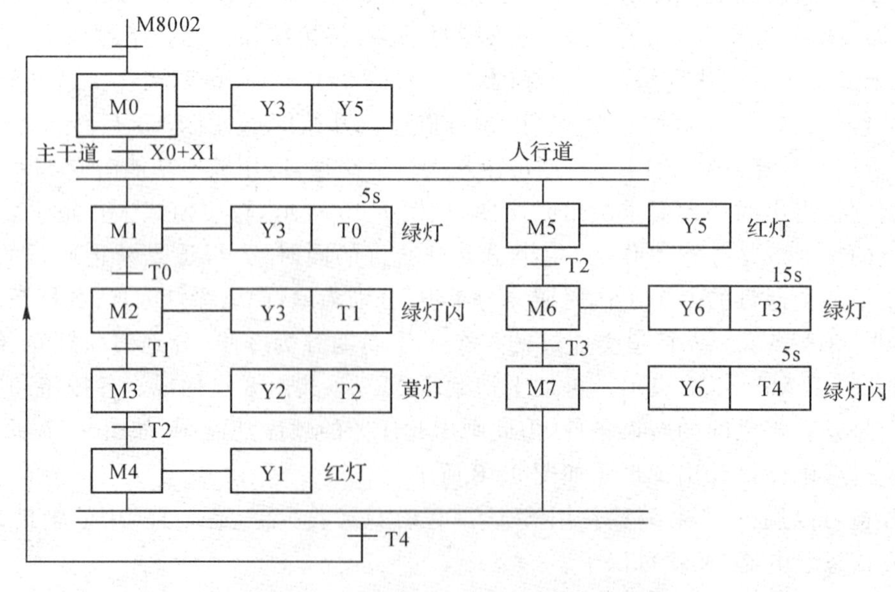

图 9-47 按钮式人行道交通灯顺序功能图

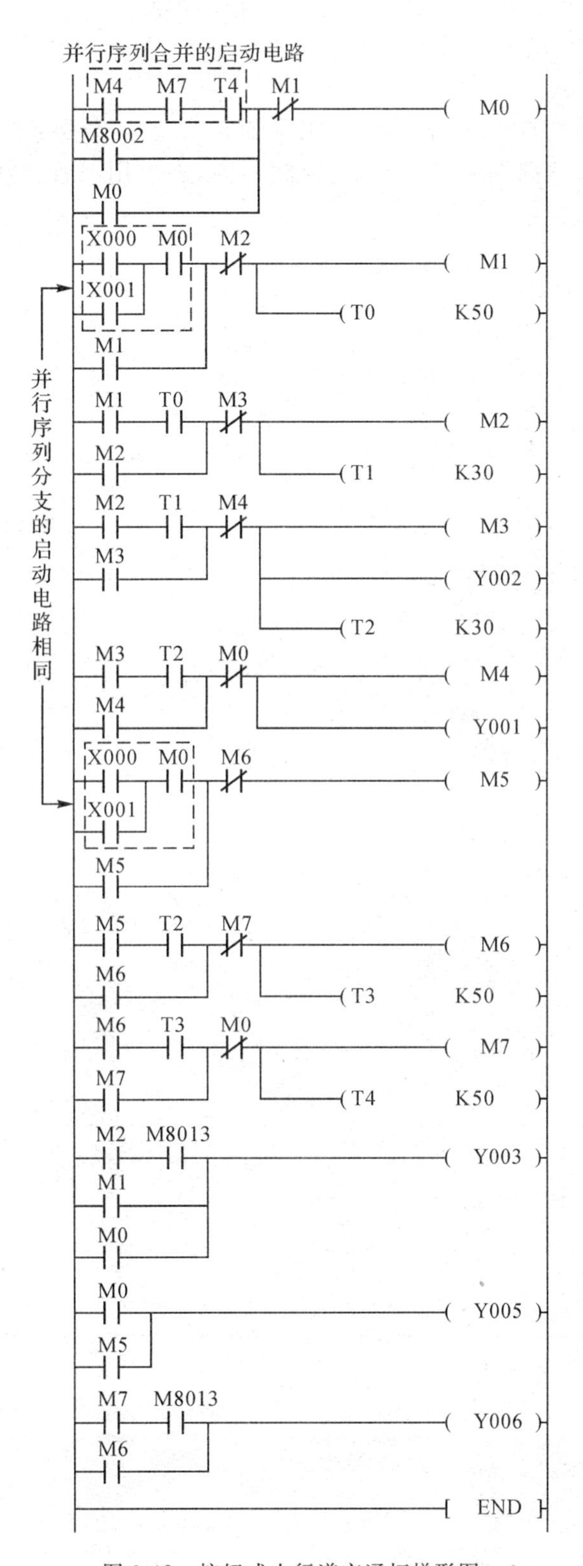

图 9-48　按钮式人行道交通灯梯形图

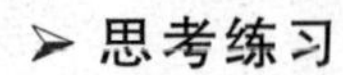

一台电动机要求在按下启动按钮后，电动机运行15s，停5s，重复3次后，电动机自动停止。试设计硬件线路图并编写PLC控制程序，要求用三种方法进行编写。要求有手动停机按钮和过载保护。

任务十　液体自动混合系统控制

➢ 任务目标

1. 掌握顺序功能图和 SFC 的应用方法。

2. 会应用状态转移图及步进顺控指令实现液体自动混合系统控制。

3. 学会用多种方法实现液体自动混合系统控制，并熟练进行 PLC 程序设计、安装与调试。

➢ 任务描述

如图 10-1 所示是三种液体自动混料加工罐剖面示意图。电气控制工艺过程如下。

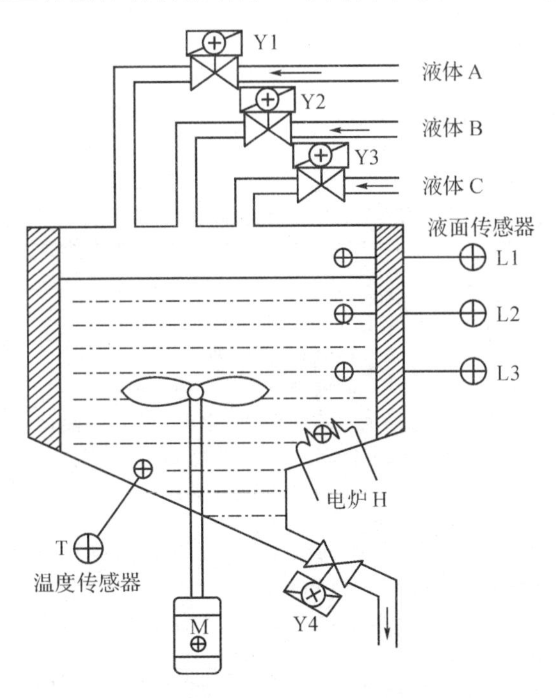

图 10-1　三种液体自动混料加工罐剖面示意图

1. 初始状态：Y1、Y2、Y3、Y4 电磁阀和搅拌机均为“OFF”，液面传感器 L1、L2、L3 均为“OFF”。

2. 启动运行：按下启动按钮。

(1)电磁阀Y1闭合(Y1为“ON”),开始注入液体A,至液面高度为L3(此时L3为“ON”)时,停止注入(Y1为“OFF”)。延时0.5s,开启液体B电磁阀Y2(Y2为“ON”)注入液体B,当液面升至L2(L2为“ON”)时,停止注入(Y2为“OFF”)。延时0.5s,开启液体C电磁阀Y3(Y3为“ON”)注入液体C,当液面升至L1(L1为“ON”)时,停止注入(Y3为“OFF”)。

(2)停止液体C注入后,延时1s,启动电动机,开始搅拌,混合时间为10s。

(3)停止搅拌后放出混合液体(Y4为“ON”),至液体高度为L3后,再经过5s,停止放液体。

(4)当按下停止按钮后,会在当前过程完成后再停止操作,回到初始状态。

➢ 任务实施

一、训练器材

验电笔、螺钉旋具、尖嘴钳、万用表、PLC、PLC模拟调试实训模块、连接导线。

二、预习内容

1. 熟悉液体混合的工作原理。
2. 阅读知识链接内容。

技能训练

按设计要求列出I/O分配表,画出PLC的外部接线图、系统的顺序功能图或SFC图和梯形图,并进行安装调试。

表10-1 评价标准

序号	主要内容	考核要求	评分标准	配分	扣分		得分	
					①	②	①	②
1	电路及程序设计	1. 根据给定的控制要求,列出PLC输入/输出(I/O)口元器件地址分配表;设计PLC输入/输出(I/O)口的接线图 2. 根据控制要求设计PLC的梯形图和指令表程序	1. PLC输入/输出(I/O)地址遗漏或搞错,扣5分/处 2. PLC输入/输出(I/O)接线图设计不全、设计有错,扣5分/处 3. 梯形图表达不正确或画法不规范,扣5分/处 4. 接线图表达不正确或画法不规范,扣5分/处 5. PLC指令程序有错,扣5分/处	50				
2	程序输入及调试	1. 熟练操作PLC编程软件,能正确将所设计的程序输入PLC 2. 按照被控设备的动作要求进行模拟调试,达到设计要求	1. 不会熟练操作PLC编程软件、输入程序,扣10分 2. 不会用删除、插入、修改等命令,扣6分/次 3. 缺少功能,扣6分/项	30				

续表

序号	主要内容	考核要求	评分标准	配分	扣分		得分	
					①	②	①	②
3	通电试验	在保证人身安全和设备安全的前提下，通电试验一次成功	1. 第一次试车不成功，扣 10 分 2. 第二次试车不成功，扣 15 分 3. 第三次试车不成功，扣 20 分	20				
4	安全要求	1. 安全文明生产 2. 自觉在实训过程中融入 6S 理念 3. 有组织、有纪律、守时诚信	1. 违反安全文明生产规程，扣 5～40 分 2. 乱线敷设，加扣不安全分，扣 10 分 3. 工位不整理或整理不到位，扣 10～20 分 4. 随意走动，无所事事，不刻苦钻研，扣 10～20 分	倒扣				
备注	除了定额时间外，各项内容的最高分不应超过该项目的配分数；每超 5 分钟扣 5 分。		合计	100				
定额时间	120 分钟	开始时间		结束时间		考评员签字		

➢ 知识链接

介绍顺序控制设计中停止的处理，举例说明如下。

如图 10-2(a)所示是某一液体混合装置，上限位、下限位和中限位液位传感器，在其各自被液体淹没时为 ON，反之为 OFF。阀 YV1、阀 YV2 和阀 YV3 为电磁阀，线圈通电时打开，线圈断电时关闭。开始时容器是空的，各阀门均关闭，各传感器均为 OFF。按下启动按钮后，打开阀 YV1，液体 A 流入容器，中限位开关变为 ON 时，关闭阀 YV1，打开阀 YV2，液体 B 流入容器。当液面到达上限位开关时，关闭阀 YV2，电机 M 开始运行，搅动液体，60s 后停止搅动，打开阀 YV3，放出混合液，当液面降至下限位开关之后再过 5s，容器放空，关闭阀 YV3，打开阀 YV1，又开始下一周期的操作。按下停止按钮，在当前工作周期的操作结束后，才停止操作（停在初始状态）。

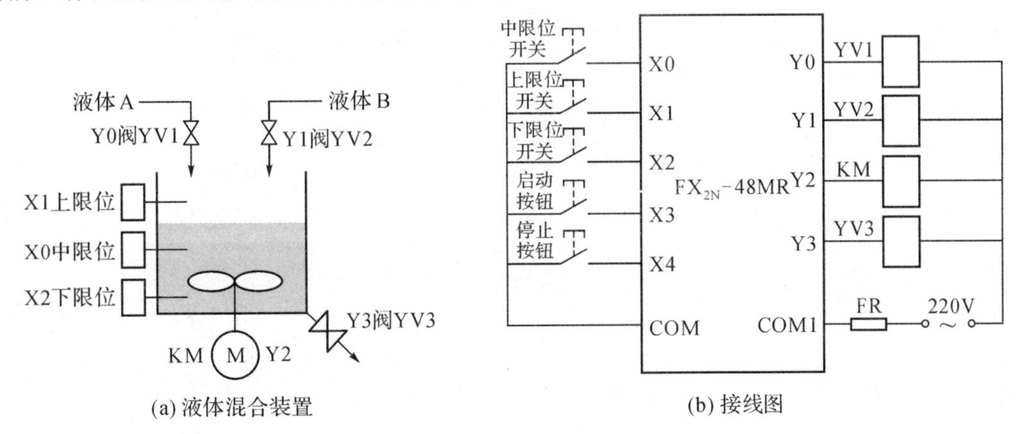

(a) 液体混合装置　　(b) 接线图

图 10-2　液体混合示意图和 PLC 接线图

根据要求画出 PLC 的外部接线图，如图 10-2(b)所示，根据提出的任务画出时序图，如图 10-3 所示。液体混合装置的工作周期划分为 6 步，除了初始步之外，还包括液体 A 流入容器、液体 B 流入容器、搅动液体、放出混合液和容器放空 5 步。用 M0 表示初始步，分别用 M1～M5 表示液体 A 流入容器、液体 B 流入容器、搅动液体、放出混合液和容器放空。用各限位传感器、按钮和定时器提供的信号表示各步之间的转换条件。画出顺序功能图如图 10-4 所示，这是选择序列的顺序功能图；用“启—保—停”电路设计的梯形图如图 10-5 所示。

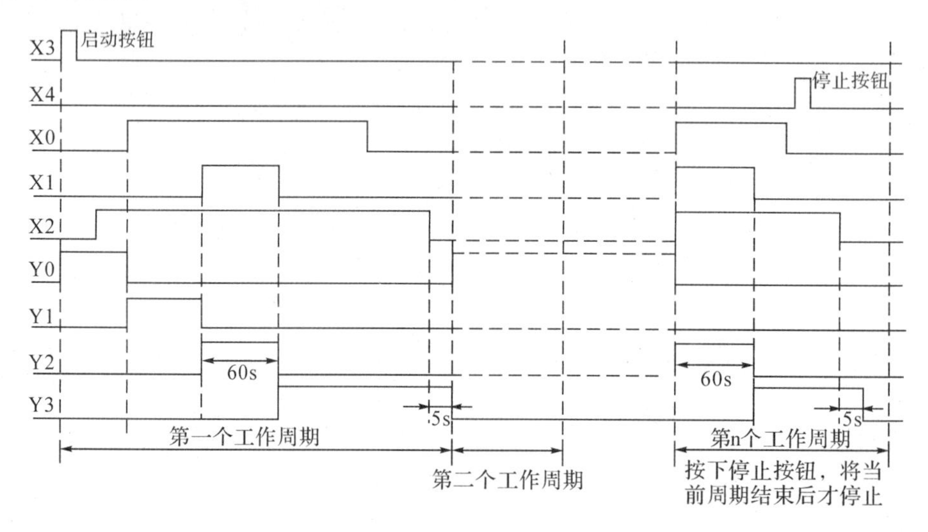

图 10-3　液体混合装置时序图

顺序控制设计法中停止的处理，在任务要求中，停止按钮 X4 的按下并不是按顺序进行的，在任何时候都可能按下停止按钮，而且不管什么时候按下停止按钮都要等到当前工作周期结束后才能响应。所以，停止按钮 X4 的操作不能在顺序功能图中直接反映出来，可以用 M10 间接表示出来，如图 10-5 所示。每一个工作周期结束后，再根据 M10 的状态决定进入下一周期还是返回到初始状态。从图 10-5 液体混合梯形图可看出，M10 用“启—保—停”电路和启动按钮 X3、停止按钮 X4 来控制，按下启动按钮 X3，M10 变为 ON 并保持，按下停止按钮 X4，M10 变为 OFF，但是系统不会马上返回初始步，因为 M10 只在步 M5 之后起作用。在 SFC 中也可以用同样的方法解决。

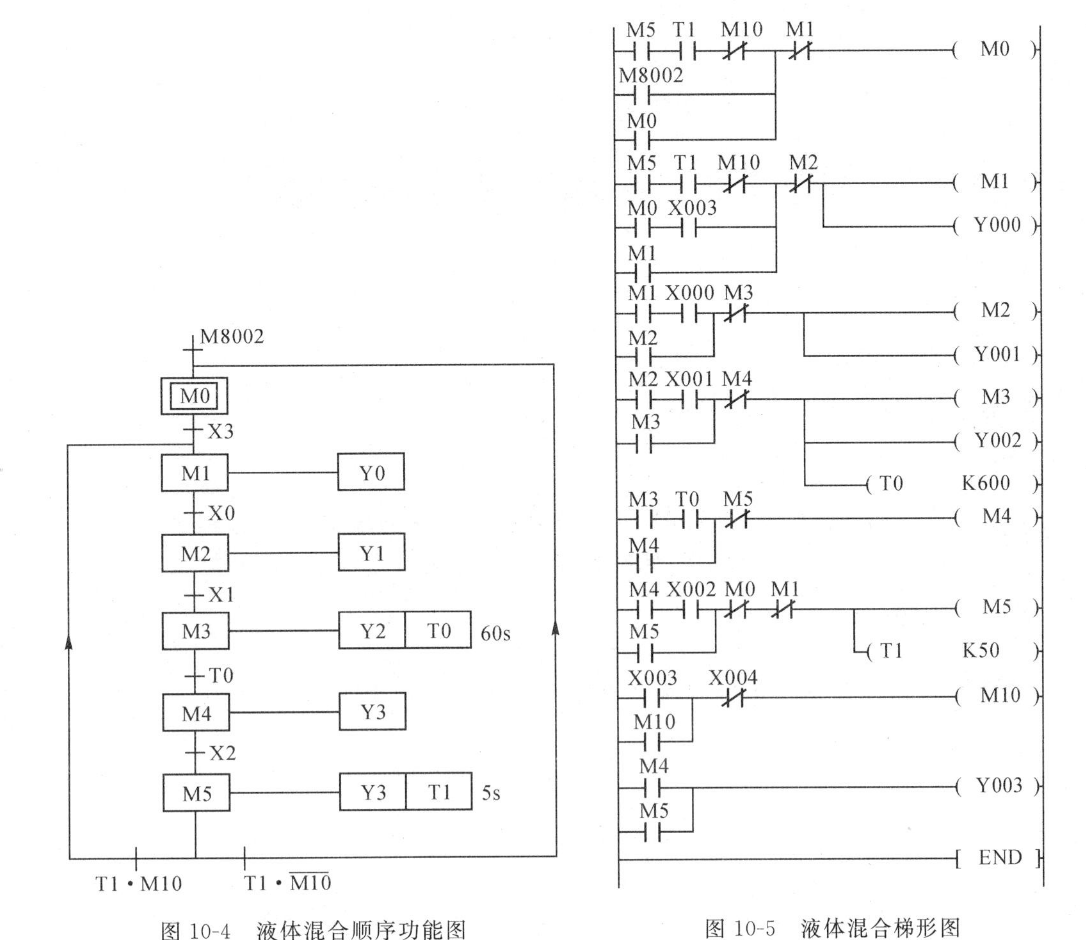

图 10-4　液体混合顺序功能图

图 10-5　液体混合梯形图

➢ 思考练习

初始状态时某压力机的冲压头停在上面，限位开关 X2 为 ON，按下启动按钮 X0，输出继电器 Y0 控制的电磁阀线圈通电，冲压头下行。当压到工件后压力升高，压力继电器动作，使输入继电器 X1 变为 ON，用 T1 保持压力延时 5s 后，Y0 为 OFF，Y1 为 ON，上行电磁阀线圈通电，冲压头上行。返回初始位置时碰到限位开关 X2，系统回到初始状态，Y1 为 OFF，冲压头停止上行。根据要求列出 I/O 分配表，画出实现此功能的 PLC 外部接线图、控制系统的顺序功能图（或 SFC 图）和梯形图，并调试程序。

任务十一　组合机床的控制

➢ 任务目标

1. 掌握顺序功能图和 SFC 的应用方法。
2. 会应用状态转移图及步进顺控指令实现组合机床的控制。
3. 学会用多种方法实现组合机床的控制，并熟练进行 PLC 程序设计、安装与调试。

➢ 任务描述

如图 11-1 所示是组合机床的滑台半自动工作循环图，控制要求如下。

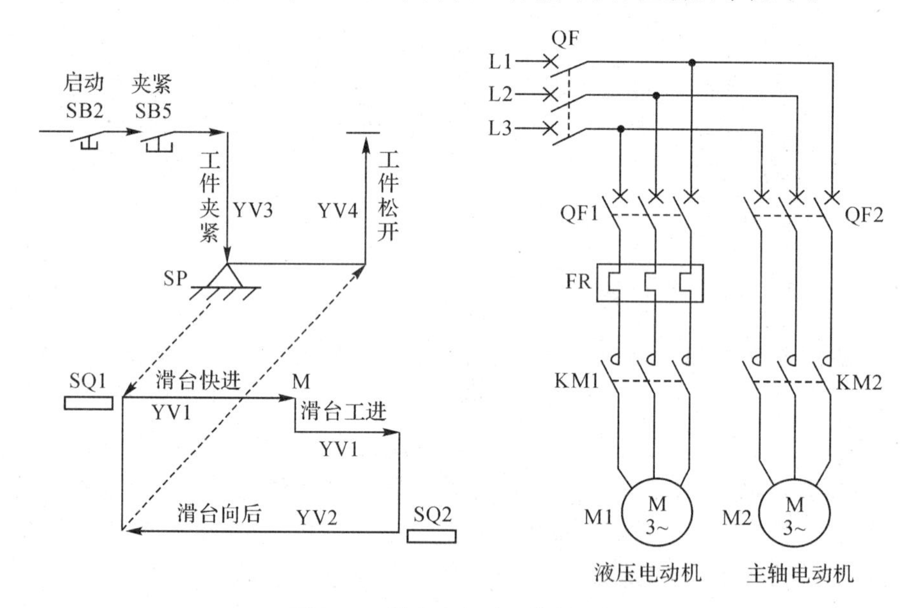

图 11-1　滑台半自动工作循环图

1. 项目任务：某组合机床由主轴动力头、液压动力滑台和液压夹紧装置组成。设备的主轴电动机为 Y100L-4，2.2kW，1450r/min；液压电动机为 3kW，1450r/min。应用 PLC 对其运行过程的控制加以设计，并进行安装、接线和调试。

2. 工艺过程：组合机床的动力头由主轴电动机拖动，夹紧装置和滑台的运动由液压电磁阀控制。滑台的运动位置与行程开关、液压行程阀配合运行。

3. 控制方式：本机床具有“半自动”和“调整”两种工作方式，方式选择开关 SA3 接通

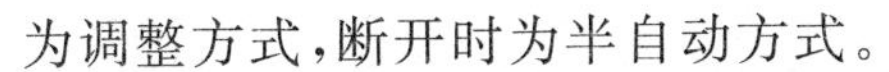
为调整方式，断开时为半自动方式。

(1)机床初始工作时，首先启动液压电动机 M1 和主轴电动机 M2。两电动机启动后，经延时 3s，即可进行下一步操作。

(2)半自动工作方式：先操作夹紧按钮 SB5，待工件被夹紧、压力继电器 SP 动作后，滑台快进。当滑台快进到预定位置时，液压控制阀 M 被压下(M 不发出电信号)，自动转为工进行进速度。加工完成，滑台到终点时压下开关 SQ2，延时 1s，然后滑台快速后退。滑台退至原位，压下开关 SQ1，延时 2s 后工件松开电磁阀动作，完成一个半自动循环。

(3)机床处于“调整”工作时，用 4 只按钮实现滑台或夹具的单独调整。

(4)设置短路保护、电动机过载保护等电器保护环节和联锁环节。滑台向前、向后运行，工件的夹紧、松开工况可用发光二极管显示；通电待机、“半自动”和“调整”方式，M1、M2 电动机运行、滑台退至原位和工件行进终点位置，设有外接指示灯就地显示。

注：组合机床具有“半自动”和“调整”两种工作状态。继电器控制回路采用交流 220V(或 127V)电源，电磁阀和信号灯采用直流 24V(或按照实际装置配置)电源。模拟安装调试时可用接触器替代电磁阀。

➢ 任务实施

一、训练器材

验电笔、螺钉旋具、尖嘴钳、万用表、PLC、PLC 模拟调试实训模块、连接导线。

二、预习内容

1. 熟悉组合机床的工作原理。
2. 阅读知识链接内容。

技能训练

按设计要求列出 I/O 分配表，画出 PLC 的外部接线图、系统的顺序功能图或 SFC 图和梯形图，并进行安装调试。

表 11-1　评价标准

序号	主要内容	考核要求	评分标准	配分	扣分		得分	
					①	②	①	②
1	电路及程序设计	1. 根据给定的控制要求，列出 PLC 输入/输出(I/O)口元器件地址分配表；设计 PLC 输入/输出(I/O)口的接线图 2. 根据控制要求设计 PLC 的梯形图和指令表程序	1. PLC 输入/输出(I/O)地址遗漏或搞错，扣 5 分/处 2. PLC 输入/输出(I/O)接线图设计不全、设计有错，扣 5 分/处 3. 梯形图表达不正确或画法不规范，扣 5 分/处 4. 接线图表达不正确或画法不规范，扣 5 分/处 5. PLC 指令程序有错，扣 5 分/处	50				

续表

序号	主要内容	考核要求	评分标准	配分	扣分		得分	
					①	②	①	②
2	程序输入及调试	1. 熟练操作 PLC 编程软件，能正确将所设计的程序输入 PLC 2. 按照被控设备的动作要求进行模拟调试，达到设计要求	1. 不会熟练操作 PLC 编程软件、输入程序，扣 10 分 2. 不会用删除、插入、修改等命令，扣 6 分/次 3. 缺少功能，扣 6 分/项	30				
3	通电试验	在保证人身安全和设备安全的前提下，通电试验一次成功	1. 第一次试车不成功，扣 10 分 2. 第二次试车不成功，扣 20 分 3. 第三次试车不成功，扣 30 分	20				
4	安全要求	1. 安全文明生产 2. 自觉在实训过程中融入 6S 理念 3. 有组织、有纪律、守时诚信	1. 违反安全文明生产规程，扣 5～40 分 2. 乱线敷设，加扣不安全分，扣 10 分 3. 工位不整理或整理不到位，扣 10～20 分 4. 随意走动，无所事事，不刻苦钻研，扣 10～20 分	倒扣				
备注	除了定额时间外，各项内容的最高分不应超过该项目的配分数；每超 5 分钟扣 5 分		合计	100				
定额时间	120 分钟	开始时间		结束时间		考评员签字		

➢ 知识链接

举例说明：某冲床机械手运动的示意图如图 11-2 所示。初始状态时机械手在最左边，X4 为 ON；冲头在最上面，X3 为 ON；机械手松开时，Y0 为 OFF。按下启动按钮 X0，Y0 变为 ON，工件被夹紧并保持，2s 后 Y1 被置位，机械手右行，直到碰到 X1，以后将顺序完成以下动作：冲头下行，冲头上行，机械手左行，机械手松开。延时 1s 后，系统返回初始状态。

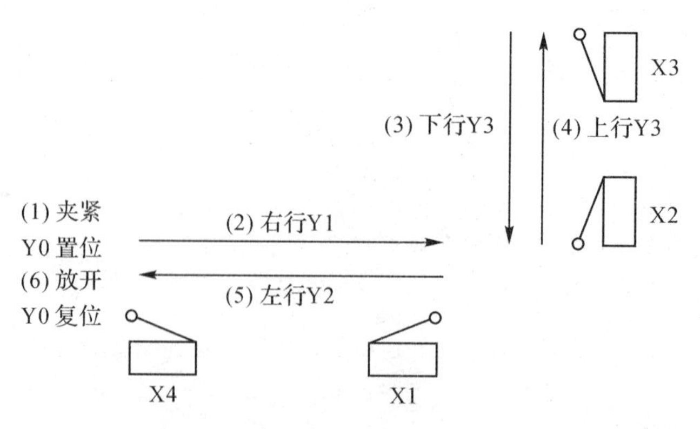

图 11-2　某冲床机械手运动示意图

根据控制要求画出 PLC 的外部接线图，如图 11-3 所示。根据提出的任务画出时序图，如图 11-4 所示，从时序图上可以发现，工件在整个工作周期都处于夹紧状态，一直到完成冲压后才松开工件，这种命令动作为存储型命令。冲床机械手的运动周期划分为 7 步，依次分别为初始步、工件夹紧、机械手右行、冲头下行、冲头上行、机械手左行和工件松开，用 M0～M6 表示。各限位开关、按钮和定时器提供的信号是各步之间的转换条件。由此画出顺序功能图如图 11-5 所示，用"启—保—停"电路设计的梯形图如图 11-6 所示。

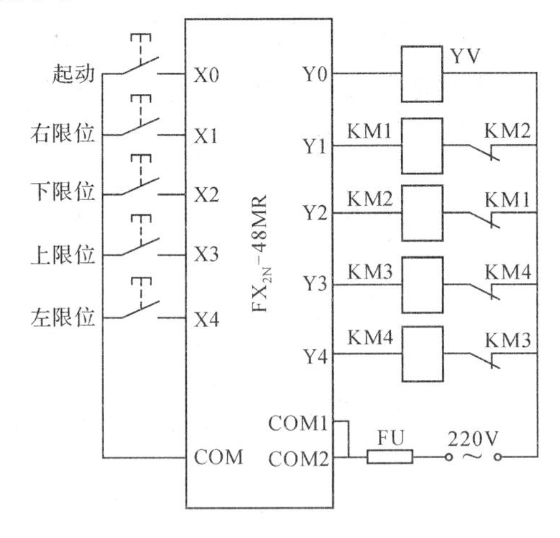

图 11-3　机械手 PLC 的外部接线图

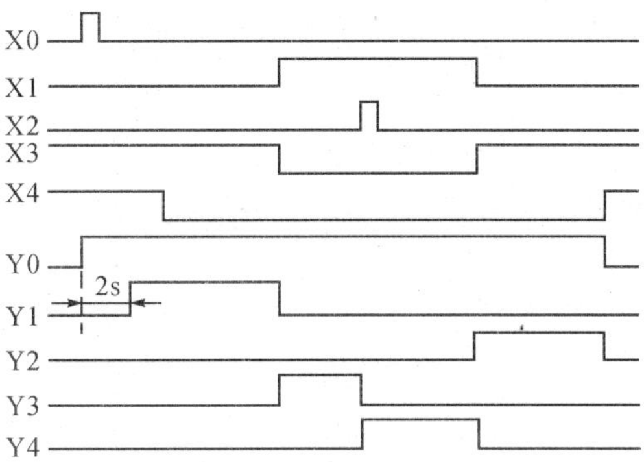

图 11-4　机械手时序图

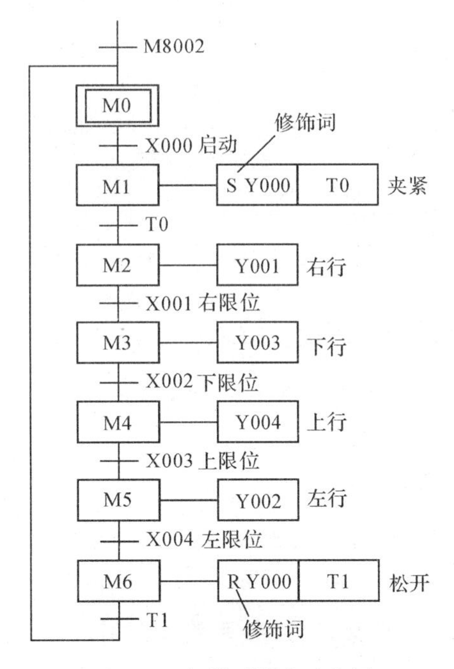

图 11-5　机械手顺序功能图

一、存储型命令和非存储型命令

在顺序功能图中说明命令的语句时应清楚地表明该命令是存储型的还是非存储型的。例如，某步的存储型命令“打开 1 号阀并保持”，是指该步为活动步时 1 号阀打开，该步为不活动步时 1 号阀继续打开；非存储型命令“打开 1 号阀”，是指该步为活动步时打开，为不活动步时关闭。如图 11-6 所示，步 M1 的命令 Y0 就是存储型命令，当步 M1 为活动步时 Y0 置位，该步为不活动步时 Y0 继续置位，除非在其他步中用复位指令将 Y0 复位（步 M6）。同理，步 M6 中的命令 Y0 也是存储型命令，当步 M6 为活动步时 Y0 复位，该步为不活动步时 Y0 继续复位，除非在其他步中用置位指令将 Y0 置位（步 M1）。

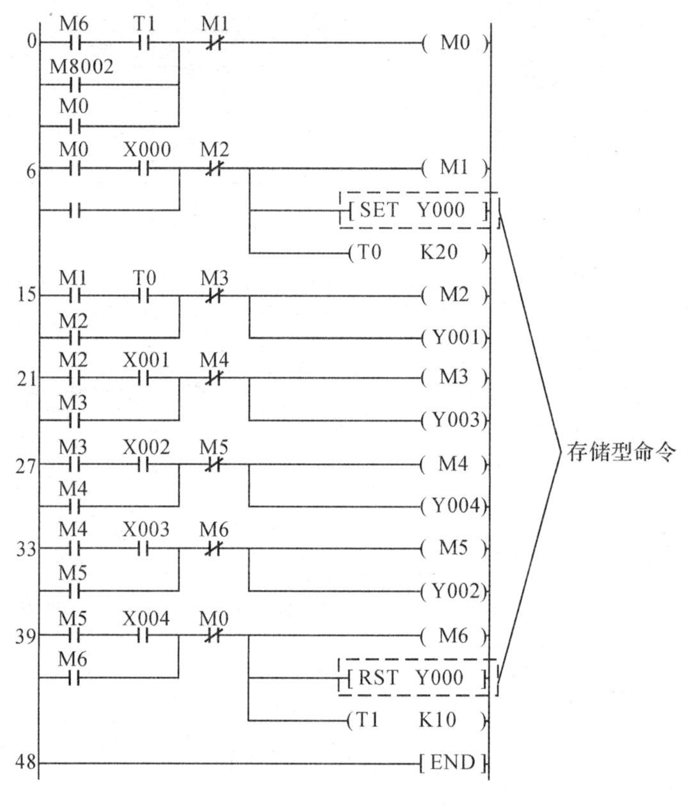

图 11-6　机械手梯形图

二、命令或动作的修饰词

在顺序功能图中说明存储型命令时可在命令或动作的前面加修饰词，例如，“R”、“S”。使用动作的修饰词（见表 11-2）可以在一步中完成不同的动作。修饰词允许在不增加逻辑的情况下控制动作。例如，可以使用修饰词“L”来限制配料阀打开的时间等。

表 11-2　动作的修饰词

N	非存储型	当步变为不活动步时动作终止
S	置位(存储)	当步变为不活动步时动作继续,直到动作被复位
R	复位	由被修饰词 S、SD、SL 或 DS 启动的动作被终止
L	时间限制	步变为活动步时动作被启动,直到步变为不活动步或设定时间到
D	时间延迟	步变为活动步时延迟定时器被启动,如果延迟之后步仍然是活动的,动作被启动和继续,直到步变为不活动步
P	脉冲	当步变为活动步,动作被启动并且只执行一次
SD	存储与时间延迟	在时间延迟之后动作被启动,一直到动作被复位
DS	延迟与存储	在延迟之后如果步仍然是活动的,动作被启动直到被复位
SL	存储与时间限制	步变为活动步时动作被启动,一直到设定的时间到或动作被复位

➢ 思考练习

如图 11-7 所示为剪床剪切板料示意图,初始状态时,压钳和剪刀在上限位置,X0 和 X1 为“1”状态。按下启动按钮 X7,工作过程如下:首先板料右行(Y0 为“1”状态)至限位开关 X3 处(X3 为“1”状态),然后压钳下行(Y1 为“1”状态并保持)。压紧板料后,压力继电器 X4 为“1”状态,压钳保持压紧,剪刀开始下行(Y2 为“1”状态)。剪断板料后,X2 变为“1”状态,压钳和剪刀同时上行(Y3 和 Y4 为“1”状态,Y1 和 Y2 为“0”状态),它们分别碰到限位开关 X0 和 X1 后,分别停止上行,均停止后,又开始下一周期的工作,剪完 5 块料后停止工作并停在初始状态。试列出 I/O 分配表,画出实现此功能的 PLC 的外部接线图、系统的顺序功能图或 SFC 图和梯形图,并调试程序。

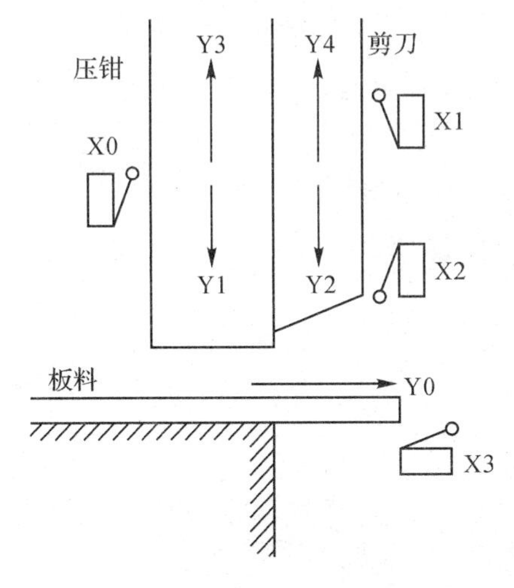

图 11-7　剪床剪切板料示意图

任务十二　用功能指令实现三相异步电动机的星三角降压启动能耗制动控制

➢ 任务目标

1. 掌握字元件、位组合元件;掌握传送类指令 MOV 的应用方法。
2. 会应用传送类指令编程,实现电动机运行的控制。
3. 学会用多种方法实现电机运行的控制,并熟练进行 PLC 程序设计、安装与调试。

➢ 任务描述

用功能指令实现电动机的星三角启动控制,要求如下:有 2 台电动机 M1、M2,要求 M1 先启动,M1 启动 5s 后,M2 才能启动;M2 要求采用星三角降压启动,M2 通电时绕组接成星形启动,当转速上升到一定程度后(定时 6s),M2 接成三角形运行,在启动过程中的每个状态时应具有一定的时间间隔。停止时 2 台电动机同时停止。

➢ 任务实施

一、训练器材

验电笔、螺钉旋具、尖嘴钳、万用表、PLC、PLC 模拟调试实训模块、连接导线。

二、预习内容

1. 熟悉电动机控制的工作原理。
2. 阅读知识链接内容。

技能训练

按设计要求列出 I/O 分配表,画出 PLC 的外部接线图,设计系统的梯形图,并进行安装调试。

表 12-1　评价标准

序号	主要内容	考核要求	评分标准	配分	扣分		得分	
					①	②	①	②
1	电路及程序设计	1. 根据给定的控制要求，列出 PLC 输入/输出(I/O)口元器件地址分配表；设计 PLC 输入/输出(I/O)口的接线图 2. 根据控制要求设计 PLC 的梯形图和指令表程序	1. PLC 输入/输出(I/O)地址遗漏或搞错，扣 5 分/处 2. PLC 输入/输出(I/O)接线图设计不全、设计有错，扣 5 分/处 3. 梯形图表达不正确或画法不规范，扣 5 分/处 4. 接线图表达不正确或画法不规范，扣 5 分/处 5. PLC 指令程序有错，扣 5 分/处	50				
2	程序输入及调试	1. 熟练操作 PLC 编程软件，能正确将所设计的程序输入 PLC 2. 按照被控设备的动作要求进行模拟调试，达到设计要求	1. 不会熟练操作 PLC 编程软件、输入程序，扣 10 分 2. 不会用删除、插入、修改等命令，扣 6 分/次 3. 缺少功能，扣 6 分/项	30				
3	通电试验	在保证人身安全和设备安全的前提下，通电试验一次成功	1. 第一次试车不成功，扣 10 分 2. 第二次试车不成功，扣 20 分 3. 第三次试车不成功，扣 30 分	20				
4	安全要求	1. 安全文明生产 2. 自觉在实训过程中融入 6S 理念 3. 有组织、有纪律、守时诚信	1. 违反安全文明生产规程，扣 5～40 分 2. 乱线敷设，加扣不安全分，扣 10 分 3. 工位不整理或整理不到位，扣 10～20 分 4. 随意走动，无所事事，不刻苦钻研，扣 10～20 分	倒扣				
备注	除了定额时间外，各项内容的最高分不应超过该项目的配分数；每超 5 分钟扣 5 分		合计	100				
定额时间	120 分钟	开始时间	结束时间		考评员签字			

➢ 知识链接

一、功能指令介绍

(一)位元件和字元件

在前面的单元中，已经介绍了输入继电器 X、输出继电器 Y、辅助继电器 M、状态继电器 S 等编程元件。这些软元件在可编程控制器内部反映的是“位”的变化，主要用于开关量信息的传递、变换及逻辑处理，称为“位元件”。而在 PLC 内部，由于应用指令的引入，需处理大量的数据信息，需设置大量的用于存储数值数据的软元件。例如，各种数据

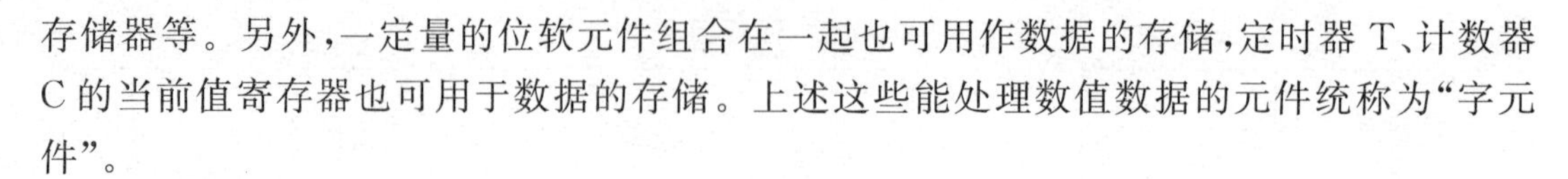

存储器等。另外，一定量的位软元件组合在一起也可用作数据的存储，定时器 T、计数器 C 的当前值寄存器也可用于数据的存储。上述这些能处理数值数据的元件统称为“字元件”。

（二）位组合元件

位组合元件是一种字元件。在可编程控制器中，人们常希望能直接使用十进制数据。FX_{2N}系列 PLC 中使用 4 位 BCD 码表示一位十进制数据，由此产生了位组合元件，它将 4 位位元件成组使用。位组合元件在输入继电器、输出继电器及辅助继电器中都有使用。位组合元件可表示为 KnX、KnY、KnM、KnS 等形式，式中 Kn 指有 n 组这样的数据。如 KnX0 是表示位组合元件是由从 X0 开始的 n 组位元件组合。若 n 为 1，则 K1X0 指 X3、X2、X1、X0 四位输入继电器的组合；若 n 为 2，则 K2X0 是指 X0～X7 八位输入继电器组合；若 n 为 4，则 K4X0 是指 X10～X17、X0～X7 十六位输入继电器的组合。

（三）应用指令的格式

功能指令也叫应用指令，与基本指令不同，应用指令不是表达梯形图符号间的相互关系，而是直接表达本指令的功能。FX_{2N}系列 PLC 在梯形图中使用功能框表示应用指令。如图 12-1(a)所示是应用指令的梯形图示例。图中，M8002 的常开触点是应用指令的执行条件，其后的方框即为功能框。功能框中分栏表示指令的名称、相关数据或数据的存储地址。这种表达方式的优点是直观、易懂。该例中指令的功能是：当 M8002 接通时，十进制常数 123 将被送到辅助继电器 M0～M7 中去，相当于用基本指令实现的程序，如图 12-1(b)所示。可见，完成同样任务时，用应用指令编写的程序要简练得多。

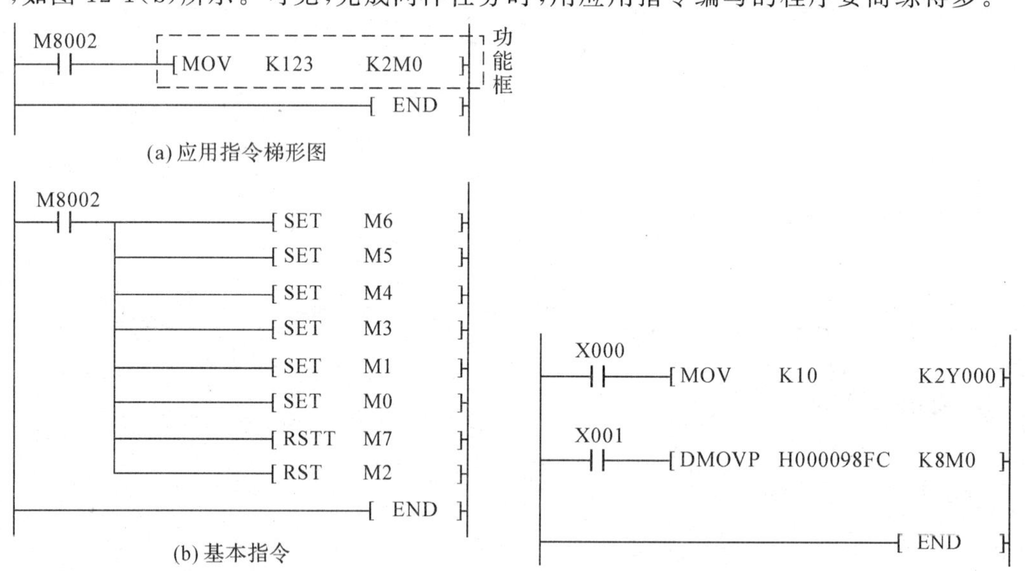

图2-1　用功能指令与基本指令实现同一功能的比较

图 12-2　说明助记符的梯形图

1. 编号

应用指令用编号 FNC00～FNC294 表示，并给出对应的助记符。例如，FNC12 的助记符是 MOV(传送)，FNC45 的助记符是 MEAN(平均)。若使用简易编程器时应键入

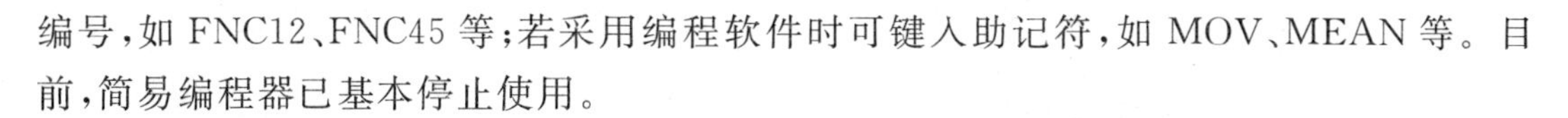

编号，如 FNC12、FNC45 等；若采用编程软件时可键入助记符，如 MOV、MEAN 等。目前，简易编程器已基本停止使用。

2. 助记符

指令名称用助记符表示，应用指令的助记符是该指令的英文缩写词。如传送指令“MOVE”简写为 MOV，加法指令“ADDITION”简写为 ADD，交替输出指令“ALTERNATE-OUTPUT”简写为 ALT。采用这种方式容易了解指令的功能。如图 12-2 所示梯形图中的助记符 MOV、DMOVP，其中 DMOVP 中的“D”表示数据长度，“P”表示执行形式。

3. 数据长度

应用指令按处理数据的长度分为 16 位指令和 32 位指令。其中 32 位指令在助记符前加“D”，助记符前无“D”的为 16 位指令，例如，MOV 是 16 位指令，DMOV 是 32 位指令。

4. 执行形式

应用指令有脉冲执行型和连续执行型两种。在指令助记符后标有“P”的为脉冲执行型，无“P”的为连续执行型，例如，MOV 是连续执行型 16 位指令，MOVP 是脉冲执行型 16 位指令，而 DMOVP 是脉冲执行型 32 位指令。脉冲执行型指令在执行条件满足时仅执行一个扫描周期，这点对数据处理有很重要的意义。例如，一条加法指令，在脉冲执行时，只将加数和被加数做一次加法运算。而连续型加法运算指令在执行条件满足时，每一个扫描周期都要相加一次。

5. 操作数

操作数是指应用指令涉及或产生的数据。有的应用指令没有操作数，大多数应用指令有 1～4 个操作数。操作数分为源操作数、目标操作数及其他操作数。源操作数是指令执行后不改变其内容的操作数，用[S]表示。目标操作数是指令执行后将改变其内容的操作数，用[D]表示。m 与 n 表示其他操作数，其他操作数常用来表示常数或者对源操作数和目标操作数作出补充说明，表示常数时，K 为十进制常数，H 为十六进制常数。某种操作数为多个时，可用下标数码区别，如[S_1]、[S_2]。

操作数从根本上来说，是参加运算数据的地址，地址是依元件的类型分布在存储区中的。由于不同指令对参与操作的元件类型有一定限制，因此，操作数的取值就有一定的范围。正确地选取操作数类型，对正确使用指令有很重要的意义。应用指令格式如图 12-3所示。

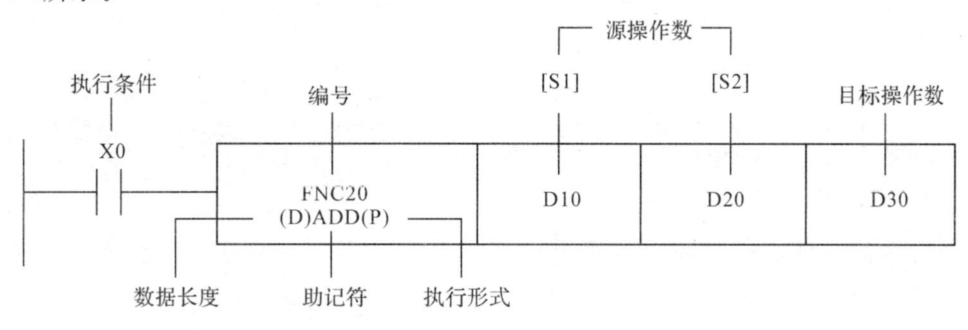

图 12-3　功能指令格式

6. 传送指令(MOV)

传送指令 MOV 的功能是将源数据传送到指定的目标。如图 12-2 所示，当 X0 为 ON 时，则将源数据十进制数 K10 传送到目标操作元件 K2Y0，即 Y7～Y0 分别输出 00001010。在指令执行时，常数 K10 会自动转换成二进制数。当 X0 为 OFF 时，MOV 指令不执行，数据保持不变。当 X1 为 ON 时，则将源数据十六进制数 H98FC 传送到目标操作元件 K8M0，即 M31～M0 分别为 0000，0000，0000，0000，1001，1000，1111，1100。同样在指令执行时，常数 H98FC 会自动转换成二进制数。当 X1 为 OFF 时，则 DMOVP 指令不执行，数据保持不变。

使用 MOV 指令时应注意：

(1)源操作数可取所有数据类型，目标操作数可以是 KnY、KnM、KnS、T、C、D、V、Z。

(2)16 位运算时占 5 个程序步，32 位运算时则占 9 个程序步。

二、举例说明

利用应用指令实现电动机的 Y－△启动控制。任务要求如下：

按电动机 Y－△启动控制要求，通电时电动机绕组接成 Y 形启动；当转速上升到一定程度，电动机绕组接成△形运行。另外，启动过程中的每个状态间应具有一定的时间间隔。为了实现任务，设置启动按钮为 X0，停止按钮为 X1；电路主接触器 KM1 接于输出口 Y0，电动机 Y 形接法接触器 KM2 接于输出口 Y1，电动机△形接法接触器 KM3 接于输出口 Y2，画出如图 12-4 所示接线图。

按照电动机 Y－△启动控制要求，通电时 Y0、Y1 应为 ON(传送常数为 1＋2＝3)，电动机 Y 形启动；当转速上升到一定程度，断开 Y0、Y1，接通 Y2(传送常数为 4)。然后接通 Y0、Y2(传送常数为 1＋4＝5)，电动机△形运行。停止时，各输出均为 OFF(传送常数为 0)。另外，启动过程中的每个状态间应有时间间隔，时间间隔由电动机启动特性决定，这里假设启动时间为 8s，Y－△转换时间为 2s，设计出梯形图如图 12-5 所示。

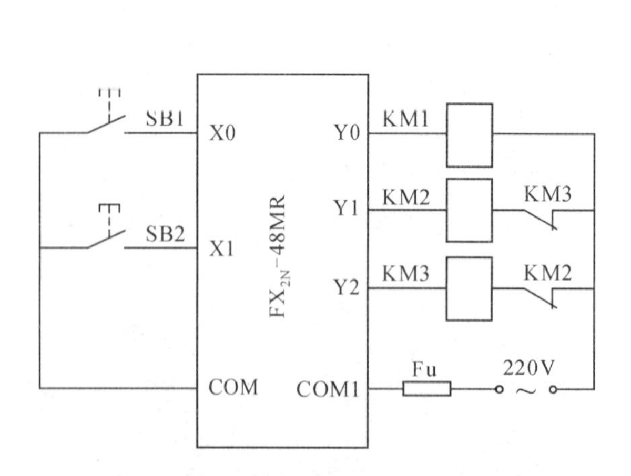

图 12-4 电动机的 Y－△启动控制接线图

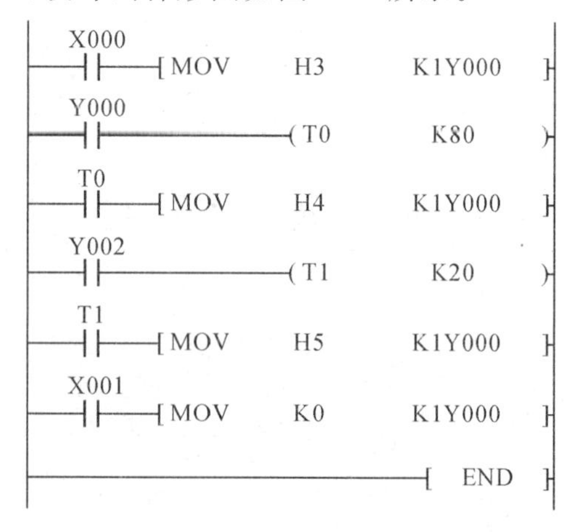

图 12-5 功能指令实现控制的梯形图

➢ 思考练习

1.8 个灯 L1～L8 排成一行，每过 1s 钟隔灯闪烁一次，即 L1、L3、L5、L7 点亮 1s，然后 L2、L4、L6、L8 点亮 1s，再 L1、L3、L5、L7 点亮 1s，然后 L2、L4、L6、L8 点亮 1s，如此循环往复。请用传送指令设计程序。

2.三台电动机相隔 5s 启动，各运行 10s 停止，如此循环往复。请用传送指令设计此程序完成控制要求。

任务十三　用功能指令实现信号灯闪光控制

➢ 任务目标

1. 掌握字元件、位组合元件、数据寄存器等；掌握传送类指令 MOV 的应用方法。
2. 会应用传送类指令编程，实现灯光、电动机运行的控制。
3. 学会用多种方法实现电机运行的控制，并熟练进行 PLC 程序设计、安装与调试。

➢ 任务描述

用功能指令实现两个信号灯的闪光控制，要求如下：两个灯的亮和暗的时间各相差 1 秒；改变输入口所接四个开关可改变闪光频率。

➢ 任务实施

一、训练器材

验电笔、螺钉旋具、尖嘴钳、万用表、PLC、PLC 模拟调试实训模块、连接导线。

二、预习内容

1. 熟悉信号灯控制的工作原理。
2. 阅读知识链接内容。

技能训练

按设计要求列出 I/O 分配表，画出 PLC 的外部接线图，设计出系统的梯形图，并进行安装调试。

表 13-1　评价标准

序号	主要内容	考核要求	评分标准	配分	扣分		得分	
					①	②	①	②
1	电路及程序设计	1. 根据给定的控制要求，列出 PLC 输入/输出(I/O)口元器件地址分配表；设计 PLC 输入/输出(I/O)口的接线图 2. 根据控制要求设计 PLC 的梯形图和指令表程序	1. PLC 输入/输出(I/O)地址遗漏或搞错，扣 5 分/处 2. PLC 输入/输出(I/O)接线图设计不全、设计有错，扣 5 分/处 3. 梯形图表达不正确或画法不规范，扣 5 分/处 4. 接线图表达不正确或画法不规范，扣 5 分/处 5. PLC 指令程序有错，扣 5 分/处	50				
2	程序输入及调试	1. 熟练操作 PLC 编程软件，能正确将所设计的程序输入 PLC 2. 按照被控设备的动作要求进行模拟调试，达到设计要求	1. 不会熟练操作 PLC 编程软件、输入程序，扣 10 分 2. 不会用删除、插入、修改等命令，扣 6 分/次 3. 缺少功能，扣 6 分/项	30				
3	通电试验	在保证人身安全和设备安全的前提下，通电试验一次成功	1. 第一次试车不成功，扣 10 分 2. 第二次试车不成功，扣 20 分 3. 第三次试车不成功，扣 30 分	20				
4	安全要求	1. 安全文明生产 2. 自觉在实训过程中融入 6S 理念 3. 有组织、有纪律、守时诚信	1. 违反安全文明生产规程，扣 5～40 分 2. 乱线敷设，加扣不安全分，扣 10 分 3. 工位不整理或整理不到位，扣 10～20 分 4. 随意走动，无所事事，不刻苦钻研，扣 10～20 分	倒扣				
备注	除了定额时间外，各项内容的最高分不应超过该项目的配分数；每超 5 分钟扣 5 分		合计	100				
定额时间	120 分钟	开始时间		结束时间		考评员签字		

➢ 知识链接

一、编程元件介绍

(一)数据寄存器(D)

数据寄存器(D)是用于存储数值数据的字元件，其数值可通过应用指令、数据存取单元(显示器)及编程装置读出与写入。这些寄存器都是 16 位的数值数据(最高位为符号位，可处理数值范围为－32768～＋32767)，如将 2 个相邻数据寄存器组合，可存储 32 位的数值数据(最高位为符号位，可处理数值范围为－2147483648～＋2147483647)。数据寄存器有以下几类：

1.通用数据寄存器(D0～D199,共200点)

通用数据寄存器一旦写入数据，只要不再写入其他数据，其内容就不会变化。但是，在PLC从运行到停止或停电时，所有数据将被清零(如果驱动特殊辅助继电器M8033，则可以保持)。

2.断电保持数据寄存器(D200～D7999共7800点)

只要不改写，无论PLC是从运行到停止，还是停电时，断电保持数据寄存器将保持原有数据。如采用并联通信功能时：当主站→从站时，则D490～D499被作为通信占用；当从站→主站时，则D500～D509被作为通信占用。

以上的设定范围是出厂时的设定值。数据寄存器的断电保持功能也可通过外围设备设定，实现通用↔断电保持的调整转换。

3.特殊数据寄存器(D8000～D8255,共256点)

特殊数据寄存器供监控机内元件的运行方式用。在电源接通时，利用系统只读存储器写入初始值。例如，在D8000中，存有监视定时器的时间设定值，它的初始值由系统只读存储器在通电时写入。要改变时可利用传送指令写入，如图13-1所示。

特殊数据寄存器的种类和功能见附录一。

必须注意的是：未定义的特殊数据寄存器不要使用。

4.文件寄存器(D1000～D7999)

文件寄存器以500点为单位，可被外围设备存取。文件寄存器实际上被设置为PLC的参数区，它与断电保持数据寄存器是重叠的，以保证数据不丢失。

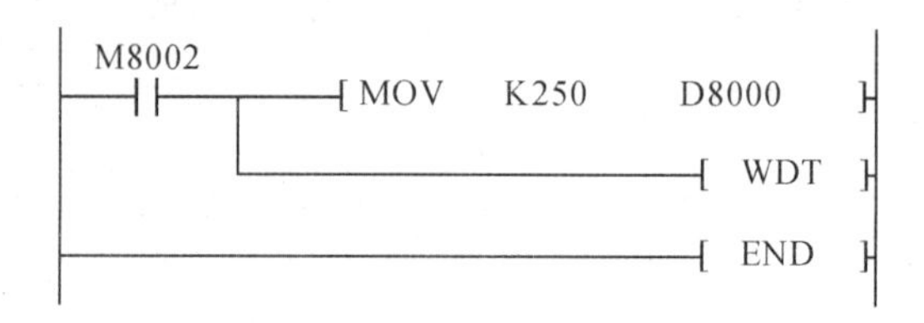

图13-1 特殊数据寄存器数据写入

(二)变址寄存器V、Z

变址寄存器V、Z和通用数据寄存器一样，是进行数值数据读、写的16位数据寄存器，主要用于运算操作数地址的修改。FX_{2N}变址寄存器的V和Z各8点，分别为V0～V7、Z0～Z7。

进行32位数据运算时，将两者结合使用，指定Z为低位，组合成为(V,Z)，如图13-2所示。如果直接向V写入较大的数据，易出现运算误差。

根据V与Z的内容修改元件地址号，称为元件的变址。可以用变址寄存器进行变址的元件是X、Y、M、S、P、T、C、D、K、H、KnX、KnY、KnM、KnS。

例如，如果V1＝6，则K20V1变为K26(20＋6＝26)；如果V3＝7，则K20V3变为K27(20＋7＝27)；如果V4＝12，则D10V4变为D22(10＋12＝22)。但是，变址寄存器不能修改V与Z本身或位数指定用的Kn参数。例如，K4M0Z2有效，而K0Z2M0无效。

变址寄存器应用如图13-3所示，执行该程序时，若X0为ON，则D15和D26的数据都为K20。

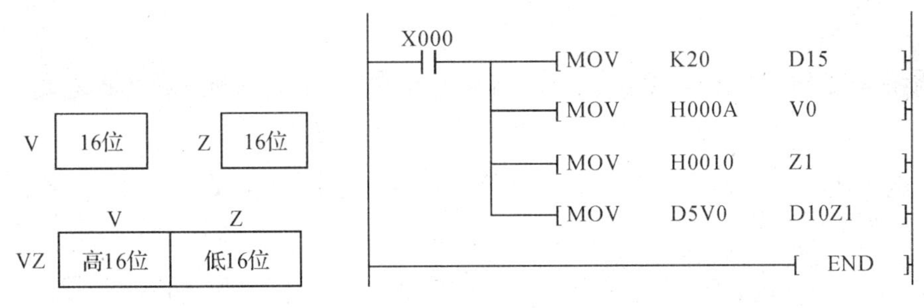

图13-2　变址寄存器的结合　　　　图13-3　变址寄存器的应用

（三）举例说明

利用功能指令构成一个闪光信号灯，4个置数开关分别接于X0～X3，X10为启停开关，启停开关X10选用带自锁的按钮，信号灯接于Y0。由此设计出的PLC接线图如图13-4(a)所示，其梯形图如图13-4(b)所示。图中第一行实现变址寄存器清零，通电时完成。第二行实现从输入口读入设定开关数据，变址综合后送到定时器T0的设定值寄存器D0，并和第三行配合产生D0时间间隔的脉冲。

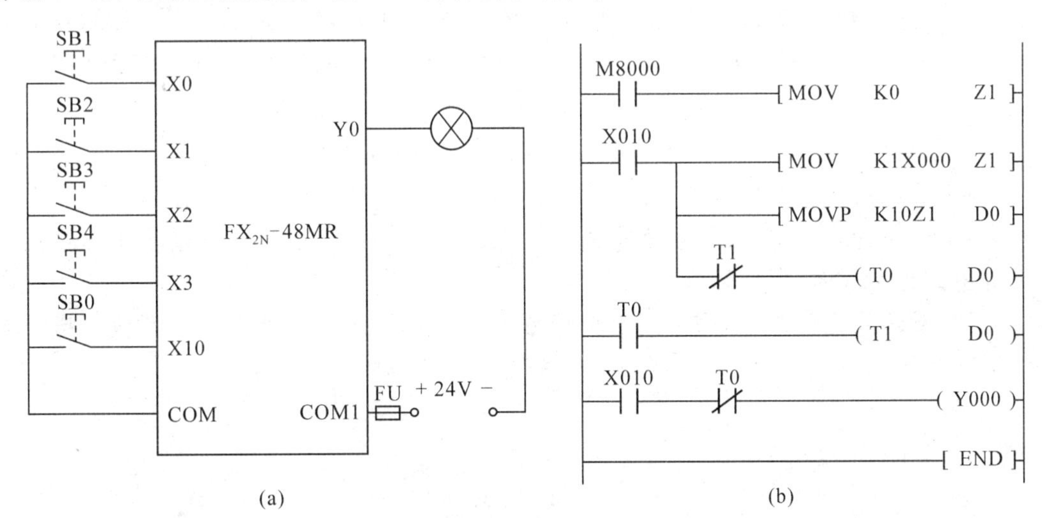

图13-4　闪光灯控制

二、功能指令介绍

(一)比较指令 CMP

比较指令 CMP 是比较两个源操作数[S1]和[S2]的代数值大小,并将结果送到目标操作数[D]~[D+2]中。CMP 指令的说明如图 13-5 所示。

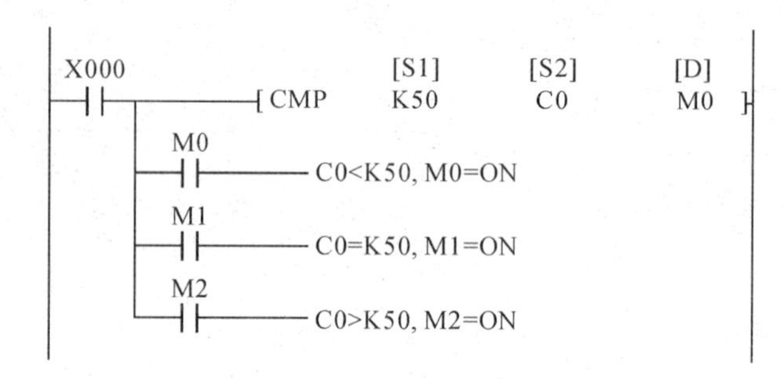

图 13-5 CMP 指令的说明

数据比较是指进行代数值大小的比较(即带符号比较)。所有的源数据均按二进制处理。如图 13-5 所示,在 X0 断开,即不执行 CMP 指令时,M0~M2 保持 X0 断开前的状态。在 X0 接通时,当 C0 的当前值小于十进制数 K50 时,M0 为 ON;当 C0 的当前值等于十进制数 K50 时,M1 为 ON;当 C0 的当前值大于十进制数 K50 时,M2 为 ON。

使用 CMP 指令时应注意:

(1)CMP 指令中的[S1]和[S2]可以是所有字元件,[D]为 Y、M、S。

(2)当比较指令的操作数不完整(若只指定一个或两个操作数),或者指定的操作数不符合要求(例如,把 X、D、T、C 指定为目标操作数),或者指定的操作数的元件号超出了允许范围等情况时,用比较指令就会出错。

(3)如要清除比较结果,需采用复位指令 RST,如图 13-6(a)所示。在不执行指令或需清除比较结果时,也要用 RST 或 ZRST 复位指令,如图 13-6(b)所示。

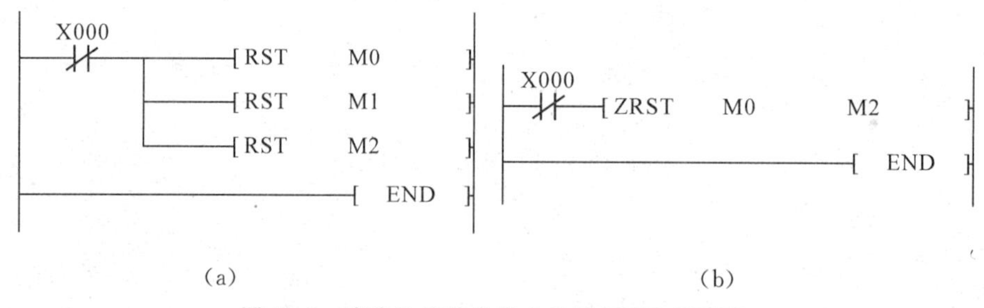

图 13-6 清除比较结果指令比较(RST、ZRST)

(二)区间复位指令(ZRST)

区间复位指令 ZRST 可将[D1]、[D2]指定的元件号范围内的同类元件成批复位,目标操作数可取 T、C 和 D(字元件)或 Y、M、S(位元件)。[D1]和[D2]指定的应为同一类元件,[D1]的元件号应小于[D2]的元件号。如果[D1]的元件号大于[D2]的元件号,则只有[D1]指定的元件被复位。

虽然ZRST指令是16位处理指令，但[D1]、[D2]也可以指定32位计数器。如图13-7所示，此梯形图的功能为将M0～M100共101位全部清零。

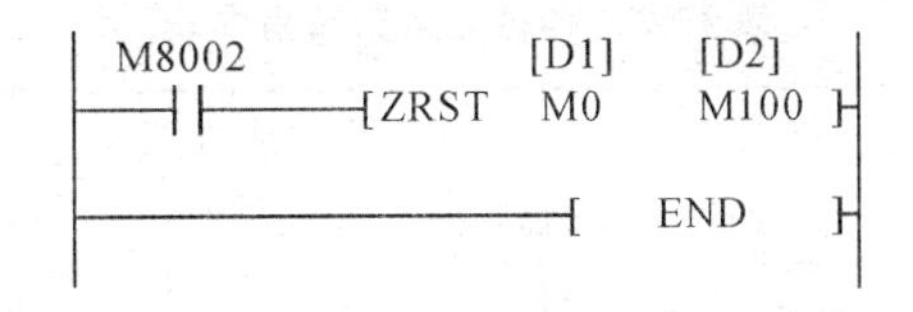

图13-7　ZRST指令说明

（三）区间比较指令（ZCP）

区间比较指令ZCP是将一个数据[S]与两个源数据[S1]和[S2]间的数据进行代数比较，并将比较结果送到目标操作数[D]～[D+2]中，ZCP指令说明如图13-8所示。

与CMP指令相同，ZCP指令的数据比较是进行代数值大小比较（即带符号比较）。所有的源数据均按二进制数处理。如图13-8所示，在X0断开时，ZCP指令不执行，M0～M2保持X0断开前的状态。在X0接通时，当C0的当前值小于K50时，M0为ON；当C0的当前值小于等于K100且大于等于K50时，M1为ON；当C0的当前值大于K100时，M2为ON。

使用ZCP指令时应注意：

(1)ZCP指令中的[S1]和[S2]可以是所有字元件，[D]为Y、M、S。

(2)源[S1]的内容比源[S2]的内容要小，如果[S1]比[S2]大，则[S2]应被看作与[S1]一样大。

(3)如要清除比较结果，需采用复位指令RST。在不执行指令，需清除比较结果时，也要用RST或ZRST复位指令。

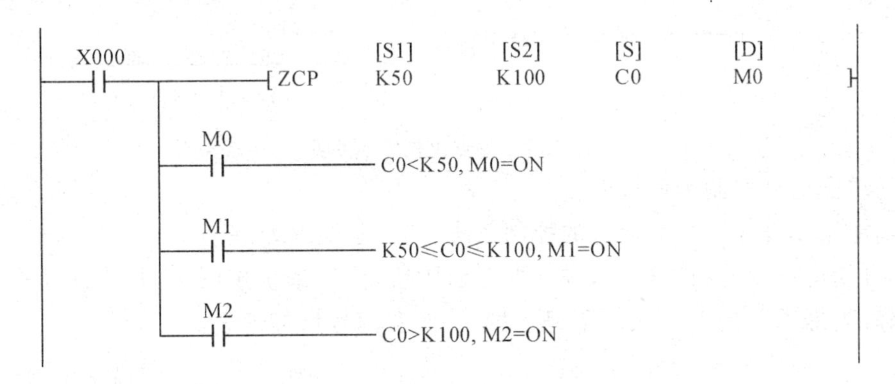

图13-8　ZCP指令说明

（四）触点型比较指令

FX_{2N}系列比较指令除了前面使用的比较指令CMP、区间比较指令ZCP外，还有触点型比较指令。触点型比较指令相当于一个触点，执行时比较源操作数[S1]和[S2]，满足比较条件则触点闭合。源操作数[S1]和[S2]可以取所有的数据类型。以LD开始的触点型比较指令接在左侧母线上，以 AND 开始的触点型比较指令应与其他触点或电路串联，以 OR 开始的触点型比较指令应与其他触点或电路并联，各种触点型比较指令如表 13-2 所示。

表 13-2　各种触点比较指令表

助记符	命令名称	助记符	命令名称
LD=	(S1) = (S2) 时，运算开始的触点接通	AND< >	(S1) ≠ (S2) 时，串联触点接通
LD>	(S1) > (S2) 时，运算开始的触点接通	AND< =	(S1) ≤ (S2) 时，串联触点接通
LD<	(S1) < (S2) 时，运算开始的触点接通	AND> =	(S1) ≥ (S2) 时，串联触点接通
LD< >	(S1) ≠ (S2) 时，运算开始的触点接通	OR=	(S1) = (S2) 时，并联触点接通
LD< =	(S1) ≤ (S2) 时，运算开始的触点接通	OR>	(S1) > (S2) 时，并联触点接通
LD> =	(S1) ≥ (S2) 时，运算开始的触点接通	OR<	(S1) < (S2) 时，并联触点接通
AND=	(S1) = (S2) 时，串联触点接通	OR< >	(S1) ≠ (S2) 时，并联触点接通
AND>	(S1) > (S2) 时，串联触点接通	OR< =	(S1) ≤ (S2) 时，并联触点接通
AND<	(S1) < (S2) 时，串联触点接通	OR> =	(S1) ≥ (S2) 时，并联触点接通

在图 13-9(a)中，当 C10 的当前值等于 20 时，Y0 被驱动，D200 的值大于十进制数 K－30 且 X0 为 ON 时，Y1 被 SET 指令置位。在图 13-9(b)中，当 X10 为 ON 且 D100 的值大于十进制数 K58 时，Y0 被 RST 指令复位，X1 为 ON 或十进制数 K10 大于 C0 的当前值时，Y1 被驱动。

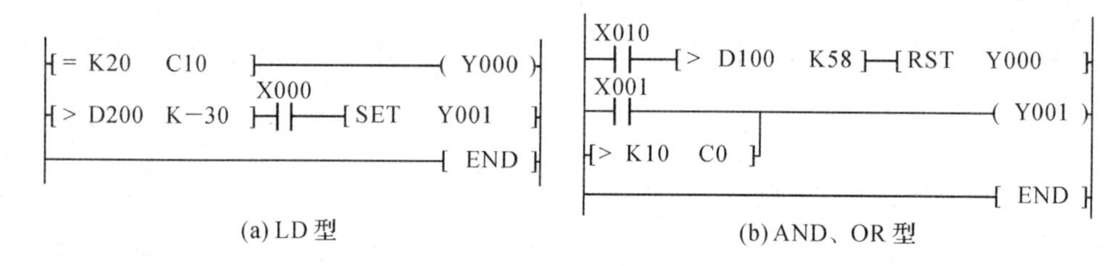

图 13-9　触点比较指令说明

以简单交通灯控制为例说明。

用功能指令设计一个交通灯的控制系统，其控制要求如下。

(1)自动运行。自动运行时，按一下起动按钮，信号系统按图 13-10-1 所示要求开始工作(绿灯闪烁周期为 1s)，按一下停止按钮，所有信号灯都熄灭。

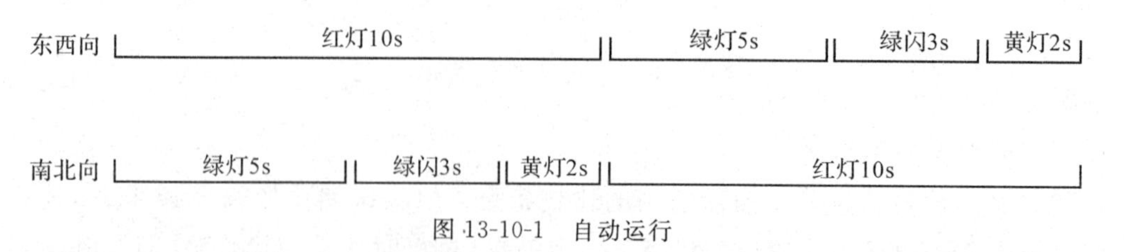

图 13-10-1　自动运行

(2)手动运行，手动运行时，两个方向的黄灯同时闪烁，周期为 1s。

I/O 分配如下：

X0：启动/停止按钮，X1：手动/关（带自锁型）；Y0：东西向绿灯，Y1：东西向黄灯，Y2：东西向红灯，Y4：南北向绿灯，Y5：南北向黄灯，Y6：南北向红灯。

程序设计：根据系统的控制要求及 I/O 分配，用触点比较指令进行编程，其梯形图如图 13-10-2 所示。

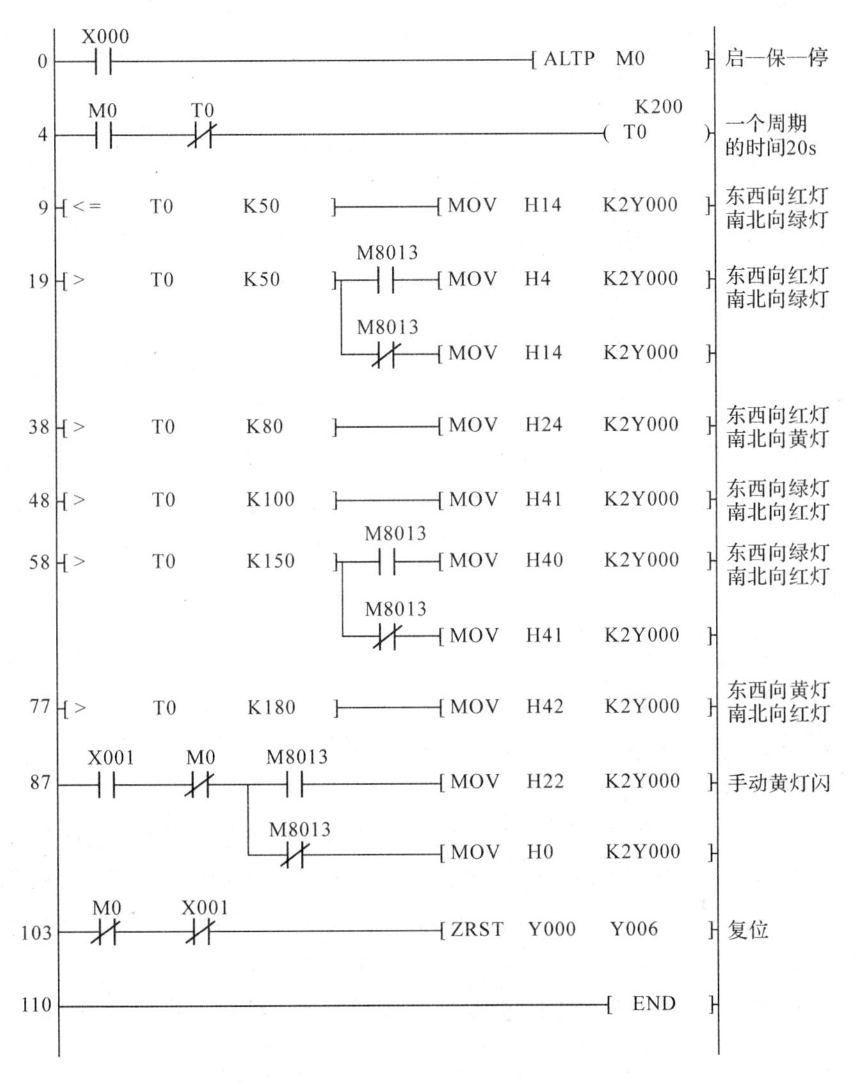

图 13-10-2　交通灯梯形图

（五）二进制数与 BCD 码变换指令

1. BCD 码到二进制变换指令（BIN）

BCD 码到二进制变换指令 BIN 是将源元件中的 BCD 码转换成二进制数并送到目标元件。其数值范围：16 位操作为 0～9999；32 位操作为 0～99999999。BIN 指令的使用方法如图 13-11-1 所示。当 X0 为 ON 时，将源元件 K2X0 中 BCD 码转换成二进制数送到目标元件 D10 中去。

使用 BIN 指令时应注意：

(1)如果源数据不是 BCD 码时，M8067 为 ON(运算错误)，M8068(运算错误锁存)不工作，为 OFF。

(2)由于常数 K 自动进行二进制变换处理，因此不可作为该指令的操作数。

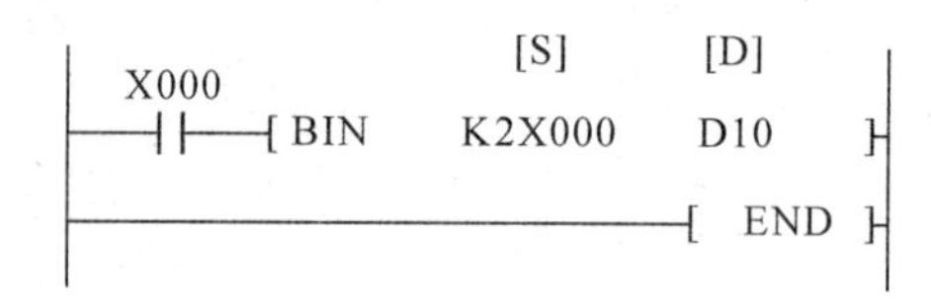

图 13-11-1　BIN 指令说明

2. 二进制数到 BCD 码变换指令(BCD)

二进制数到 BCD 码变换指令 BCD 是将源元件中的二进制数转换成 BCD 码并送到目标元件。BCD 变换指令的使用方法如图 13-11-2 所示。当 X0 为 ON 时，源元件 D10 中的二进制数转换成 BCD 码送到目标元件 Y7～Y0 中去。

使用 BCD 指令时应注意：

(1)如果是 16 位操作，变换结果超出 0～9999 的范围就会出错；如果是 32 位操作，变换结果超出 0～99999999 的范围就会出错。

(2)BCD 变换指令可用于 PLC 内的二进制数据变为七段显示等所需的 BCD 码。

```
                 [S]        [D]
 X000
─┤├──[BCD       D10       K2Y000  ]
─────────────────────────[ END    ]
```

图 13-11-2　BCD 指令说明

(六)数据交换指令 XCH

数据交换指令 XCH 是指在指定的目标软元件间进行数据交换。如图 13-12 所示，当 X0 为 ON 时，将十进制数 20 传送给 D0，十进制数 30 传送给 D1，所以 D0 和 D1 中的数据分别为 20 和 30；当 X1 为 ON 时，执行数据交换指令 XCH，目标元件 D0 和 D1 中的数据分别为 30 和 20，即 D0 和 D1 中的数据进行了交换。

使用 XCH 指令时应注意：XCH 指令一般要采用脉冲执行方式，否则在每一个扫描周期都要交换一次数据。

```
 X000
─┤├──┬──[MOVP    K20     D0   ]
     └──[MOVP    K30     D1   ]
 X001
─┤├─────[XCHP    D0      D1   ]
                 [D1]    [D2]
────────────────────[ END     ]
```

图 13-12　XCH 指令说明

（七）块传送指令 BMOV

块传送指令 BMOV 是指将源操作数指定的软元件开始的 n 点数据传送到指定的目标操作数开始的 n 点软元件中。如果元件号超出允许的元件号范围，数据仅传送到允许的范围内。如图 13-13 所示，如果 BMOV 指令执行前 D0～D2 中的数据分别为十进制数 100、200、300，则当 X0 为 ON 时，执行块传送指令 BMOV，目标元件 D10～D12 中的数据也变为 100、200、300，即将 D0～D2 中的数据传送给了 D10～D12。

使用 BMOV 指令时应注意：

（1）BMOV 指令中的源操作数与目标操作数是位组合元件时，源操作数与目标操作数要采用相同的位数，如图 13-14(a)所示。

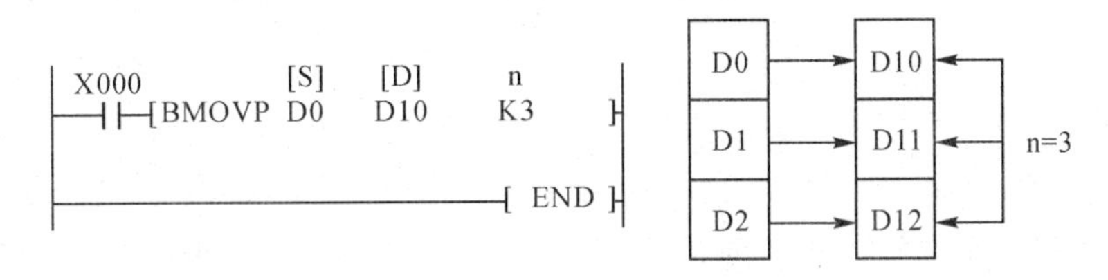

图 13-13　BMOV 指令说明

（2）在传送的源操作数与目标操作数的地址号范围重叠的场合，为了防止输送源数据没传送就被改写，PLC 会自动确定传送顺序，如图 13-14(b)中的①～③顺序。

（3）利用 BMOV 指令可以读出文件寄存器(D1000～D7999)中的数据。

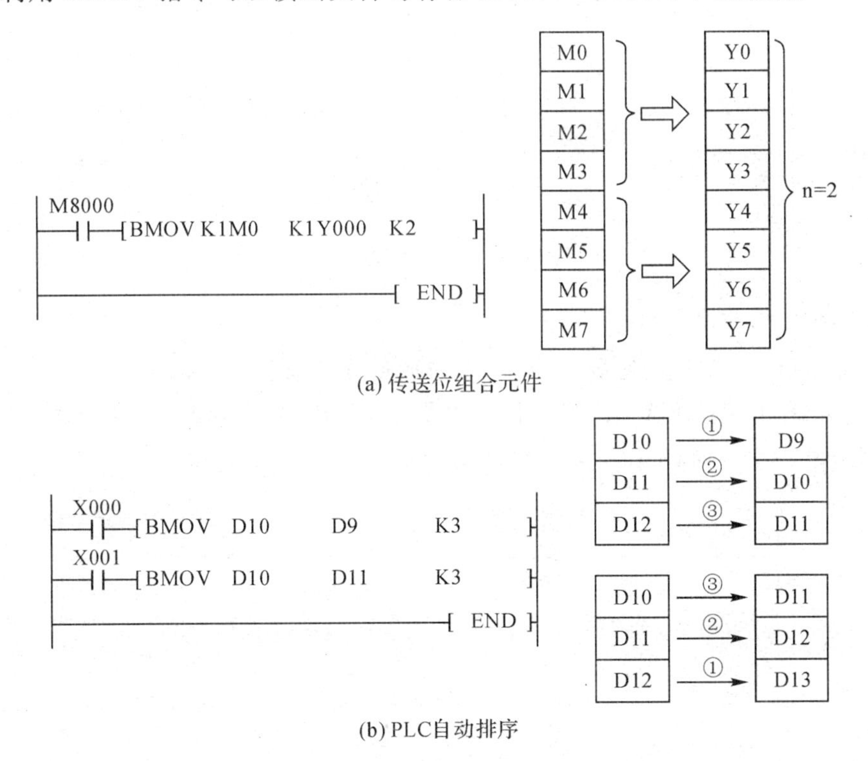

图 13-14　块传送指令说明

（八）多点传送指令(FMOV)

多点传送指令 FMOV 是将源操作数指定的软元件的内容向以目标操作数指定的软元件开始的 n 点软元件传送。如图 13-15 所示，指令作用是将 D0～D99 共 100 个软元件的内容全部置为 0。

如果元件号超出允许的元件号范围，数据将仅传送到允许的范围内。

X000
FMOV
[S]
K0
[D]
D0
n
K100
END

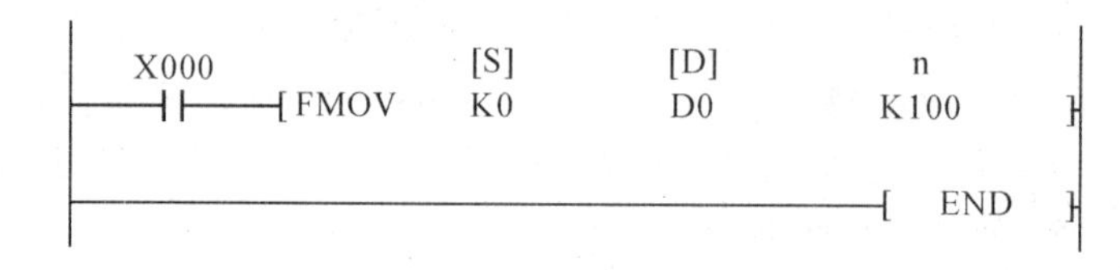

图 13-15　FMOV 指令说明

（九）移位传送指令(SMOV)

移位传送指令 SMOV 是将 4 位十进制源数据[S]中指定位数的数据，传送到 4 位十进制目的操作数中指定的位置。如图 13-16 所示，将源数据（二进制数）的 BCD 码变换值从其第 4 位（m1=4）起将其和其低位的共 2 位部分（m2=2）作为目标的第 3 位（n=3）的开头传送，并将其变为二进制数。假设 SMOV 指令执行前，D1 中的内容为 0011 1000 0111 0110，D2 中的内容为 1001 0001 0010 0100，则当 X0 为 ON 时 SMOV 指令执行，将 D1 中的第 4 位 0011 和其低位的 2 位部分（即 0011 1000）作为目标 D2 的第 3 位的开头传送，所以 D2 的内容变为 1001 0011 1000 0100，并将其变为二进制数。

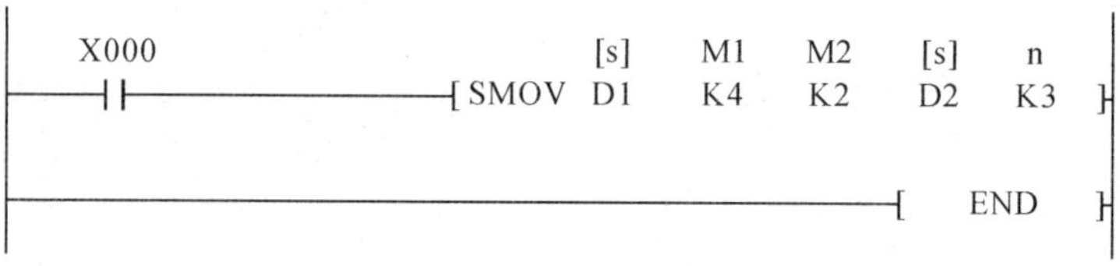

X000
SMOV
[s]
D1
M1
K4
M2
K2
[s]
D2
n
K3
END

图 13-16　SMOV 指令说明

（十）取反传送指令 CML

取反传送指令 CML 是将源元件[S]中的数据逐位取反（1→0，0→1），并传送到指定目标[D]。如图 13-17 所示，若 D0 中的数据在 CML 指令执行前为 1001 0001 0010 0100，则当 X0 为 ON 时，Y3～Y0 的数据变为 0110 1110 1101 1011。

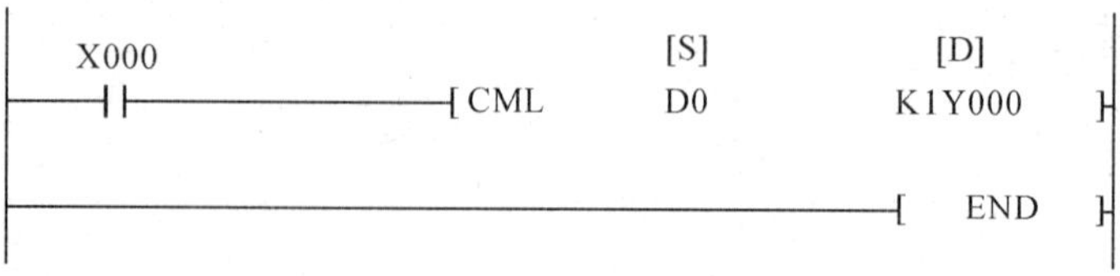

X000
CML
[S]
D0
[D]
K1Y000
END

图 13-17　CML 指令说明

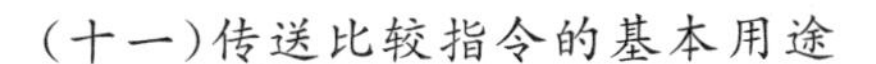

MOV、CMP 指令及 SMOV、CML、BMOV、FMOY、XCH、BCD、BIN 和 ZCP 指令统称为传送比较指令,它们是应用指令中使用最频繁的指令。它们的基本用途有以下几个方面。

(1)用来获得程序的初始工作数据。

一个控制程序总是需要初始数据。这些数据可以从输入端口上连接的外部器件获得,然后通过传送指令读取这些数据并送到内部单元;初始数据也可以用程序设置,即向内部单元传送立即数;另外,某些运算数据存储在机内的某个地方,等程序开始运行时通过初始化程序传送到工作单元。

(2)用来进行机内数据的存取管理。

在数据运算过程中,机内的数据传送是不可缺少的。因为数据运算可能要涉及不同的工作单元,数据需在它们之间传送;同时,运算还可能会产生一些中间数据,这些数据也需要传送到适当的地方暂时存放。另外,有时机内的数据需要备份保存,这就要找地方把这些数据存储妥当。总之,对一个涉及数据运算的程序,数据管理是很重要的。

(3)用来运算处理结果并向输出端口传送。

运算处理结果总是要通过输出实现对执行器件的控制。对于与输出口连接的离散执行器件,可成组处理后看作是整体的数据单元,按各口的目标状态送入相应的数据,以实现对这些器件的控制。

(4)用来比较指令以建立控制点。

控制现场常有将某个物理量的量值或变化区间作为控制点的情况。如温度低于某设定值打开电热器,速度高于或低于某值就报警,等等。作为一个控制“阀门”,比较指令常出现在工业控制程序中。

➢ 思考练习

1. 比较如图 13-18 所示梯形图的左右功能是否相同?

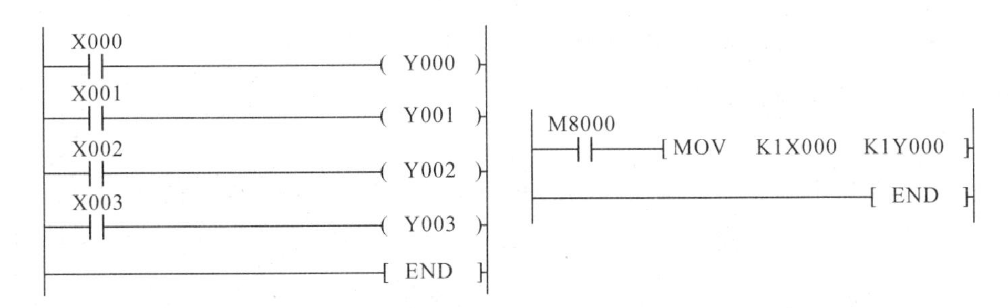

图 13-18　题 1 图

2. 设计程序实现下列功能:按下按钮 X1 时,分别将数据“2000.4.30”存入 D0～D2 中,每按下 X1 一次,保存一次数据。

任务十四　用功能指令实现彩灯控制

➢ 任务目标

1. 掌握字元件、位组合元件、数据寄存器等；掌握功能指令的应用方法。
2. 会应用功能指令编程，实现彩灯的控制。
3. 学会用多种方法实现电动机运行的控制，并熟练进行 PLC 程序设计、安装与调试。

➢ 任务描述

用功能指令实现十六个彩灯的控制，要求如下：要求用功能指令实现十六个彩灯正序亮至全亮、逆序熄至全灭，再从中间向两边亮至全亮，再从两边向中间熄至全灭，然后再做循环。

➢ 任务实施

一、训练器材

验电笔、螺钉旋具、尖嘴钳、万用表、PLC、PLC 模拟调试实训模块、连接导线。

二、预习内容

1. 熟悉彩灯控制要求和工作原理。
2. 阅读知识链接内容。

技能训练

按设计要求列出 I/O 分配表，画出 PLC 的外部接线图，设计系统的梯形图，并进行安装调试。

表 14-1　评价标准

序号	主要内容	考核要求	评分标准	配分	扣分		得分	
					①	②	①	②
1	电路及程序设计	1. 根据给定的控制要求，列出 PLC 输入/输出(I/O)口元器件地址分配表；设计 PLC 输入/输出(I/O)口的接线图 2. 根据控制要求设计 PLC 的梯形图和指令表程序	1. PLC 输入/输出(I/O)地址遗漏或搞错，扣 5 分/处 2. PLC 输入/输出(I/O)接线图设计不全、设计有错，扣 5 分/处 3. 梯形图表达不正确或画法不规范，扣 5 分/处 4. 接线图表达不正确或画法不规范，扣 5 分/处 5. PLC 指令程序有错，扣 5 分/处	50				
2	程序输入及调试	1. 熟练操作 PLC 编程软件，能正确将所设计的程序输入 PLC 2. 按照被控设备的动作要求进行模拟调试，达到设计要求	1. 不会熟练操作 PLC 编程软件、输入程序，扣 10 分 2. 不会用删除、插入、修改等命令，扣 6 分/次 3. 缺少功能，扣 6 分/项	30				
3	通电试验	在保证人身安全和设备安全的前提下，通电试验一次成功	1. 第一次试车不成功，扣 10 分 2. 第二次试车不成功，扣 15 分 3. 第三次试车不成功，扣 20 分	20				
4	安全要求	1. 安全文明生产 2. 自觉在实训过程中融入 6S 理念 3. 有组织、有纪律、守时诚信	1. 违反安全文明生产规程，扣 5～40 分 2. 乱线敷设，加扣不安全分，扣 10 分 3. 工位不整理或整理不到位，扣 10～20 分 4. 随意走动，无所事事，不刻苦钻研，扣 10～20 分	倒扣				
备注	除了定额时间外，各项内容的最高分不应超过该项目的配分数；每超 5 分钟扣 5 分		合计	100				
定额时间	120 分钟	开始时间		结束时间		考评员签字		

➢ 知识链接

一、加 1 指令(INC)

加 1 指令的说明如图 14-1 所示。当 X0 由 OFF→ON 时，由[D]指定的元件 D10 中的二进制数自动加 1。若用连续指令时，则每个扫描周期加 1。

16 位运算时，+32767 再加 1 就变为−32768，但标志不置位。同样，在 32 位运算时，+2147483647 再加 1 就为−2147483648，标志也不置位。

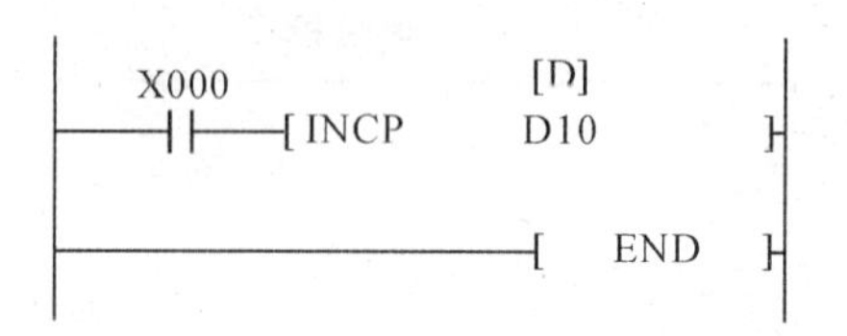

图 14-1　INC 指令说明

二、减 1 指令(DEC)

减 1 指令的说明如图 14-2 所示。当 X1 由 OFF→ON 变化时，由[D]指定的元件 D10 中的二进制数自动减 1。若用连续指令时，则每个扫描周期减 1。

在 16 位运算时，－32768 再减 1 就变为＋32767，但标志不置位。同样，在 32 位运算时，－2147483648 再减 1 就变为＋2147483647，标志也不置位。

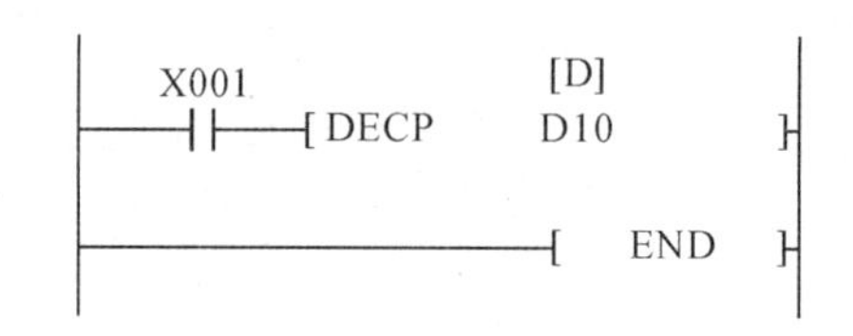

图 14-2　DEC 指令说明

三、逻辑字“与”指令(WAND)

逻辑字“与”指令的说明如图 14-3 所示。当 X0 为 ON 时，[S1]指定的 D10 和[S2]指定的 D12 内数据按各位对应，进行逻辑字“与”运算，结果存于由[D]指定的元件 D14 中。逻辑字“与”指令除了有 WAND 形式外，还有 DWAND、WANDP 和 DWANDP 三种形式。

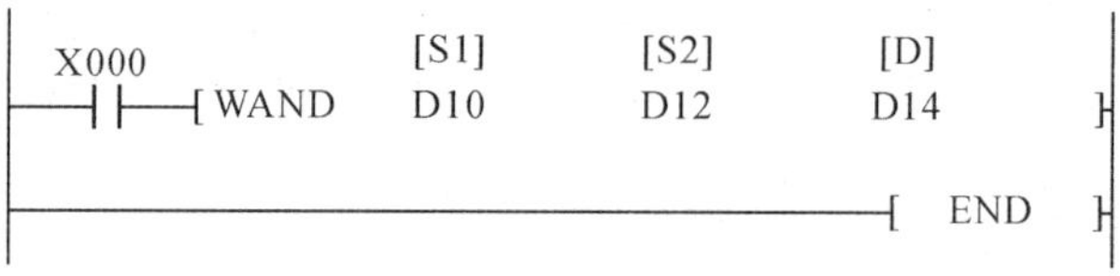

X000　WAND　[S1] D10　[S2] D12　[D] D14
END

图 14-3　WAND 指令说明

四、逻辑字“或”指令(WOR)

逻辑字“或”指令的说明如图 14-4 所示。当 X1 为 ON 时，[S1]指定的 D10 和[S2]指定的 D12 内数据按各位对应，进行逻辑字“或”运算，结果存于由[D]指定的元件 D14 中。逻辑字“或”指令除了有 WOR 形式外，还有 DWOR、WORP 和 DWORP 三种形式。

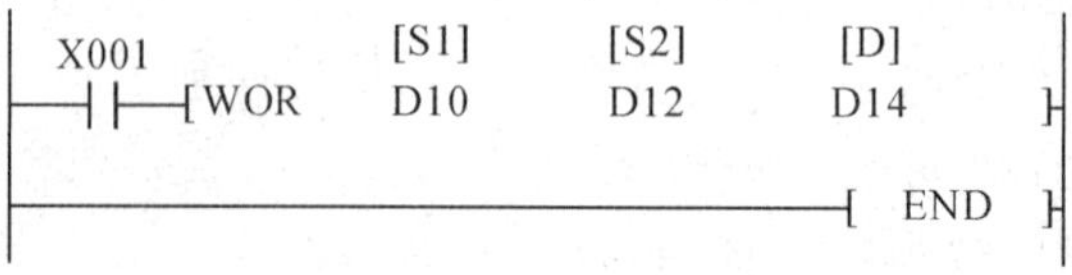

X001　WOR　[S1] D10　[S2] D12　[D] D14
END

图 14-4　WOR 指令说明

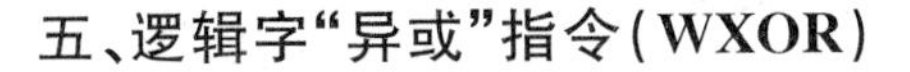

五、逻辑字“异或”指令(WXOR)

逻辑字“异或”指令的说明如图 14-5 所示。当 X2 为 ON 时，[S1]指定的 D10 和[S2]指定的 D12 内数据按各位对应，进行逻辑字“异或”运算，结果存于由[D]指定的元件 D14 中。逻辑字“异或”指令除了有 WXOR 形式外，还有 DWXOR、WXORP 和 DWXORP 三种形式。

六、求补指令(NEG)

求补指令 NEG 只有目标操作数，如图 14-6 所示。它将[D]指定的数的每一位取反后再加 1，结果存于同一元件。求补指令实际上是绝对值不变的变号操作。

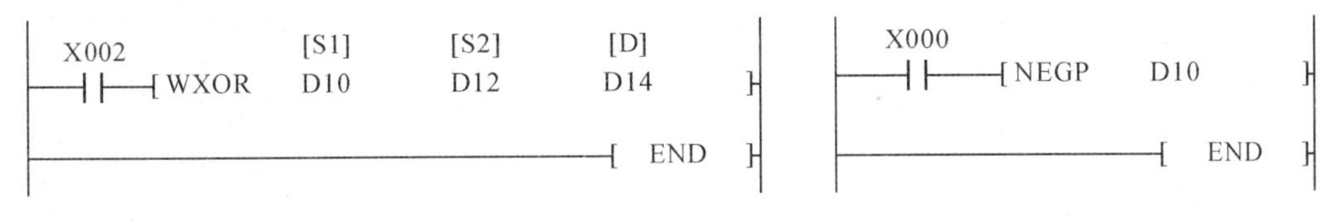

图 14-5　WXOR 指令说明　　　　图 14-6　NEG 指令说明

FX_{2N}系列 PLC 的负数用 2 的补码的形式来表示，最高位为符号位，正数时该位为 0，负数时该位为 1，将负数求补后得到它的绝对值。

某彩灯控制梯形图如图 14-7 所示，可以自行分析其功能。

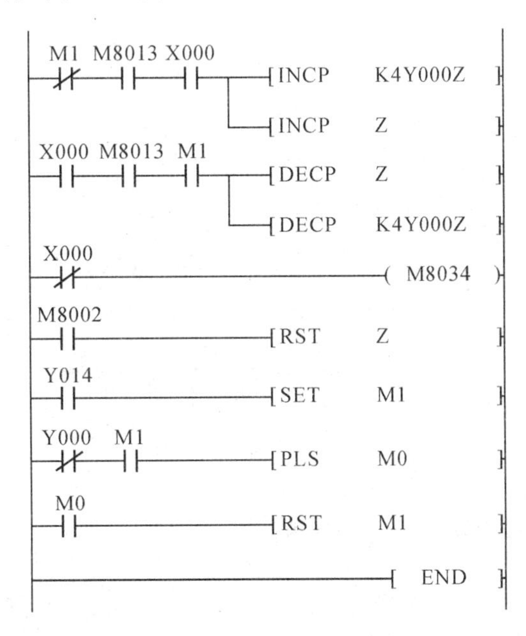

图 14-7　彩灯控制梯形图

七、循环右移指令(ROR)

循环移位是指数据在本字节或双字节内的移位，是一种环形移动。而非循环移位是线性的移位，数据移出部分会丢失，移入部分从其他数据获得。移位指令可用于数据的2倍乘处理，可以形成新数据或某种控制开关。

循环右移指令ROR能使16位数据、32位数据向右循环移位，如图14-8所示。当X4由OFF→ON时，[D]内各位数据向右移n位，最后一次从最低位移出的状态存于进位标志M8022中。若用连续指令执行时，循环移位操作每个周期执行一次。若[D]为指定位软元件，则只有K4(16位指令)或K8(32位指令)有效，如图14-12中的K4Y0。

八、循环左移指令(ROL)

循环左移指令ROL能使16位数据、32位数据向左循环移位，如图14-9所示。当X1由OFF→ON时，[D]内各位数据向左移n位，最后一次从最高位移出的状态存于进位标志M8022中。若用连续指令执行时，循环移位操作每个周期执行一次。若[D]为指定位软元件，则只有K4(16位指令)或K8(32位指令)有效。

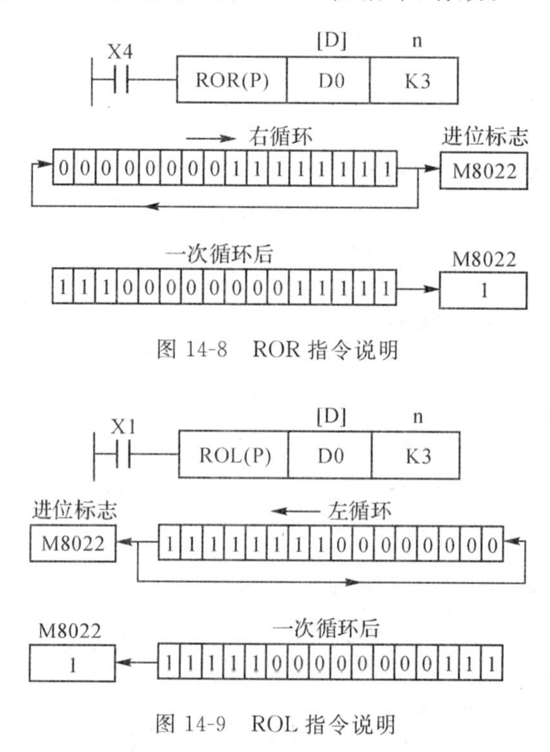

图14-8 ROR指令说明

图14-9 ROL指令说明

九、带进位的右循环移位指令(RCR)

带进位的右循环移位指令RCR的操作数和n的取值范围与循环移位指令相同。如图14-10所示，执行RCR时，各位的数据与进位位M8022一起(16位指令时一共17位)向右循环移动n位。在循环中移出的位送入进位标志，后者又被送回到目标操作数的另一端。

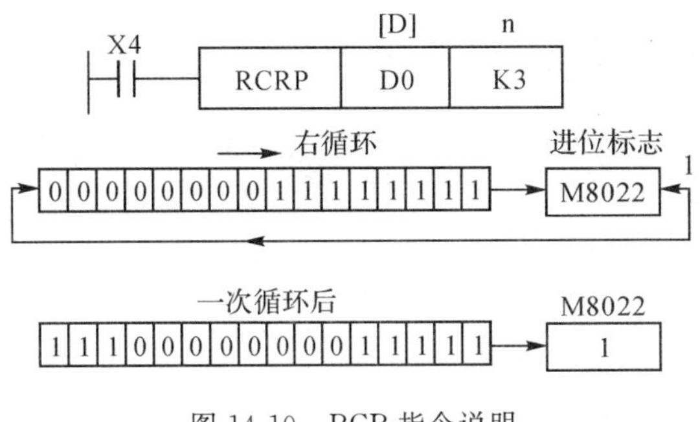

图 14-10　RCR 指令说明

十、带进位的左循环移位指令(RCL)

带进位的左循环移位指令 RCL 的操作数和 n 的取值范围与循环移位指令相同。如图 14-11 所示，执行时，各位的数据与进位位 M8022 一起(16 位指令时一共 17 位)向左循环移动 n 位。在循环中移出的位送入进位标志，后者又被送回到目标操作数的另一端。

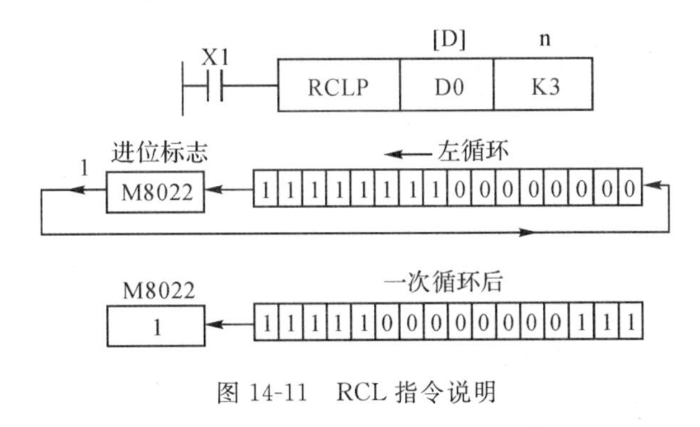

图 14-11　RCL 指令说明

某流水灯控制梯形图如图 14-12 所示，可以自行分析其功能。

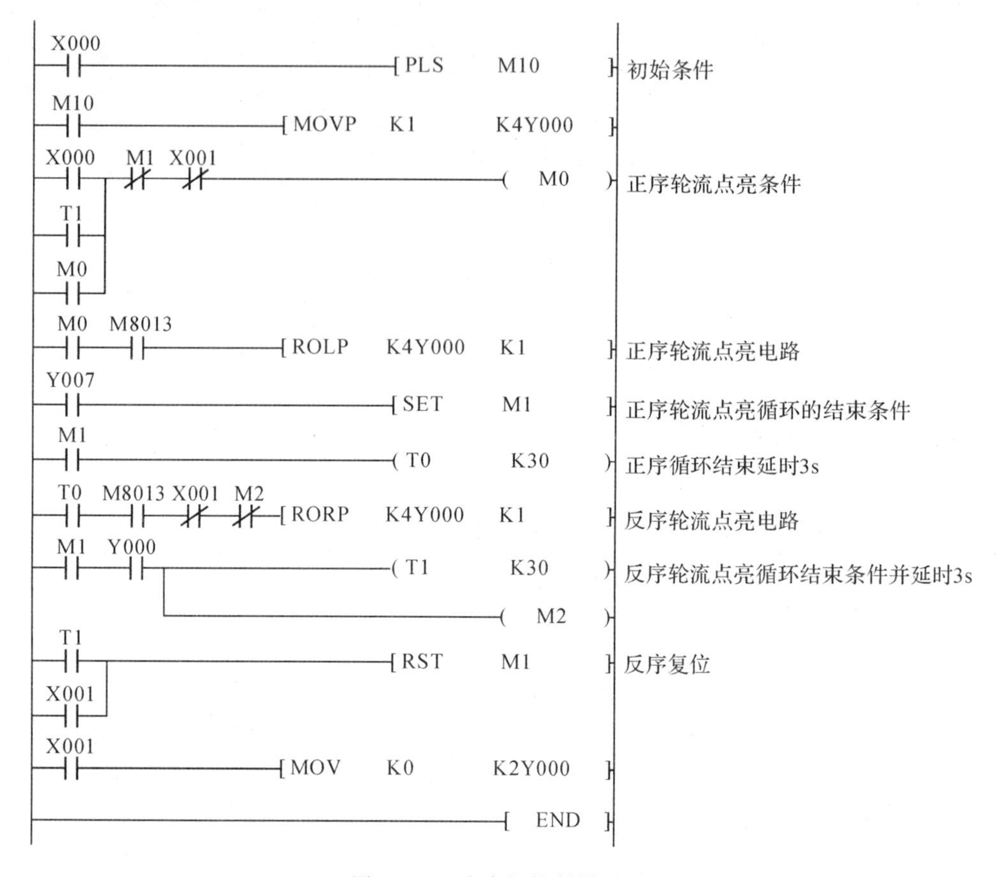

图 14-12　流水灯控制梯形图

➢ 思考练习

1. 某机场装有 12 只指示灯，接于 K4Y0。在一般情况下，有的指示灯是亮的，有的指示灯是灭的。但机场有时需将灯全部打开，有时也需将灯全部关闭。请设计梯形图，分别用一个开关控制所有灯的打开和熄灭。

2. 当 X1 为 ON 时，16 个灯 L1～L16 每隔 1s 点亮一次，点亮顺序为 L2、L1→L3、L2→L4、L3→…→L16、L15→L15、L14→L14、L13→…→L2、L1，重复上述过程。当 X0 为 ON 时，停止工作。请设计出实现此功能的程序并调试。

任务十五　用 PLC 实现步进电动机控制

➢ 任务目标

1. 熟练掌握移位指令和脉冲输出指令的应用方法。

2. 会应用移位指令和脉冲输出指令实现步进电动机及其他的控制。

3. 学会用多种方法实现步进电动机的控制，并熟练进行 PLC 程序设计、安装与调试。

➢ 任务描述

在现代化的生产中，经常要用到控制电动机，如步进电动机、伺服电动机等，掌握步进电动机的控制方法是中高级以上的电气工作人员在专业能力上的基本要求，下面我们来设计一个用 PLC 控制步进电动机的控制程序。其控制要求如下：设置 X1 为开关，X2 为加速按钮，X3 为减速按钮，步进电动机为三相步进电动机，设计以三相三拍为工作方式的步进电动机控制程序。

设计要求如下：

(1)用移位指令实现步进电动机的控制。

(2)用脉冲输出指令实现步进电动机的控制。

➢ 任务实施

一、训练器材

验电笔、尖嘴钳、斜口钳、剥线钳、螺钉旋具、万用表、PLC、步进电动机及步进电驱动器、连接导线。

二、预习内容

1. 预习步进电动机的工作原理。

2. 预习步进电动机的驱动电路的工作原理。

3. 阅读知识链接的内容。

技能训练

按设计要求列出 I/O 分配表，画出 PLC 的外部接线图，设计系统的梯形图，并进行

安装调试。

表 15-1 评价标准

序号	主要内容	考核要求	评分标准	配分	扣分		得分	
					①	②	①	②
1	电路及程序设计	1. 根据给定的控制要求，列出 PLC 输入/输出(I/O)口元器件地址分配表；设计 PLC 输入/输出(I/O)口的接线图 2. 根据控制要求设计 PLC 的梯形图和指令表程序	1. PLC 输入/输出(I/O)地址遗漏或搞错，扣 5 分/处 2. PLC 输入/输出(I/O)接线图设计不全、设计有错，扣 5 分/处 3. 梯形图表达不正确或画法不规范，扣 5 分/处 4. 接线图表达不正确或画法不规范，扣 5 分/处 5. PLC 指令程序有错，扣 5 分/处	50				
2	程序输入及调试	1. 熟练操作 PLC 编程软件，能正确将所设计的程序输入 PLC 2. 按照被控设备的动作要求进行模拟调试，达到设计要求	1. 不会熟练操作 PLC 编程软件、输入程序，扣 10 分 2. 不会用删除、插入、修改等命令，扣 6 分/次 3. 缺少功能，扣 6 分/项	30				
3	通电试验	在保证人身安全和设备安全的前提下，通电试验一次成功	1. 第一次试车不成功，扣 10 分 2. 第二次试车不成功，扣 20 分 3. 第三次试车不成功，扣 30 分	20				
4	安全要求	1. 安全文明生产 2. 自觉在实训过程中融入 6S 理念 3. 有组织、有纪律、守时诚信	1. 违反安全文明生产规程，扣 5～40 分 2. 乱线敷设，加扣不安全分，扣 10 分 3. 工位不整理或整理不到位，扣 10～20 分 4. 随意走动，无所事事，不刻苦钻研，扣 10～20 分	倒扣				
备注	除了定额时间外，各项内容的最高分不应超过该项目的配分数；每超 5 分钟扣 5 分		合计	100				
定额时间	120 分钟	开始时间		结束时间		考评员签字		

➢ 知识链接

一、步进电动机

步进电动机有两种基本的形式：可变磁阻型和混和型。步进电动机的基本工作原理，结合图 15-1 的结构示意图进行叙述。

如图 15-1 所示是四相可变磁阻型的步进电动机结构示意图。这种电动机定子上有八个凸齿，每一个齿上有一个线圈。线圈绕组的连接方式是对称齿上的两个线圈进行反相连接。八个齿极构成四对,所以称为四相步进电动机。如图 15-2 所示为六个齿极构成三对,所以称为三相步进电动机。

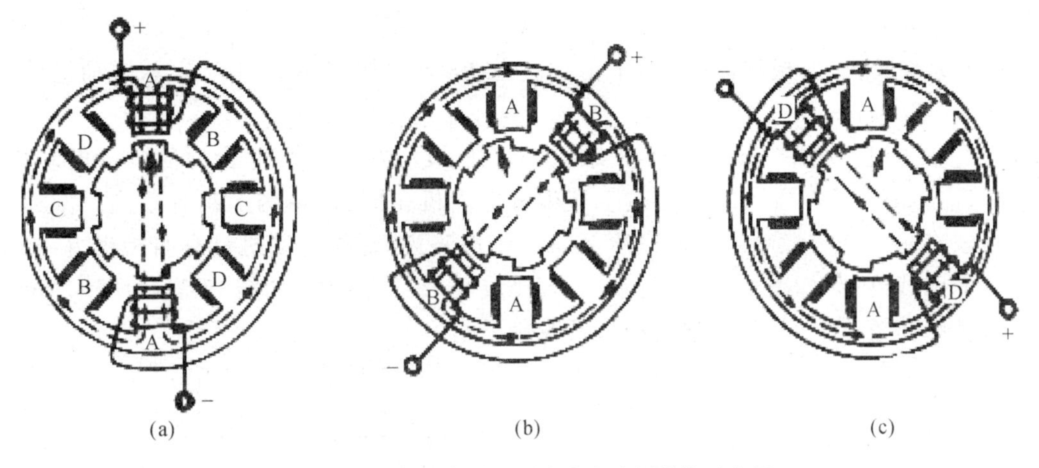

图 15-1　四相可变磁阻型步进电动机结构示意图

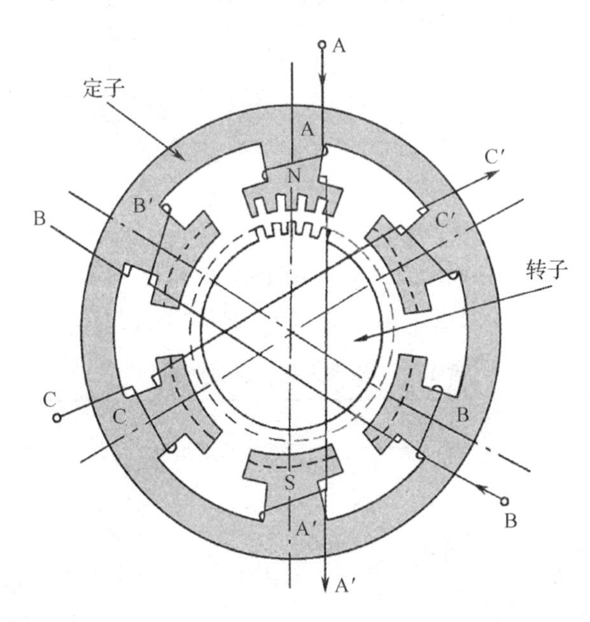

图 15-2　三相步进电动机结构示意图

四相可变磁阻型步进电动机的工作原理如下:

当有一相绕组被激励时,磁通从正相齿,经过软铁芯的转子,并以最短的路径流向负相齿,而其他六个凸齿并无磁通。为使磁通路径最短,在磁场力的作用下,转子被强迫移动,使最近的一对齿与被激励的一相对准。图 15-1(a)中 A 相是被激励的绕组(即有脉冲信号经过 A 相绕组),转子上大箭头所指向的那个齿,与正向的 A 齿对准。从这个位置再对 B 相进行激励,如图 15-1 中的(b),转子向顺时针转过 15°。若是 D 相被激励,如图 15-1 中的(c),则转子为逆时针转过 15°。下一步是 C 相被激励。因为 C 相有两种可能性:A—B—C—D 或 A—D—C—B,前者为顺时针转动,后者为逆时针转动。但每步都使转子转动 15°。电动机步长(步距角)是步进电动机的主要性能指标之一,不同的应用场合,对步长大小的要求不同。改变控制绕组数(相数)或极数(转子齿数),可以改变步长的大小。它们之间的相互关系,可由下式计算:

$$L\theta=360P\times N$$

式中:$L\theta$ 为步长;P 为相数;N 为转子齿数。在图 15-1 中,步长为 15°,表示电动机转一圈需要 24 步。

混合步进电动机的工作原理:在实际应用中,最流行的还是混合型的步进电动机。工作原理与如图 15-1 所示的可变磁阻型步进电动机相同,但结构上稍有不同。例如它的转子嵌有永磁铁。激励磁通平行于 X 轴。一般来说,这类电动机具有四相绕组,有八个独立的引线终端,如图 15-3(a)所示,或者接成两个三端形式,如图 15-3(b)所示。每相用双极性晶体管驱动,并且连接的极性要正确。

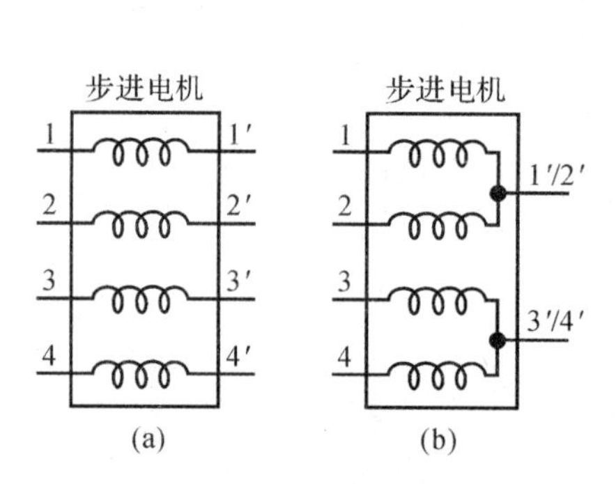

图 15-3　四相步进电动机标准接线图

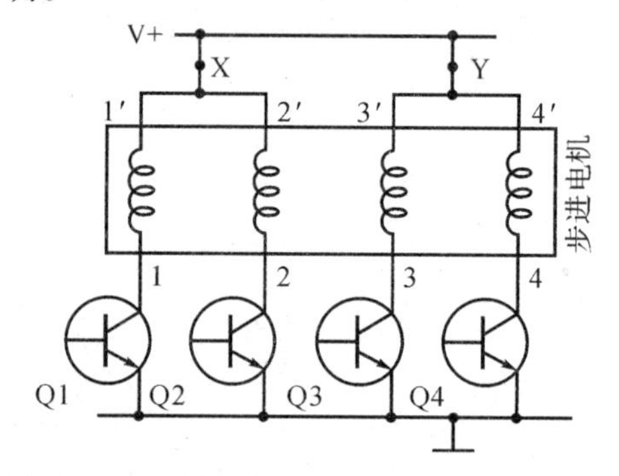

图15-4　晶体管驱动步进电动机基本电路

如图 15-4 所示的电路为四相混合型步进电动机晶体管驱动电路的基本方式,它的驱动电压是固定的。表 15-2 列出了全部步进开关的逻辑时序。

表 15-2　步进开关的逻辑时序一

步进 NO	Q1	Q2	Q3	Q4
0	ON	OFF	ON	OFF
1	OFF	ON	ON	OFF
2	OFF	ON	OFF	ON
3	ON	OFF	OFF	ON
4	ON	OFF	ON	OFF
5	OFF	ON	ON	OFF

值得注意的是,电动机步进为 1—2—3—4 的顺序。在同一时间,有两相被激励。但是 1 相和 2 相、3 相和 4 相绝对不能同时激励。

四相混合型步进电动机,有一特点很有用处。它可以用半步方式驱动,就是说,在某一时间,步进角仅前进一半。其用单个混合或用双向开关即可实现,这种逻辑时序由表 15-3 列出。

四相混合型步进电动机,也能工作于比额定电压高的情况,用串联电阻进行降压即可。因为 1 相和 2 相、3 相和 4 相是不会同时工作的,所以每对仅一个降压电阻,串接在图 15-4 中的 X 和 Y 点之间。因此,额定电压为 6V 的步进电动机,就可以工作在 12V 的电源下，这时需串一个 6W、6Ω 的电阻。

表 15-3　步进开关的逻辑时序二

步进 NO	Q1	Q2	Q3	Q4
0	ON	OFF	ON	OFF
1	ON	OFF	OFF	OFF
2	ON	OFF	OFF	ON
3	OFF	OFF	OFF	ON
4	OFF	ON	OFF	ON
5	OFF	ON	OFF	OFF
6	OFF	ON	ON	OFF
7	OFF	OFF	ON	OFF
8	ON	OFF	ON	OFF
9	ON	OFF	OFF	OFF

步进电动机的控制系统示意图如图 15-5 所示。

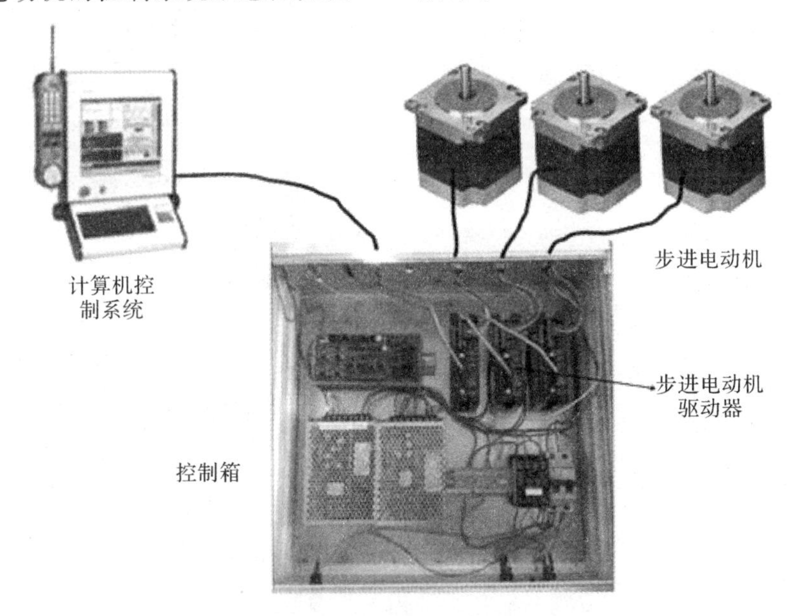

图 15-5　步进电动机控制系统

步进电动机的外形如图 15-6 所示。

图 15-6　步进电动机外形

步进电动机的内部结构如图 15-7 所示。

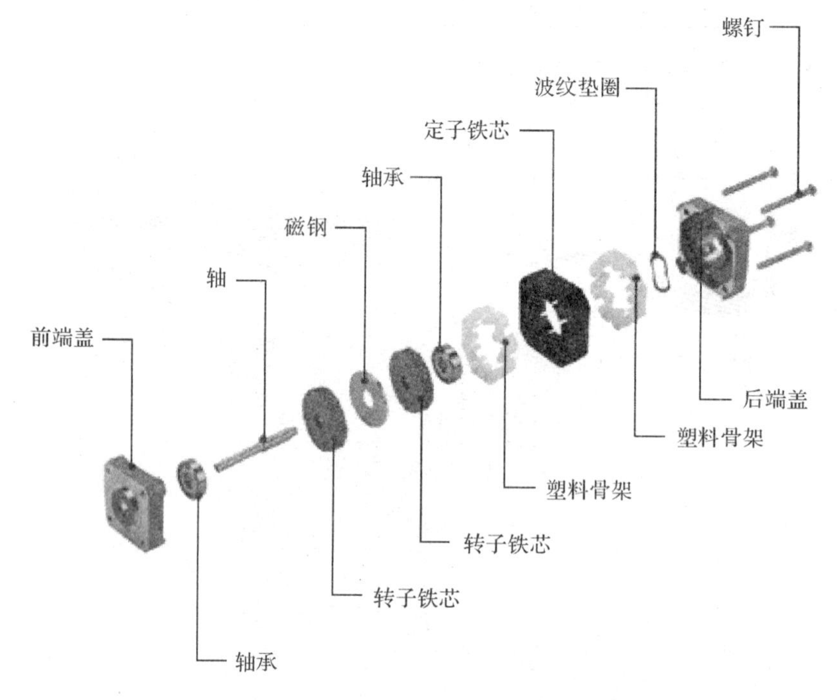

图 15-7　步进电动机内部结构

步进电动机的驱动器外形如图 15-8 所示。

图 15-8　步进电动机驱动器外形

步进电动机和驱动器连接示意图如图 15-9 所示。

图 15-9　步进电动机和驱动器连接示意图

二、功能指令的介绍

(一)位右移指令(SFTR)

位右移指令 SFTR 是把 n1 位[D]所指定的位元件和 n2 位[S]所指定位的元件的位进行右移的指令,要求 n2≤n1≤1024,如图 15-10 所示。每当 X10 由 OFF→ON 时,[D]内(M0～M15)各位数据连同[S]内(X0～X3)4 位数据向右移 4 位,即(M3～M0)→溢出,(M7～M4)→(M3～M0),(M11～M8)→(M7～M4),(M15～M12)→(M11～M8),(X3～X0)→(M15～M12)。

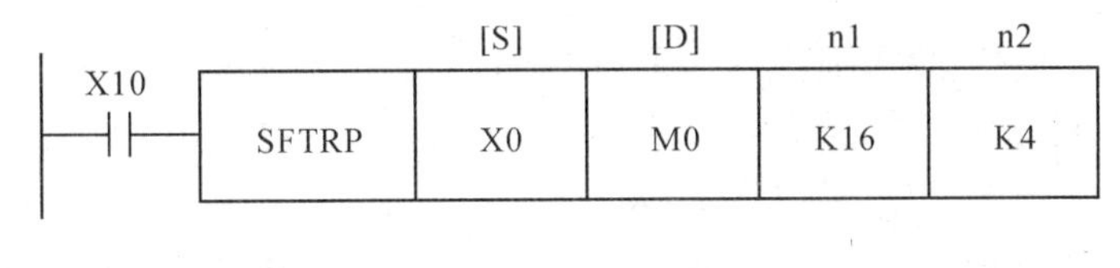

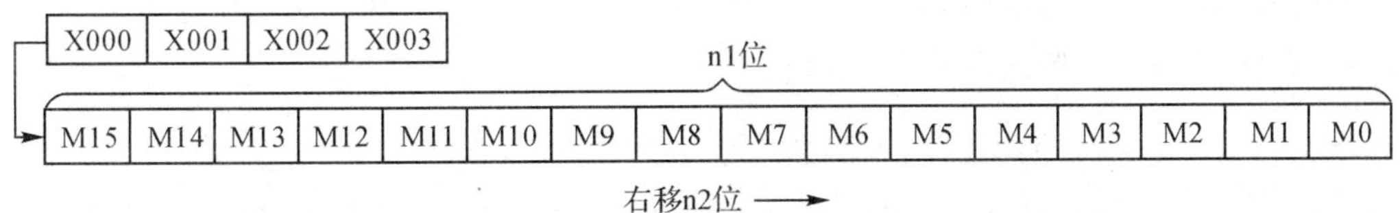

图 15-10　SFTR 指令说明

(二)位左移指令(SFTL)

位左移指令 SFTL 是把 n1 位[D]所指定的位元件和 n2 位[S]所指定位的元件的位

进行左移的指令,要求 n2≤n1≤1024。如图 15-11 所示,每当 X10 由 OFF→ON 时,[D]内(M0～M15)各位数据连同[S]内(X0～X3)4 位数据向左移 4 位。

说明:位右或左移指令用脉冲执行指令时,指令执行取决于 X10 由 OFF→ON 的变化;而用连续指令执行时,移位操作在每个扫描周期执行一次。

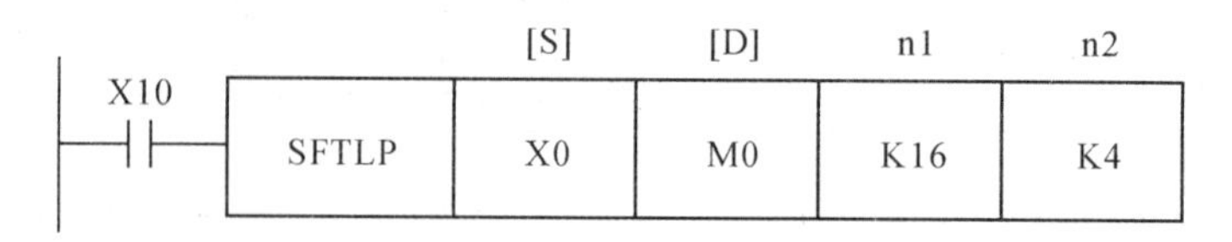

图 15-11　SFTL 指令说明

(三)字右移指令(WSFR)

字右移指令 WSFR 是把[D]所指定的 n1 位字的字元件与[S]所指定的 n2 位字的字元件进行右移的指令,要求 n2≤n1≤512。如图 15-12 所示,每当 X0 由 OFF→ON 时,[D]内(D10～D25)16 字数据连同[S]内(D0～D3)4 字数据向右移 4 位,即(D13～D10)→溢出,(D17～D14)→(D13～D10),(D21～D18)→(D17～D14),(D25～D22)→(D21～D18),(D3～D0)→(D25～D22)。

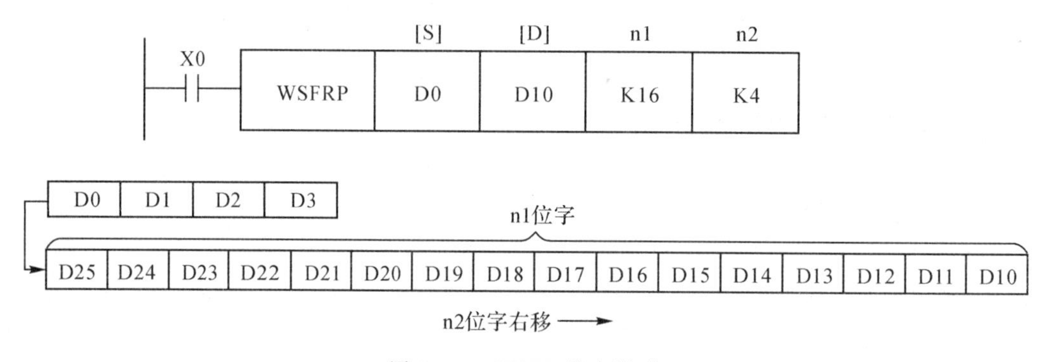

图 15-12　WSFR 指令说明

(四)字左移指令(WSFL)

字左移指令 WSFL 是把[D]所指定的 n1 位字的字元件与[S]所指定的 n2 位字的字元件进行左移的指令,要求 n2≤n1≤512。如图 15-13 所示,每当 X0 由 OFF→ON 时,[D]内(D10～D25)16 字数据连同[S]内(D0～D3)4 字数据向左移 4 位。

说明:用脉冲执行指令时,指令在 X0 由 OFF→ON 变化时执行;而用连续指令执行时,移位操作在每个扫描周期执行一次。

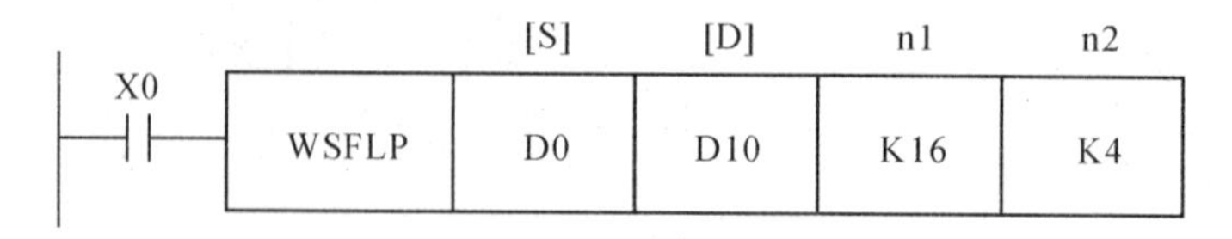

图 15-13　WSFL 指令说明

（五）移位寄存器写入指令（SFWR）

移位寄存器又称为 FIFO（先进先出）堆栈，堆栈的长度范围为 2～512 字。

移位寄存器写入指令 SFWR 是先进先出控制的数据写入指令，如图 15-14 所示。当 X0 由 OFF→ON 时，将[S]所指定的 D0 的数据存储在 D2 内，[D]所指定的指针 D1 的内容变为 1。若改变了 D0 的数据，当 X0 再由 OFF→ON 时，又将 D0 的数据存储在 D3 中，D1 的内容变为 2。依此类推，D1 内的数为数据存储点数。如超过 n－1，则变成无法处理，这时进位标志 M8022 动作。如是连续指令执行时，则在每个扫描周期执行一次。

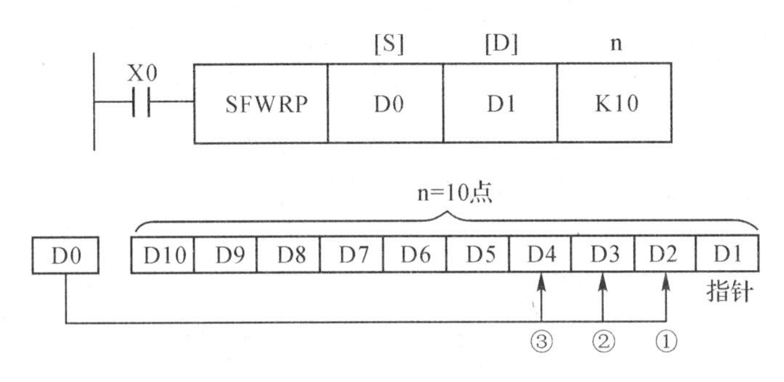

图 15-14　SFWR（FIFO 写入）指令说明

（六）移位寄存器读出指令（SFRD）

移位寄存器读出指令 SFRD 是先进先出控制的数据读出指令。如图 15-15 所示，当 X0 由 OFF→ON 时，将 D2 的数据传送到 D20 内，与此同时，指针 D1 的内容减 1，D3～D10 的数据向右移。当 X0 再由 OFF→ON 时，即原 D3 中的内容传送到 D20 内，D1 的内容再减 1。依此类推，当 D1 的内容为 0，则上述操作不再执行，零标志 M8020 动作。如果是连续指令执行时，则在每个扫描周期按顺序向右移传送执行一次。

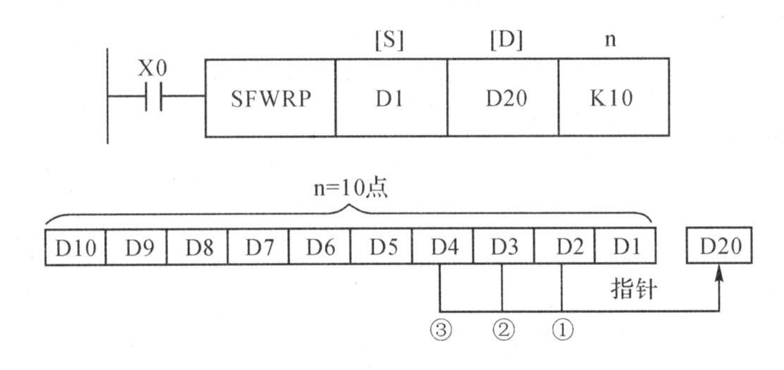

图 15-15　SFRD（FIFO 读出）指令说明

例如，要求设计一个控制步进电动机的梯形图。要求能正反转和有增减速功能。

按要求先进行 I/O 分配，本例中 X0 为启动按钮，X1 为正反转转换开关（X1 为 OFF 时正转；X1 为 ON 时反转），X2 为减速按钮，X3 为增速按钮，脉冲序列通过 Y10～Y12 送出。要求采用晶体管输出型 PLC。

由此设计出的梯形图如图 15-16 所示，其中采用积算定时器 T246 为脉冲发生器，产生移位脉冲，其设定值为 K2～K500，定时值为 2～500 ms，这样步进电动机可获得 500～2 步/s 的变速范围。T0 为脉冲发生器设定值调整时间限制。

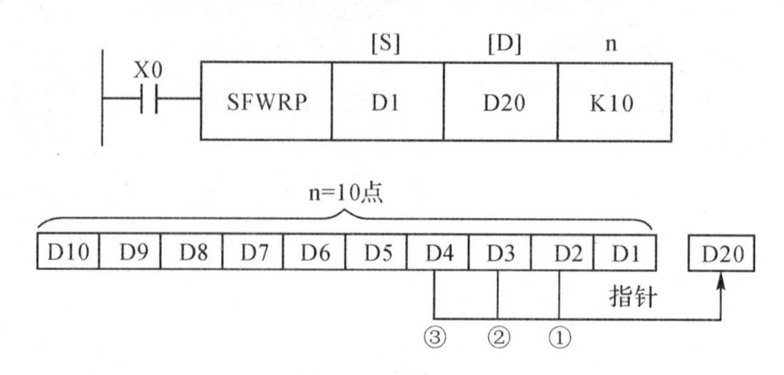

图 15-16　步进电动机控制梯形图

1. 初始化程序

程序开始运行时，D0 设置初始值为 K500，M1、M0、Y11 置为 ON。

2. 步进电动机正转

按下 X0，启动定时器 T246，D0 初始值 K500 作为定时器 T246 的设定值，当 X1 为 OFF 时，T246 每完成一次定时，就会按照 M0 的值形成正序脉冲序列 101→011→110→101→011→110→…，即在 T246 的作用下最终形成 101、011、110 的三拍循环。

3. 步进电动机反转

X1 为 ON 时，T246 每完成一次定时时，就会按照 M0 的值形成反序脉冲序列 101→110→011→101→110→011→…，即在 T246 的作用下最终形成 101、110、011 的三拍循环。

4. 减速调整

X2 为减速按钮。当按下 X2 时，定时器 T246 的设定值 D0 增加，即 T246 定时值增加，每秒步数减小，于是步进电动机转速变小。

5. 增速调整

X3 为增速按钮。当按下 X3 时，定时器 T246 的设定值 D0 减小，即 T246 定时值减小，每秒步数增加，于是步进电动机转速变大。

三、脉冲输出指令的介绍

（一）脉冲输出指令

脉冲输出指令的名称、指令代码、助记符、操作数、程序步如表 15-4 所示。

表 15-4　脉冲输出指令说明

指令名称	指令代码位数	助记符	操作数		程序步
			[S1.]/[S2.]	[D.]	
脉冲输出指令	FNC57(16/32)	PLSY(D)、PLSY	K、H、KnX、KnY、KnM、KnS、T、C、D、V、Z	只能指定晶体管型 Y000 或 Y001	PLSY:7 步 PLSY(D):13 步

脉冲输出指令可用于指定频率、产生定量脉冲的场合。使用说明如图 15-17 所示。图中[S1・]用于指定频率,范围为 2～20kHz;[S2・]用于指定产生脉冲的数量,16 位指令指定范围为 1～32767,32 位指令指定范围为 1～2147483647。[D・]用以指定输出脉冲的 Y 号(仅限于晶体管型 Y000、Y001),输入脉冲的高低电平各占一半。指令的执行条件 X010 接通时,脉冲串开始输出,X010 中途中断时,脉冲输出停止,再次接通时,从初始状态开始动作。设定脉冲量输出结束时,指令执行结束标志 M8029 动作,脉冲输出停止。当设置输出脉冲总数为 0 时即为连续脉冲输出。[S1・]中的内容在指令执行中可以变更,但[S2・]的内容不能变更。输出口 Y000 输出脉冲的总数存于 D8140(下位)、D8141(上位)中,Y001 输出脉冲总数存于 D8142(下位)、D8143(上位)中,Y000 及 Y001 两输出口已输出脉冲的总数存于 D8136(下位)、D8137(上位)中。

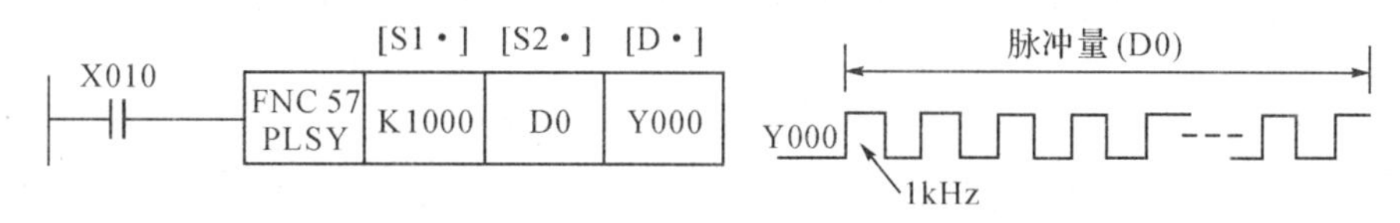

图 15-17　脉冲输出指令使用说明

(二)可调速脉冲输出指令

可调速脉冲输出指令的名称、指令代码、助记符、操作数、程序步如表 15-5 所示。

表 15-5　可调速脉冲输出指令

指令名称	指令代码位数	助记符	操作数		程序步
			[S1・]/[S2・]/[S3・]	[D・]	
可调速脉冲输出指令	FNC59(16/32)	PLSR(D)、PLSR	K、H、KnX、KnY、KnM、KnS、T、C、D、V、Z	只能指定晶体管型 Y000 或 Y001	PLSR:9 步 PLSR(D):17 步

可调速脉冲输出指令是带有加减速功能的定尺寸传送脉冲输出指令。其功能是对指定的最高频率进行指定加减时间的加减速调节,并输出所指定的脉冲数,使用说明如图 15-18 所示。图 15-18(a)为指令梯形图,当 X010 接通时,从初始状态开始加速,达到所指定的输出频率后再在合适的时刻减速,并输出指定的脉冲数。其波形图如图 15-18(b)所示。

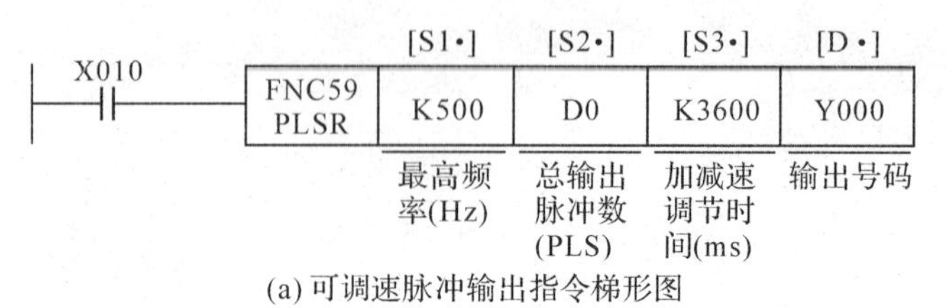

(a) 可调速脉冲输出指令梯形图

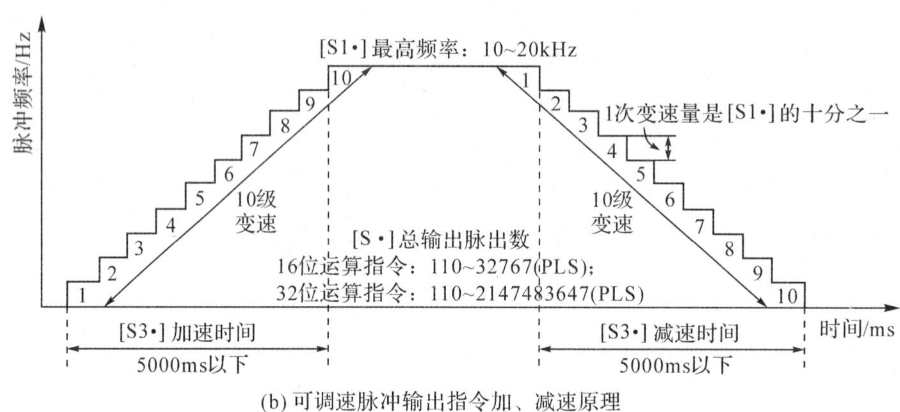

(b) 可调速脉冲输出指令加、减速原理

图 15-18　可调速脉冲输出指令使用说明

➢ 思考练习

4 台水泵轮流运行控制：由 4 台三相异步电动机 M1～M4 驱动 4 台水泵。正常要求 2 台运行 2 台备用，为了防止备用水泵长时间不用造成锈蚀等问题，要求 4 台水泵中 2 台运行，并每隔 8 小时切换 1 台，使 4 台水泵轮流运行。其参考时序图如图 15-19 所示。

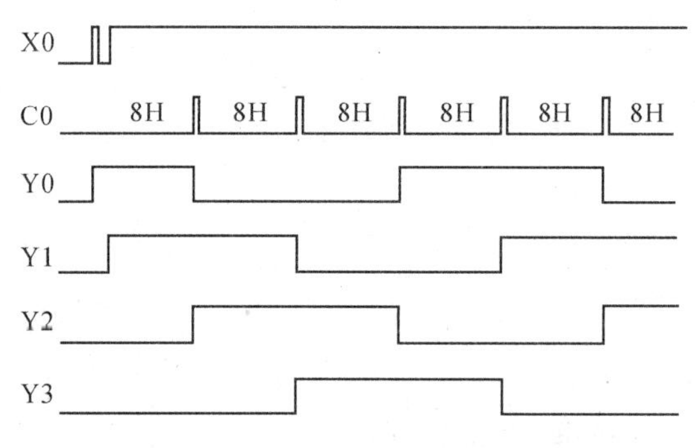

图 15-19　4 台水泵运行参考时序图

任务十六　五层电梯的控制

➢ 任务目标

1. 掌握字元件、位组合元件、数据寄存器等；掌握功能指令的应用方法。

2. 会应用功能指令编程，实现五层电梯的控制。

3. 熟悉变频器的使用方法。

4. 学会用多种方法实现电动机运行的控制，并熟练进行 PLC 程序设计、安装与调试。

➢ 任务描述

一、电梯的基本控制要求

(1)在每层楼电梯门厅处都装有一个上行呼叫按钮和一个下行呼叫按钮，分别或同时按动上行按钮和下行按钮，该楼层信号将会被记忆，对应的信号灯亮(表示该层有乘客要上行或下行)。

(2)当电梯在上行过程中，如果某楼层有上行呼叫信号时(信号必须在电梯到达该层之前呼叫，如果电梯已经运行过该楼层，则在电梯下一次上行过程中响应该信号)，则到该楼层电梯停止，消除该层上行信号，对应的上行信号灯灭，同时电梯门自动打开让乘客进入电梯上行。在电梯上行过程中，门厅的下行呼叫信号不起作用。

(3)当电梯在下行过程中，如果某楼层有下行呼叫信号时，则到该楼层电梯停止，消除该层下行信号，对应的下行信号灯灭，同时电梯门会自动打开让乘客进入电梯下行，在电梯下行过程中，门厅的上行呼叫信号不起作用。电梯在上行或下行过程中，经过无呼叫信号的楼层，且轿厢内没有该楼层信号时，电梯不停止也不开门。

(4)在电梯上行时，电梯优先服务于上行选层信号。在电梯下行时，电梯优先服务于下行选层信号。当电梯停在某层时，消除该层的选层信号。

(5)电梯在上行过程中，如果某楼层上行、下行都有呼叫信号时，电梯应优先服务于上行的呼叫信号。如果上一楼层无呼叫信号，而下一楼层有呼叫信号时，电梯服务于下一层信号。电梯在下行过程中的原理与电梯上行的工作原理相似。

(6)电梯在停止时，在轿厢内，可用按钮直接控制开门、关门。开门 5s 后若无关门信号时，电梯门将自动关闭。电梯在某楼层停下时，在门厅按下该层呼叫按钮也能开门。

电梯在开门时，电梯不能上行、下行。电梯在上行或下行过程中电梯不能开门。在电梯门关闭到位后电梯方可上行或下行。在门关闭过程中人被门夹住时，门应立即打开。电梯采用高速启动、运行、停止时，电梯先低速运行后到对应的楼层时准确停止。

(7)电梯上、下运行的电梯的曳引电动机，可以采用多速电动机；也可以采用由变频器控制曳引电动机。具体由自己选择。

(8)在每层楼电梯的门厅和轿厢内都装有电梯上、下行的方向显示灯和电梯运行到某一层的楼层数码管显示。在轿厢内设有楼层选层按钮和对应的楼层数字信号灯以及楼层数码管显示。

二、操作控制方式

电梯具备三种操作控制方式，即乘客控制方式、司机控制方式和手动检修控制方式。

(1)乘客控制方式。在乘客控制方式下，乘客在某楼层电梯门厅处按上行呼叫按钮或者下行呼叫按钮时，对应的上行或下行信号灯亮。电梯根据乘客的呼叫信号，按优先服务的运行方式运行到有呼叫信号的楼层处停止并自动开门。乘客进入轿厢后，可手动操作关门(按关门按钮)，电梯门也可自动关闭，在控制梯形图中设置了电梯开门 5s 后电梯门自动关闭。乘客按下选层按钮时，对应的楼层信号灯亮，当电梯到达该楼层后，电梯停止并自动开门(也可手动开门)，同时对应的选层信号灯灭。

(2)司机控制方式。在司机控制方式下，乘客不能控制电梯的上行、下行和停止，电梯的运行状态完全由轿厢内的司机控制。司机按下某楼层选层按钮时，对应的楼层信号灯亮，电梯运行到该楼层时停止，对应的信号灯灭，同时显示该楼层的楼层号，电梯门自动打开。电梯门关闭到位后，电梯自动运行至下一选定的楼层。

当乘客按下某一楼层的呼叫按钮时，轿厢内对应的楼层信号灯闪烁以告诉司机该楼有乘客(乘客上行时对应的信号灯以 1s 的周期闪烁，乘客下行时对应的信号灯以 4s 的周期闪烁)，司机可以根据情况选择到该层停止或不停止。

(3)手动检修控制方式。在手动检修控制方式下，检修人员可以根据情况选择高速或低速运行方式。电梯开门、关门、上行、下行分别有点动控制和连动控制两种方式，以方便检修工作，并可以不受楼层限位开关的控制，轿厢可以停在井道中的任何位置。而当电梯门开或关到极限位置时，轿厢上行到最上层或下行到最下层必须自动停止。在手动检修控制方式下，轿厢内和门厅处电梯上行、下行显示信号和楼层数字应能正常显示。

如图 16-1 所示为电梯电气元件布置图。

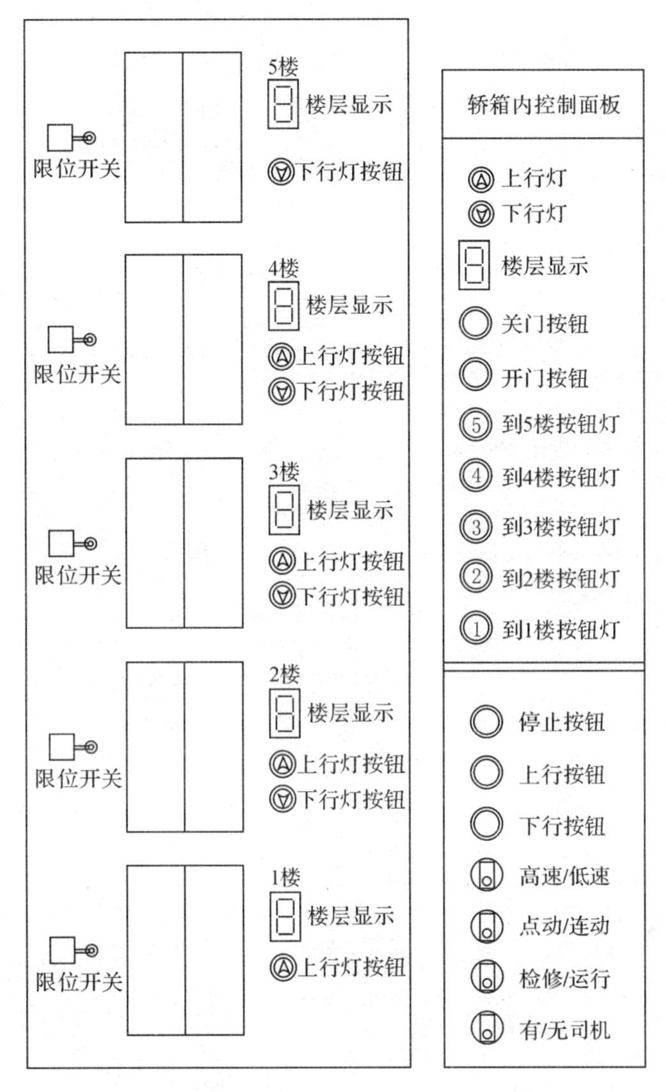

图 16-1　电梯电气元件布置图

➢ 任务实施

一、训练器材

验电笔、螺钉旋具、尖嘴钳、万用表、PLC、PLC 模拟调试实训模块、变频器、连接导线。

二、预习内容

1. 熟悉电梯控制要求和工作原理。
2. 阅读知识链接内容。

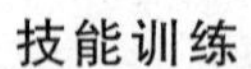

技能训练

按设计要求列出I/O分配表，画出PLC的外部接线图，设计系统的梯形图，并进行安装调试。本课题是综合应用课题，课题较为复杂，可以选做其中的一部分或分组完成任务。

表16-1 评价标准

序号	主要内容	考核要求	评分标准	配分	扣分		得分	
					①	②	①	②
1	电路及程序设计	1. 根据给定的控制要求，列出PLC输入/输出(I/O)口元器件地址分配表；设计PLC输入/输出(I/O)口的接线图 2. 根据控制要求设计PLC的梯形图和指令表程序	1. PLC输入/输出(I/O)地址遗漏或搞错，扣5分/处 2. PLC输入/输出(I/O)接线图设计不全、设计有错，扣5分/处 3. 梯形图表达不正确或画法不规范，扣5分/处 4. 接线图表达不正确或画法不规范，扣5分/处 5. PLC指令程序有错，扣5分/处	50				
2	程序输入及调试	1. 熟练操作PLC编程软件，能正确将所设计的程序输入PLC 2. 按照被控设备的动作要求进行模拟调试，达到设计要求	1. 不会熟练操作PLC编程软件、输入程序，扣10分 2. 不会用删除、插入、修改等命令，扣6分/次 3. 缺少功能，扣6分/项	30				
3	通电试验	在保证人身安全和设备安全的前提下，通电试验一次成功	1. 第一次试车不成功，扣10分 2. 第二次试车不成功，扣20分 3. 第三次试车不成功，扣30分	20				
4	安全要求	1. 安全文明生产 2. 自觉在实训过程中融入6S理念 3. 有组织、有纪律、守时诚信	1. 违反安全文明生产规程，扣5～40分 2. 乱线敷设，加扣不安全分，扣10分 3. 工位不整理或整理不到位，扣10～20分 4. 随意走动，无所事事，不刻苦钻研，扣10～20分	倒扣				
备注	除了定额时间外，各项内容的最高分不应超过该项目的配分数；每超5分钟扣5分		合计	100				
定额时间	120分钟	开始时间		结束时间		考评员签字		

➢ 知识链接

一、变频器介绍

（一）变频器的基本构成

变频器分为交—交和交—直—交两种形式。交—交变频器可将工频交流直接转换成频率、电压均可控制的交流；交—直—交变频器则是先把工频交流通过整流器转换成直流，然后再把直流转换成频率、电压均可控制的交流，其基本构成如图16-2所示。其主要由主电路（包括整流器、中间直流环节、逆变器）和控制电路组成。

整流器主要是将电网的交流整流成直流；逆变器是通过三相桥式逆变电路将直流转换成任意频率的三相交流；中间环节又叫中间储能环节，由于变频器的负载一般为电动机，属于感性负载，运行中间直流环节和电动机之间总会有无功功率交换，这种无功功率将由中间环节的储能元件（电容器或电抗器）来缓冲；控制电路主要是完成对逆变器的开关控制、对整流器的电压控制以及完成各种保护功能。

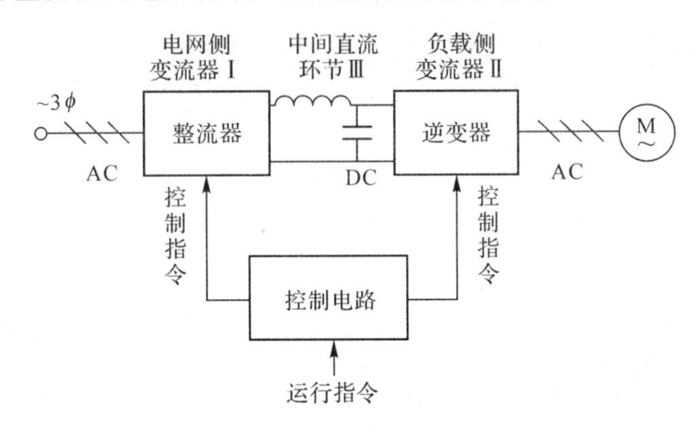

图16-2　交—直—交变频器的基本构成

（二）变频器的调速原理

因为三相异步电动机的转速公式为

$$n=n_0(1-s)=\frac{60f}{p}(1-s)$$

式中：n_0——同步转速；

f——电源频率，单位为Hz；

p——电动机极对数；

s——电动机转差率。

从公式可知，改变电源频率即可实现调速。

对异步电动机实行调速时，希望主磁通保持不变，因为磁通太弱，铁芯利用不充分，同样转子电流下转矩减小，电动机的负载能力下降；若磁通太强，铁芯发热，波形变坏。如何实现磁通不变？根据三相异步电动机定子每相电动势的有效值为

$$E_1 = 4.44 f_1 N_1 \Phi_m$$

式中：f_1——电动机定子频率，单位为 Hz；

N_1——定子相绕组有效匝数；

Φ_m——每极磁通量，单位为 Wb。

从公式可知，对 E_1 和 f_1 进行适当控制即可维持磁通量不变。

因此，异步电动机的变频调速必须按照一定的规律同时改变其定子电压和频率，即必须通过变频器获得电压和频率均可调节的供电电源。

（三）变频器的额定值和频率指标

1. 输入侧的额定值

输入侧的额定值主要是电压和相数。在我国的中小容量变频器中，输入电压的额定值有以下几种：380V/50Hz，200～230V/50Hz 或 200～230V/60Hz。

2. 输出侧的额定值

（1）输出电压 U_N。由于变频器在变频的同时也要变压，所以输出电压的额定值是指输出电压中的最大值。在大多数情况下，它就是输出频率等于电动机额定频率时的输出电压值。通常，输出电压的额定值总是和输入电压相等的。

（2）输出电流 I_N。输出电流是指允许长时间输出的最大电流，是用户在选择变频器时的主要依据。

（3）输出容量 $S_N(k \cdot VA)$。S_N 与 U_N、I_N 的关系为 $S_N = U_N I_N$。

（4）配用电动机容量 P_N(kW)。变频器说明书中规定的配用电动机容量，仅适合于长期连续负载。

（5）过载能力。变频器的过载能力是指其输出电流超过额定电流的允许范围和时间。大多数变频器都规定为 150%I_N、60s，180%I_N、0.5s。

3. 频率指标

（1）频率范围，即变频器能够输出的最高频率 f_{max} 和最低频率 f_{min}。各种变频器规定的频率范围不尽一致，通常，最低工作频率为 0.1～1Hz，最高工作频率为 120～650Hz。

（2）频率精度，指变频器输出频率的准确程度。在变频器使用说明书中规定的条件下，由变频器的实际输出频率与设定频率之间的最大误差与最高工作频率之比的百分数来表示。

（3）频率分辨率，指输出频率的最小改变量，即每相邻两挡频率之间的最小差值。一般分为模拟设定分辨率和数字设定分辨率两种。

（四）变频器的主接线

以 FR－A540 型变频器做介绍。FR－A540 型变频器的主接线一般有 6 个端子，其中输入端子 R、S、T 接三相电源；输出端子 U、V、W 接三相电动机，切记不能接反；否则，将损毁变频器，其接线图如图 16-3 所示。有的变频器能以单相 220V 作电源，此时，单相电源接到变频器的 R、N 输入端，输出端子 U、V、W 仍输出三相对称的交流电，可接三相电动机。

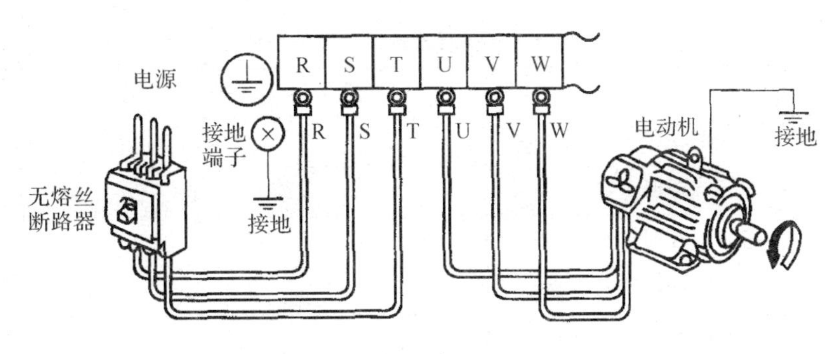

如图 16-3　变频器的主接线图

（五）变频器的操作面板

FR－A540 型变频器一般需通过 FR－DU04 操作面板或 FR－PU04 参数单元来操作（总称为 PU 操作），操作面板外形如图 16-4 所示，操作面板各按键及各显示符的功能如表 16-2 和表 16-3 所示。

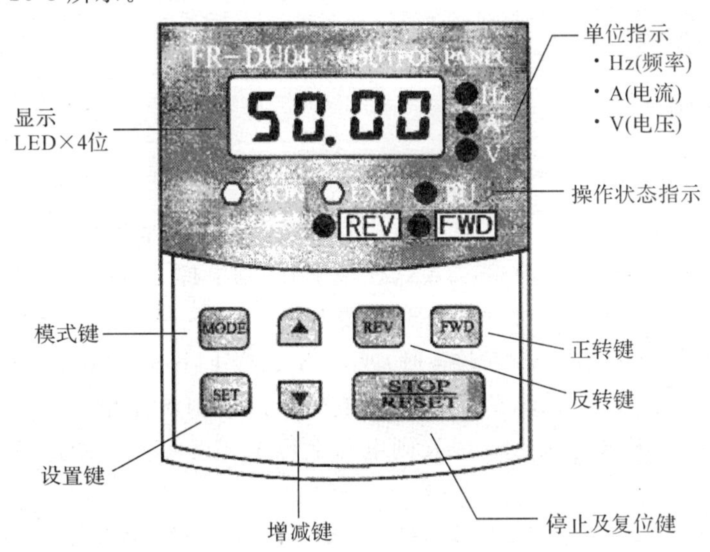

图 16-4　操作面板外形图

表 16-2　操作面板各按键的功能

按　键	说　明
MODE	用于选择操作模式或设定模式
SET	用于确定频率和参数的设定
▲/▼	1. 用于连续增加或降低运行频率，按下此键可改变频率 2. 在设定模式中按下此键，则可连续设定参数
FWD	用于给出正转指令
REV	用于给出反转指令
STOP RESET	1. 用于停止运行 2. 用于保护功能中动作输出停止时复位变频器（用于主要故障）

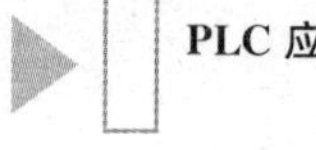

表 16-3 操作面板各显示符的功能

显　示	说　明
Hz	显示频率时点亮
A	显示电流时点亮
V	显示电压时点亮
MON	监示显示模式时点亮
PU	PU 操作模式时点亮
EXT	外部操作模式时点亮
FWD	正转时闪烁
REV	反转时闪烁

(六)变频器外部端子

变频器外部端子如图 16-5 所示。

二、举例说明

(一)三层电梯控制

用 PLC、变频器设计一个三层电梯的控制系统。其控制要求如下：

(1)电梯停在一层或二层时，按 3AX(三楼下呼)则电梯上行至 3LS 停止；

(2)电梯停在三层或二层时，按 1AS(一楼上呼)则电梯下行至 1LS 停止；

(3)电梯停在一层时，按 2AS(二楼上呼)或 2AX(二楼下呼)则电梯上行至 2LS 停止；

(4)电梯停在三层时，按 2AS 或 2AX 则电梯下行至 2LS 停止；

(5)电梯停在一层时，按 2AS、3AX 则电梯上行至 2LS 停止 t 秒，然后继续自动上行至 3LS 停止；

(6)电梯停在一层时，先按 2AX，后按 3AX(若先按 3AX，后按 2AX，则 2AX 为反向呼梯无效)，则电梯上行至 3LS 停止 t 秒，然后自动下行至 2LS 停止；

(7)电梯停在三层时，按 2AX、1AS 则电梯运行至 2LS 停 t 秒，然后继续自动下行至 1LS 停止；

(8)电梯停在三层时，先按 2AS，后按 1AS(若先按 1AS，后按 2AS，则 2AS 为反向呼梯无效)，则电梯下行至 1LS 停 t 秒，然后自动上行至 2LS 停止；

(9)电梯上行途中，下行呼梯无效，电梯下行途中，上行呼梯无效；

(10)轿厢位置要求用七段数码管显示，上行、下行用上下箭头指示灯显示，楼层呼梯用指示灯显示，电梯的上行、下行通过变频器控制电动机的正反转。

1. 工作原理

电梯由各楼层厅门口的呼梯按钮和楼层限位行程开关进行操纵和控制，其内容为：控制电梯的运行方向、呼叫电梯到呼叫楼层；同时，电梯的起停平稳度、加减速度和运行速度由变频器的加减速时间和运行频率来控制。

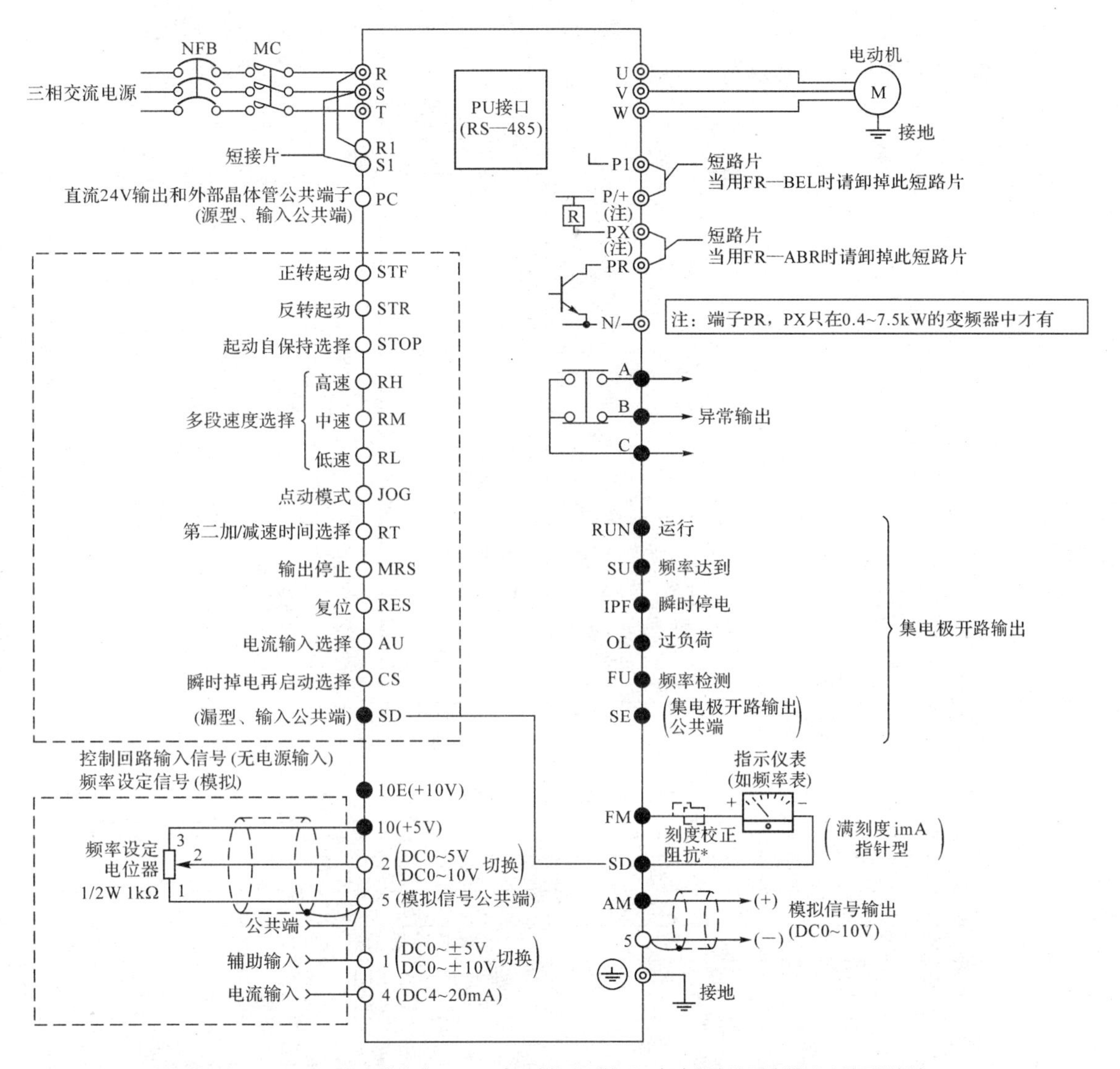

图 16-5　变频器外部端子图

如图 16-6 所示为三层电梯的示意图。电梯呼梯按钮有一层的上呼按钮 1AS、二层的上呼按钮 2AS 和下呼按钮 2AX 及三层的下呼按钮 3AX，停靠限位行程开关分别为 1LS、2LS、3LS，每层设有上、下运行指示（▲、▼）和呼梯指示，电梯的上、下运行由变频器控制曳引电动机拖动，电动机正转则电梯上升，电动机反转则电梯下降。

2. I/O 分配

为了在实训（验）室比较顺利地完成该实训，将各楼层厅门口的呼梯按钮和楼层限位行程开关分别接入 PLC 的输入端子；将各楼层的呼梯指示灯（L1～L3）、上行指示灯

(SL1～SL3并联)、下行指示灯(XL1～XL3并联)、七段数码管的每一段分别接入PLC的输出端子。其I/O设备及分配如表16-4所示。

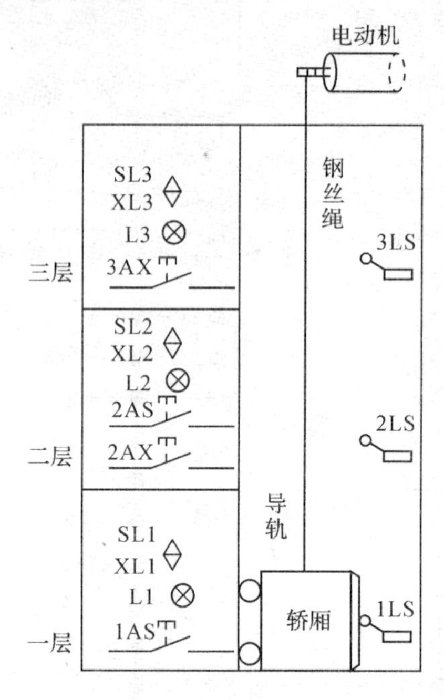

图16-6　三层电梯的示意图

表16-4　I/O设备及分配

输入设备	输入点	输出设备	输出点
按钮1AS	X1	一楼呼梯指示灯(L1)	Y1
按钮2AS	X2	二楼呼梯指示灯(L2)	Y2
按钮2AX	X10	三楼呼梯指示灯(L3)	Y3
按钮3AX	X3	上行指示灯SL1～SL3	Y4
一楼限位开关1LS	X5	下行指示灯XL1～XL3	Y5
二楼限位开关1LS	X6	上升STF	Y11
三楼限位开关1LS	X7	下降STR(L1)	Y12
		七段数码管	Y20～Y26

3.控制方案

(1)各楼层单独呼梯控制。根据控制要求,一楼单独呼梯应考虑以下情况:电梯停在一楼时(即X5闭合)、电梯在上升时(此时Y4有输出),一楼呼梯(Y1)应无效,其余任何时候一楼呼梯均应有效;电梯到达一楼(X5闭合)时,一楼呼梯信号应消除。二楼上呼单独呼梯应考虑以下情况:电梯停在二楼时(即X6闭合)、电梯在上升至二、三楼的这一段时间及电梯在下降至一、二楼的这一段时间(此时M10闭合),二楼上呼单独呼梯(M1)应无效,其余任何时候均应有效;电梯上行(Y4)到二楼(X6)和电梯只下行(此时M5的常闭触点闭合)到二楼(X6)时,二楼上呼单独呼梯信号应消除。二楼下呼单独呼梯与二楼上呼单独呼梯的情况相似,三楼单独呼梯与一楼单独呼梯的情况相似,其梯形图如图16-7所示。

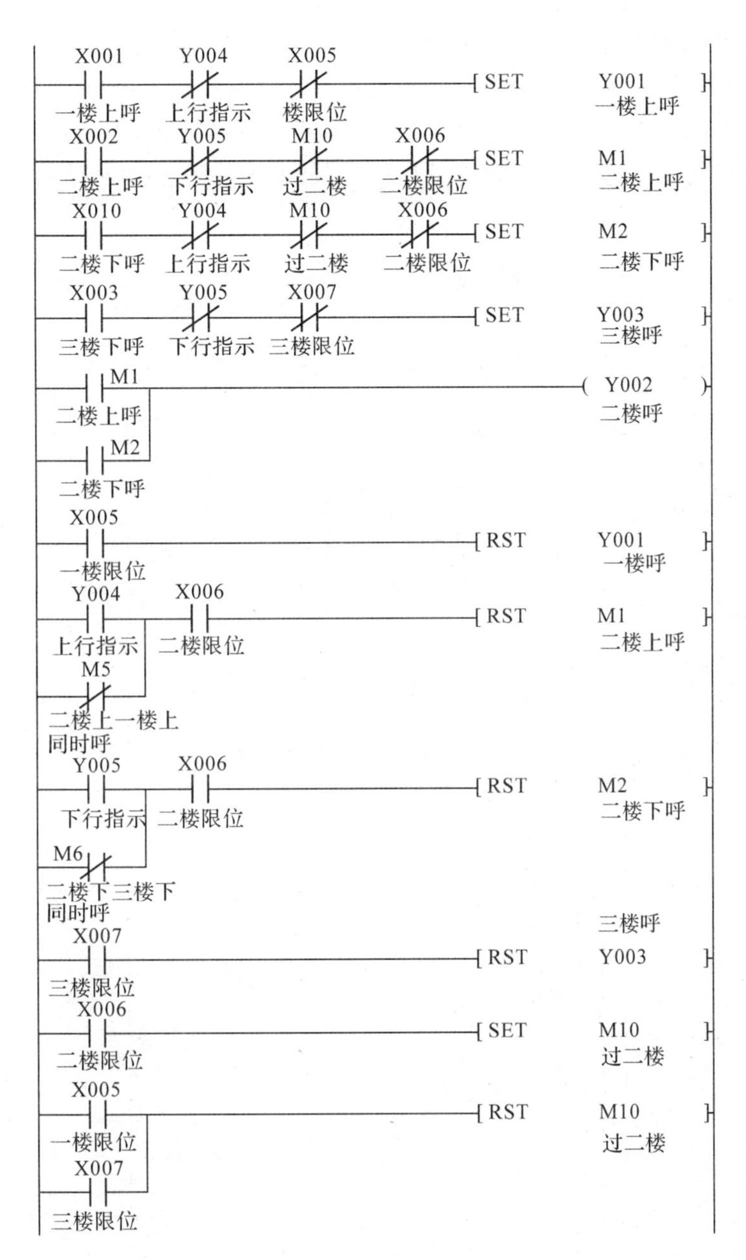

图 16-7　各楼层单独呼叫梯形图

(2)同时呼梯控制。根据控制要求,一楼上呼和二楼下呼同时呼梯(M4)应考虑以下情况:首先必须有一楼上呼(Y1)和二楼下呼(M2)信号同时有效;其次在到达二楼(X6)时(此时 M7 线圈有电)停 t 秒(t=T0 定时时间一变频器的制动时间),t 秒后(此时 M7 线圈无电)又自动下降。三楼下呼和二楼上呼同时呼梯、二楼上呼(先呼)和一楼上呼(后呼)同时呼梯、二楼下呼(先呼)和三楼下呼(后呼)同时呼梯的情况与一楼上呼和二楼下呼同时呼梯的情况相似,其梯形图如图 16-8 所示。

(3)上升、下降运行控制。根据控制要求及上述分析,上升运行控制应考虑以下情况:三楼单独呼梯有效(即 Y3 有输出)、二楼上呼单独呼梯有效(即 M1 闭合)、二楼下呼单独呼梯有效(即 M2 闭合)、三楼下呼和二楼上呼同时呼梯有效(即 M4 闭合)时(在二楼停 t 秒,M7 常闭触点断开)、二楼下呼和三楼下呼同时呼梯有效(即 M6 闭合)时(在三楼停 t 秒,M9 常闭触点闭合时转为下行)。在上述 5 种情况下,电梯应上升运行。下行运行控制的情况与上升运行控制的情况相似,其梯形图如图 16-9 所示。

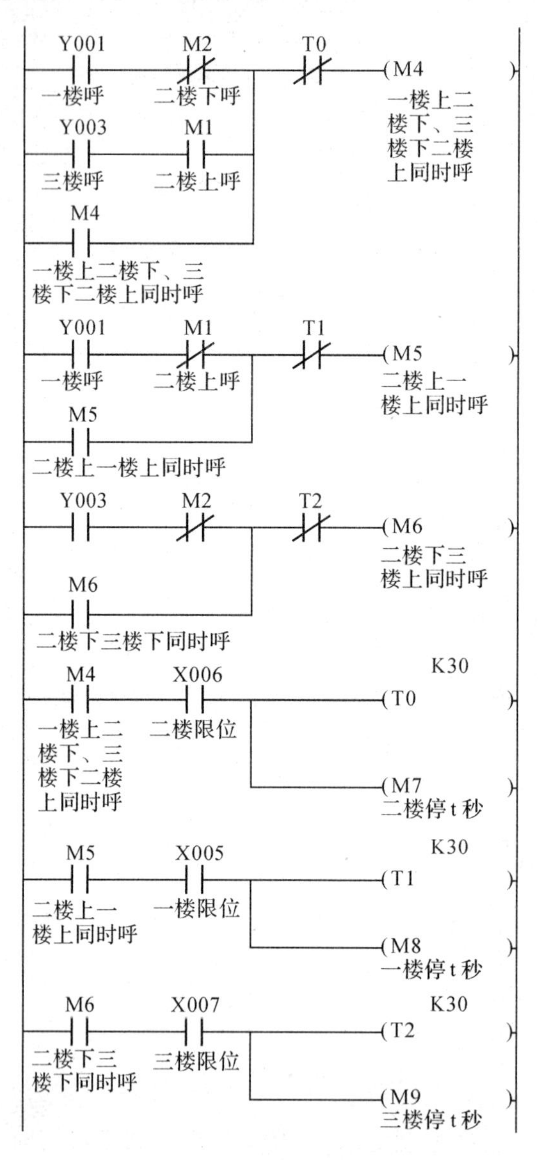

图 16-8　同时呼叫梯形图

(4)轿厢位置显示。轿厢位置用编码和译码指令通过七段数码管来显示,其梯形图如图 16-10 所示。

(5)电梯控制梯形图。根据以上控制方案的分析,三层电梯的梯形图如图 16-11 所示。

4. PLC、变频器参数的确定和设置

为使电梯准确平层,增加电梯的舒适感,发挥 PLC、变频器的优势,必须设定如下参数(括号内为参考设定值):

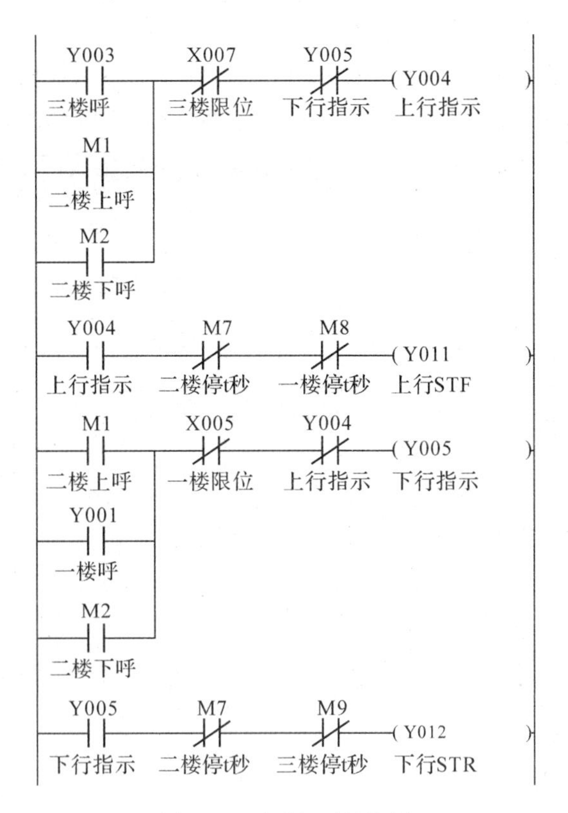

图 16-9　上行、下行控制

M8000
[ENCO　X004　D0　K2]
[SEGD　D0　K2Y020]

图 16-10　电梯位置显示梯形图

(1)上限频率 Pr1(50Hz)；

(2)下限频率 Pr2(5Hz)；

(3)加速时间 Pr7(3s)；

(4)减速时间 Pr8(4s)；

(5)电子过电流保护 Pr9(等于电动机额定电流)；

(6)起动频率 Pr13(0Hz)；

(7)适应负荷选择 Pr14(2)；

(8)点动频率 Pr15(5Hz)；

(9)点动加减速时间 Pr16(1s)；

(10)加减速基准频率 Pr20(50Hz)；

(11)操作模式选择 Pr79(2)；

(12)PLC 定时器 T0 的定时时间(T0 定时时间＝t＋变频器的制动时间＝6s)。

以上参数必须设定，其余参数可默认为出厂设定值。当然，实际运行中的电梯，还必须根据实际情况设定其他参数。

为了使 PLC 的控制与变频器有机地结合，变频器必须采用外部信号控制，即变频器的频率(即电动机的转速)由可调电阻 RP 来控制，变频器的运行(即起动、停止、正转和反转)由 PLC 输出的上升(Y11)和下降(Y12)信号来控制，其系统接线图如图 16-12 所示。

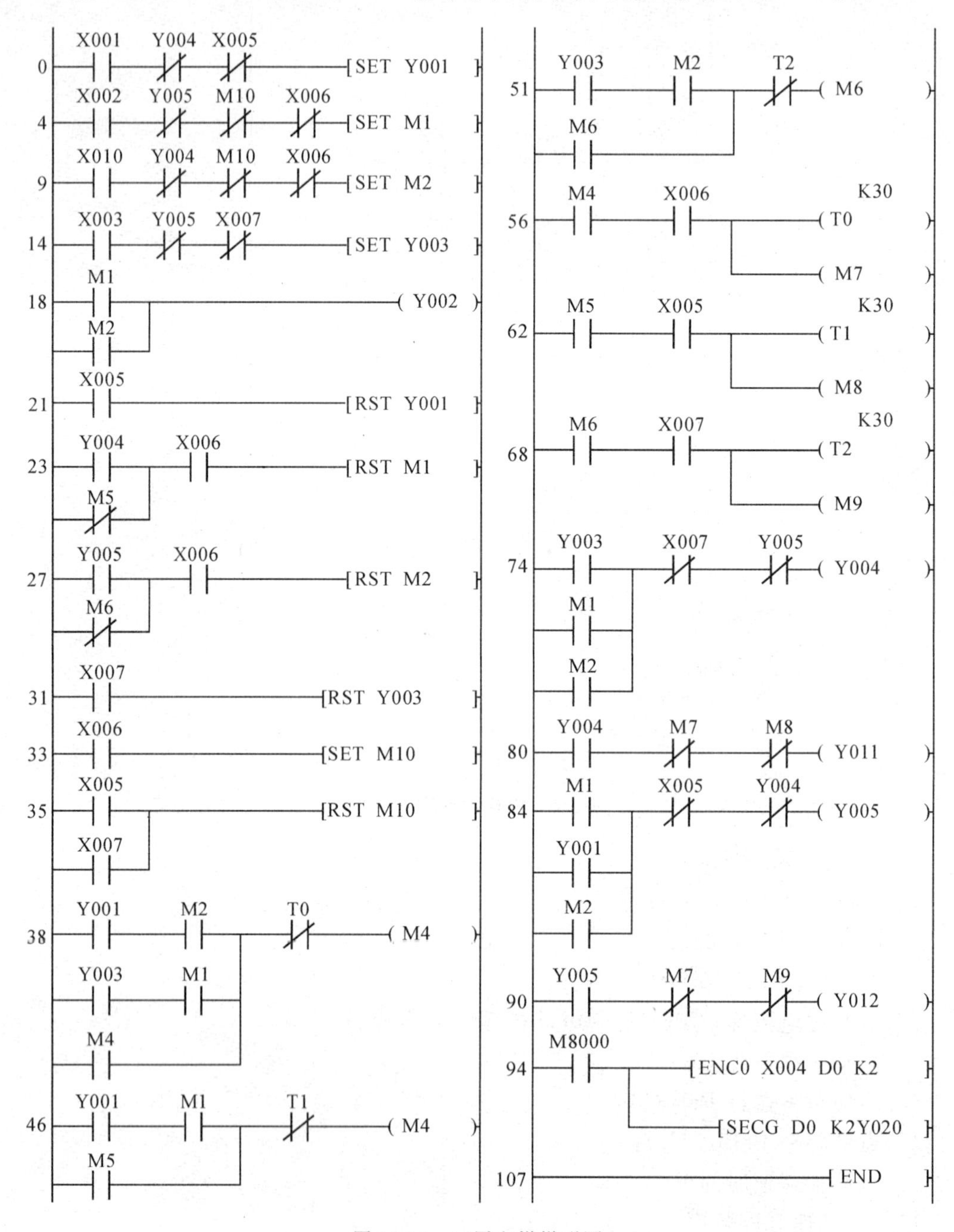

图 16-11　三层电梯梯形图

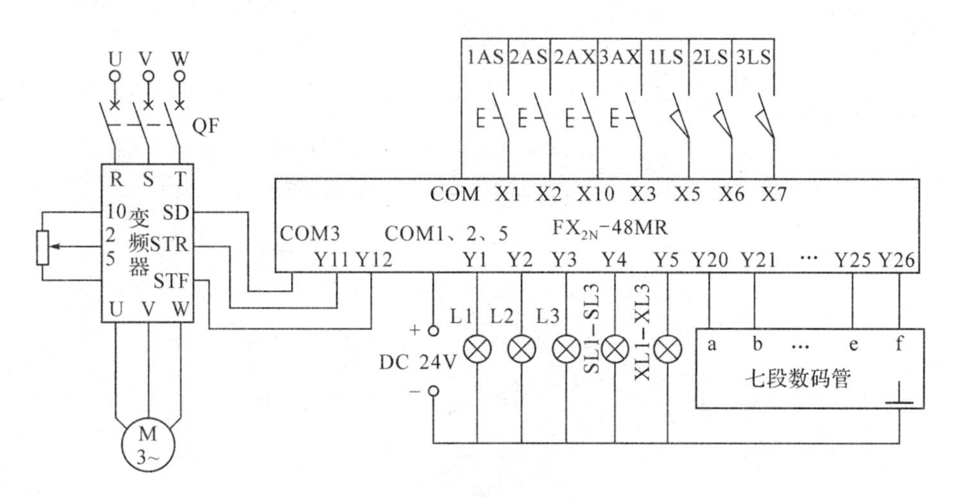

图 16-12　三层电梯系统接线图

(二)四层电梯控制

用 PLC、变频器设计一个四层电梯的控制系统。其控制要求如下：

(1)每一楼层均设有一个呼梯按钮(SB1～SB4)与一个楼层磁感应位置开关(LS1～LS4)，不论轿厢停在何处，均能根据呼梯信号自动判断电梯运行方向，然后延时 t 秒后开始运行；

(2)响应呼梯信号后，呼梯指示灯(HL1～HL4)亮，直至电梯到达该层时熄灭；

(3)当有多个呼梯信号时，能自动根据呼梯信号在相应楼层停靠，并经过 t 秒后，继续上升或下降，直到所有的信号响应完毕；

(4)电梯运行途中，任何反方向呼梯均无效，且呼梯指示灯不亮；

(5)轿厢位置要求用七段数码管显示，上行、下行用上和下箭头指示灯显示；

(6)使用变频器拖动曳引机，电梯起动加速时间、减速时间由现场规定；

(7)要求采用功能指令编程。

1. I/O 分配

X1～X4：一层～四层呼梯，X11～X14：一层～四层限位；

Y0：STF(上升)，Y1：STR(下降)，Y5：上升指示，Y6：下降指示；

Y20～Y26：a～g 七段数码管，Y11～Y14：一层～四层指示。

2. 控制程序具体如图 16-13 所示。

3. PLC、变频器参数的确定和设置

PLC、变频器参数的确定和设置请参照三层电梯的参数进行设置。根据四层电梯的控制要求及 I/O 分配，其系统接线图如图 16-14 所示。

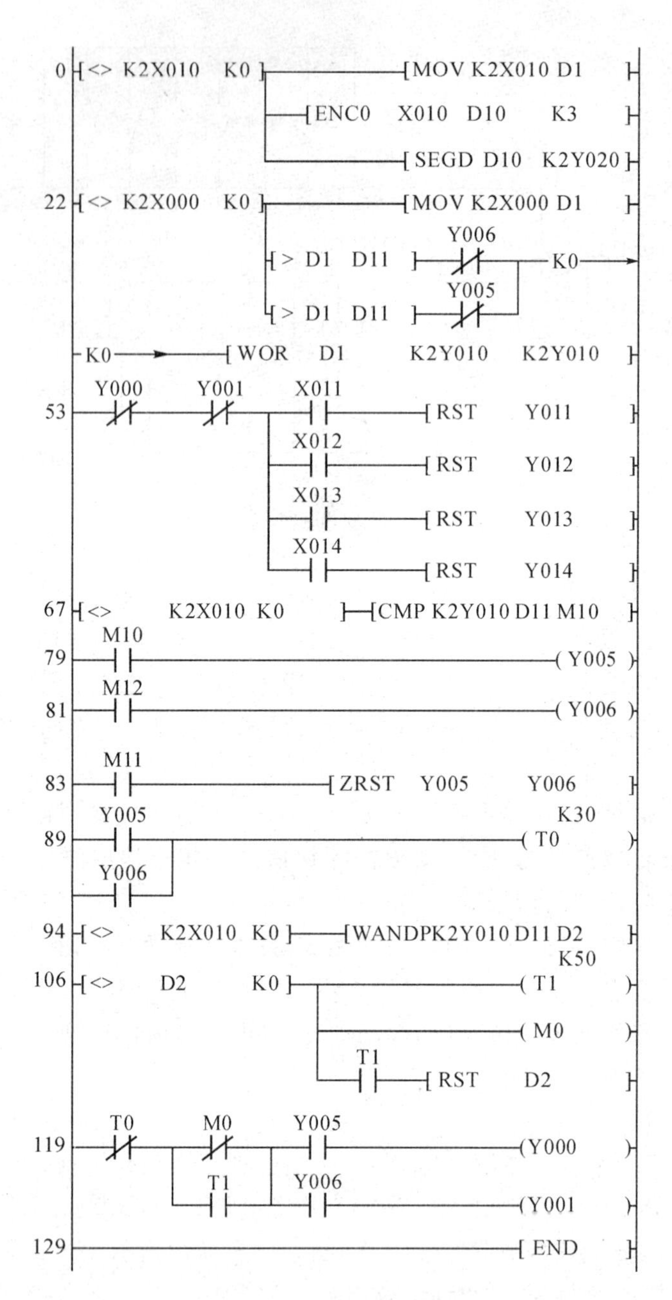

图 16-13　四层电梯梯形结构

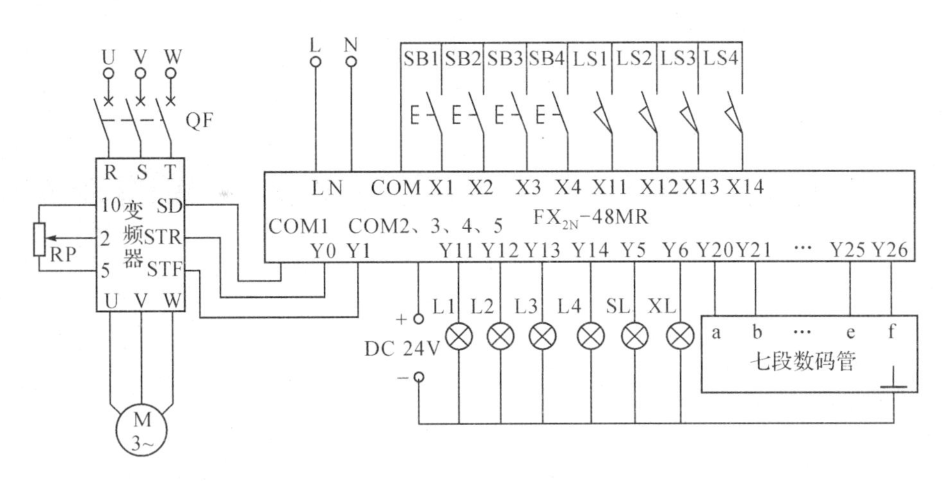

图 16-14　接线图

➢ 思考练习

用功能指令设计一个 8 站小车的呼叫控制系统(见图 16-15),其控制要求如下:

1. 小车所停位置号小于呼叫号时,小车右行至呼叫号处停车;
2. 小车所停位置号大于呼叫号时,小车左行至呼叫号处停车;
3. 小车所停位置号等于呼叫号时,小车原地不动;
4. 小车运行时呼叫无效;
5. 具有左行、右行定向指示、原点不动指示;
6. 具有小车行走位置的七段数码管显示。

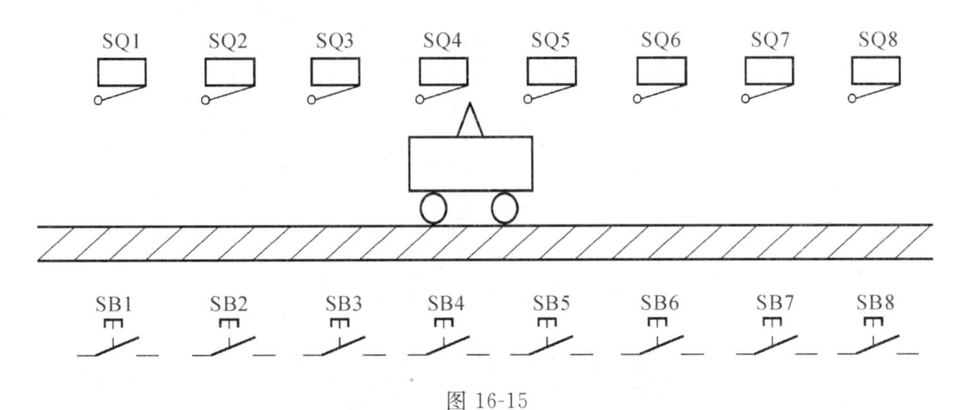

图 16-15

任务十七　用PLC实现变频恒压供水的控制

➢ 任务目标

1. 熟练掌握模拟量A/D、D/A指令的应用方法。
2. 熟练掌握PID运算指令的应用方法。
3. 掌握PLC功能指令的应用方法。

➢ 任务描述

随着社会的进步，能源短缺成为当前经济发展的瓶颈。为了降低系统能耗，改善环保性能，提高系统自动化程度，适应智能化方向发展，目前现代高层建筑多采用PLC、变频器、压力传感器等控制器件设计高楼恒压变频供水控制系统。如图17-1所示为恒压供水模拟控制系统图，对象系统由四台不同功率的水泵机组组成，功能上划分为常规变频循环泵(2台)、消防增压泵(1台)、休眠水泵(1台)、一台变频器、一个压力传感器等组成。

图17-1　恒压供水模拟控制系统图

一、要求恒压供水装置实现如下控制

（一）常规恒压供水

系统启动后，常规泵 1 变频运行一直到 50Hz，如果当前管网压力仍达不到系统需求压力，将常规泵 1 投入工频运行，然后常规泵 2 变频启动运行，从 0Hz 上升，直到满足需求压力。如果当前管网压力大于系统需求压力值，常规泵 2 运行频率下降。当运行频率下降到 0Hz，当前管网压力仍大于系统需求压力时，将常规泵 2 停止，常规泵 1 投入变频运行，从 50Hz 向下调整，直到满足需求压力。

（二）休眠泵控制

当系统时间进入休眠时间范围（如 23：00－6：00）后，休眠泵启动，常规泵停止。管网压力在休眠压力的偏差范围内时，只有休眠泵运行。特殊情况下的用水量增加，当管网压力低于休眠压力下限时，系统进入休眠唤醒状态，常规泵投入工作，控制压力稳定在需求压力值的附近；而当用水量开始下降，管网压力高于休眠设定数值上限时，休眠唤醒恢复，再次进入休眠状态，即只有休眠泵工作。

（三）消防泵控制

当消防信号发生时，系统其他状态均停止，系统强制将其切换到消防状态，只用于控制消防水泵工作。消防泵以工频状态工作，以提供最大的消防水压力。

➢ 任务实施

一、训练器材

验电笔、万用表、PLC 模拟学习机、连接导线、变频恒压供水实训系统等。

二、预习内容

1. 预习变频恒压供水工作原理。
2. 预习变频器相关参数设置方法。
3. 熟悉恒压供水的控制要求和工作原理。
4. 阅读知识链接内容。

技能训练

按设计要求列出 I/O 分配表，画出 PLC 的外部接线图，设计系统的梯形图，并进行安装调试。本课题是综合应用课题，课题较为复杂，可以选做其中的一部分或分组完成任务。

表 17-1　评价标准

序号	主要内容	考核要求	评分标准	配分	扣分		得分	
					①	②	①	②
1	电路设计	1. 根据要求进行变频器主电路设计 2. 根据课题需要正确设置变频器相关	1. 主电路功能不完整或不规范，扣 5～10 分 2. 主电路不会设计，扣 20 分 3. 不能正确设置变频器参数，每个参数扣 3 分	20				
2	程序输入	1. 指令输入熟练正确 2. 程序编辑、传输方法正确	1. 指令输入方法不正确，每提醒一次，扣 5 分 2. 程序编辑方法不正确，每提醒一次，扣 5 分 3. 传输方法不正确，每提醒一次，扣 5 分	15				
3	系统模拟调试	1. PLC 外部模拟接线符合功能要求 2. 调试方法合理正确 3. 能正确处理调试过程中出现故障	1. 错、漏接线，扣 5 分/处 2. 调试不熟练，扣 5～10 分 3. 调试过程原理不清楚，扣 5～10 分 4. 带电插、拔导线，扣 5～10 分 5. 不能根据故障现象正确采取相应处理方法，扣 5～20 分	25				
4	通电试车	系统成功调试	1. 一次试车不成功，扣 20 分 2. 二次试车不成功，扣 30 分 3. 三次试车不成功，扣 40 分	40				
5	安全生产	1. 正确遵守安全用电规则，不得损坏电器设备或元件 2. 调试完毕后整理好工位	1. 违反安全文明生产规程、损坏电器元件，扣 5～40 分 2. 操作完成后工位乱或不整理，扣 10 分	倒扣				
备注	各项内容最高分 不得超过额定配分		合计	100				
额定时间 240 分	开始时间		结束时间		考评员签字		年　月　日	

➢ 知识链接

一、主电路设计

在某变频恒压供水系统中有四台水泵电动机 M1、M2、M3、M4，其中 M1、M2 为常规泵，它们会工作在变频和工频两种状态循环的方式，M3 为休眠泵，M4 为消防泵，主电路图如图 17-2 所示。

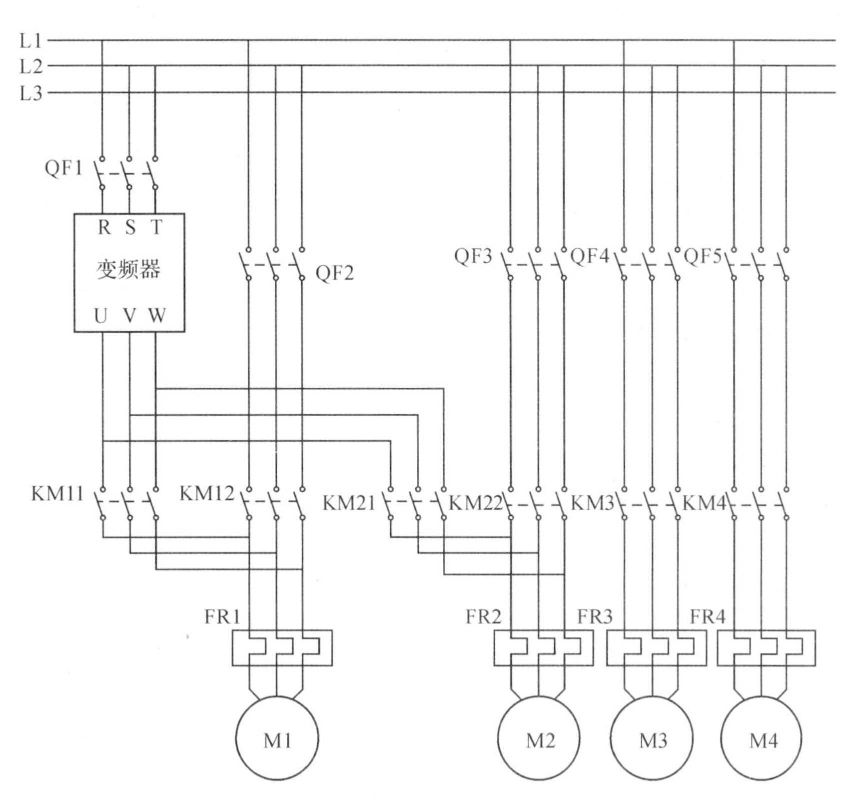

图 17-2　变频器电气主接线图

变频器输出与工频旁路之间使用带机械联锁装置的交流接触器，以防止变频器输出与工频电源之间引起短路而损坏变频器及相关设备。变频器输出 U、V、W 应与工频旁路电源 L1、L2、L3 相序一致。否则，在电动机变频向工频切换过程中，会因切换前后相序的不一致而引起电动机转向的突然反向，容易造成跳闸甚至损坏设备。主电路中一台变频器起动控制两台电动机，为解决变频器在两个水泵电路之间的切换和变频与工频运行之间的切换问题，每台电动机需要两个交流接触器，KM11 接通时，♯1 泵通过变频器运行控制；KM12 接通时，♯1 泵与工频电源接通并运行。同理♯2 泵的两个交流接触器分别为 KM21 和 KM22。KM3、KM4 交流接触器分别控制休眠泵和消防泵。

变频器内部有电子热保护开关，但应注意电动机的工频旁路中应有相应的过流保护装置，四只热过载保护器 FR1～FR4 分别用于对四台水泵的电动机实施过流保护。本课题实训采用三菱 FR－E500 变频器，主要参数设置如下：

Pr. 1——“上限频率”。

Pr. 2——“下限频率”。

Pr. 38——“5V(10V)输入时频率”。

Pr. 73——“0～5V/0～10V 选择”，0 对应 0～5V，10～10V。

Pr. 79——“操作模式选择”，设定值 4，外部信号输入。

Pr. 128——“选择 PID 控制”，设定参数 20，对于压力等的控制。PID 负作用。

Pr. 133——“PU 设定的 PID 控制设定值”，设定值 50%。

Pr. 902——“频率设定电压偏置”，设定值 0V，设定频率 0 Hz。

Pr. 903——“频率设定电压增益”，设定值 5V，设定频率 50 Hz。

二、PLC 四则运算指令

FX_{2N}系列 PLC 中设置了四则运算指令，其中主要包括 ADD(BIN 加法)、SUB(BIN 减法)、MUL(BIN 乘法)、DIV(BIN 除法)等指令。

四则运算会影响 PLC 内部相关标志继电器。其中 M8020 是运算结果为 0 的标志位，M8022 是进位标志位，M8021 是借位标志位。

(一)BIN 加法运算指令 ADD

二进制加法运算指令的助记符、功能号、操作数和程序步数等指令概要如表 17-2 所示。

表 17-2　二进制加法指令概要

BIN 加法运算指令		操作数	程序步数
P	FNC20　ADD ADD(P)	S1, S2：K,H、KnX、KnY、KnM、KnS、T、S、D、V,Z D：KnY、KnM、KnS、T、S、D、V,Z	ADD, ADD(P):7 步
D			(D)ADD, (D)ADD(P):13 步

指令格式：FNC20 ADD　[S1]　[S2]　[D]

FNC20 ADDP　[S1]　[S2]　[D]

FNC20 DADD　[S1]　[S2]　[D]

FNC20 DADDP　[S1]　[S2]　[D]

指令功能：

ADD 是 16 位的二进制加法运算指令，将源操作数[S1]中的数与[S2]中的数相加，结果送目标操作数[D]所指定的软元件中。

DADD 是 32 位的二进制加法运算指令，将源操作数[S1+1][S1]中的数与[S2+1][S2]中的数相加，结果送目标操作数[D+1][D]所指定的软元件中。

[S1]、[S2]操作数范围：K，H，KnX，KnY，KnM，KnS，T，C，D，V，Z。

[D]操作数范围：KnX，KnY，KnM，KnS，T，C，D，V，Z。

例 17-1　ADD 功能指令的应用，如图 17-13 所示。

程序说明：如图 17-3 所示为加法运算 ADD 的梯形图，X0 为 ON 时，执行 ADD 指令，D10 中的二进制数加上 D12 中的数，结果存入 D14 中。

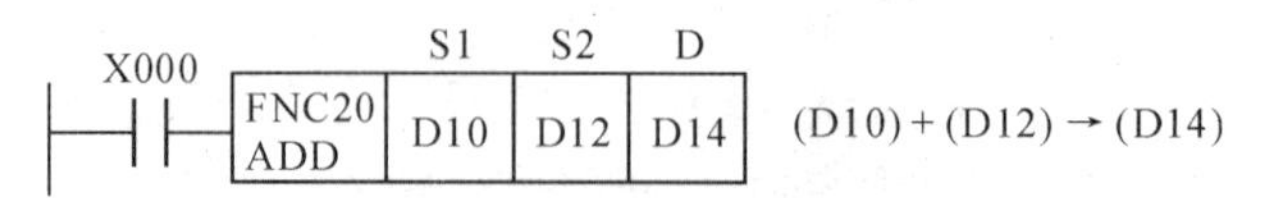

图 17-3　加法功能指令 ADD

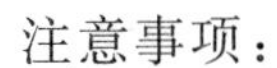

注意事项：

(1)两个数据进行二进制加法后传递到目标处，各数据的最高位是正(0)、负(1)的符号位，这些数据以代数形式进行加法运算。

(2)运算结果为 0 时，零标志会动作。如果运算结果超过 32767(16 位运算)或 −2147493647(32 位运算)时，进位标志会动作。如果运算结果不满 32767(16 位运算)或 −2147493647(32 位运算)时，借位标志会动作。

(3)进行 32 位运算时，字软元件的低 16 位侧的软元件被指定，紧接着上述软元件编号后的软元件将作为高位。为防止编号重复，建议将软元件指定为偶数编号。

(4)可以将源和目标指定为相同的软元件编号。这时，如果使用连续执行型指令 ADD、(D)ADD，则每个扫描周期的加法运算结果都会发生变化，请务必注意。

(5)如果使用 ADDP 加法指令，在每出现一次 X0 由 OFF→ON 变化时，D10 的内容都会加 1，在此情况下零位、借位、进位的标志都会动作。

(二)BIN 减法运算指令 SUB

二进制减法运算指令的助记符、功能号、操作数和程序步数等指令概要如表 17-3 所示。

表 17-3　二进制减法运算指令概要

BIN 减法运算指令		操作数	程序步数
P	FNC21　SUB SUBP	S1, S2：K,H　KnX　KnY　KnM　KnS　T　S　D　V,Z D：KnY　KnM　KnS　T　S　D　V,Z	SUB, SUB(P)：7 步 (D) SUB, (D) SUB(P)：13 步
D			

指令格式：FNC21　SUB　[S1]　[S2]　[D]

FNC21　SUBP　[S1]　[S2]　[D]

FNC21　DSUB　[S1]　[S2]　[D]

FNC21　DSUBP　[S1]　[S2]　[D]

指令功能：

SUB 是 16 位的二进制减法运算指令，将源操作数[S1]中的数减去[S2]中的数，结果送目标操作数[D]所指定的软元件中。

DSUB 是 32 位的二进制减法运算指令，将源操作数[S1+1][S1]中的数减去[S2+1][S2]中的数，结果送目标操作数[D+1][D]所指定的软元件中。

[S1]、[S2]操作数范围：K，H，KnX，KnY，KnM，KnS，T，C，D，V，Z。

[D]操作数范围：KnX，KnY，KnM，KnS，T，C，D，V，Z。

例 17-2　SUB 功能指令的应用，如图 17-4 所示。

程序说明：如图 17-4 所示为减法运算 SUB 的梯形图，对应的指令为 SUB D10 D12 D14。X0 为 ON 时，执行 SUB 指令。

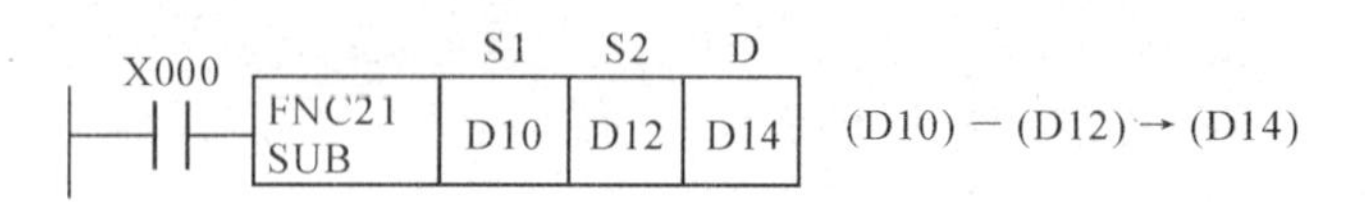

图 17-4　减法功能指令 SUB

注意事项：

(1)两个数据进行二进制减法后传递到目标处，各数据的最高位是正(0)、负(1)的符号位，这些数据以代数形式进行减法运算。

(2)标志位的动作与 ADD 指令相同。

(3)如果使用 SUBP 减法指令，在每出现一次 X0 由 OFF→ON 变化时，D10 的内容都会减 1，在此情况下能得到各种标志。

(三)BIN 乘法运算指令 MUL

二进制乘法运算指令的助记符、功能号、操作数和程序步数等指令概要如表 17-4 所示。

表 17-4　二进制乘法运算指令概要

BIN 乘法运算指令		操作数	程序步数
P	FNC22　MUL MUL(P)	S1, S2：K,H、KnX、KnY、KnM、KnS、T、S、D、V,Z D：KnY、KnM、KnS、T、S、D、V,Z 只限于16位　可指定	MUL, MUL(P):7 步 (D)MUL, (D)MUL(P):13 步
D			

指令格式：FNC22　MUL　[S1]　[S2]　[D]

FNC22　MULP　[S1]　[S2]　[D]

FNC22　DMUL　[S1]　[S2]　[D]

FNC22　DMULP　[S1]　[S2]　[D]

指令功能：

MUL 是 16 位的二进制乘法运算指令，将源操作数[S1]中的数乘以[S2]中的数，结果送目标操作数[D+1][D]中。

DMUL 是 32 位的二进制乘法指令，将源操作数[S1+1][S1]中的数乘以[S2+1][S2]中的数，结果送目标操作数[D+3][D+2][D+1][D]中。

[SI]、[S2]操作数范围：K,H,KnX,KnY,KnM,KnS,T,C,D,V,Z。

16 位乘法运算进[D]操作数范围：KnX,KnY,KnM,KnS,T,C,D,V,Z。

32 位乘法运算进[D]操作数范围：KnX,KnY,KnM,KnS,T,C,D。

例 17-3　功能指令的应用，如图 17-5 所示。

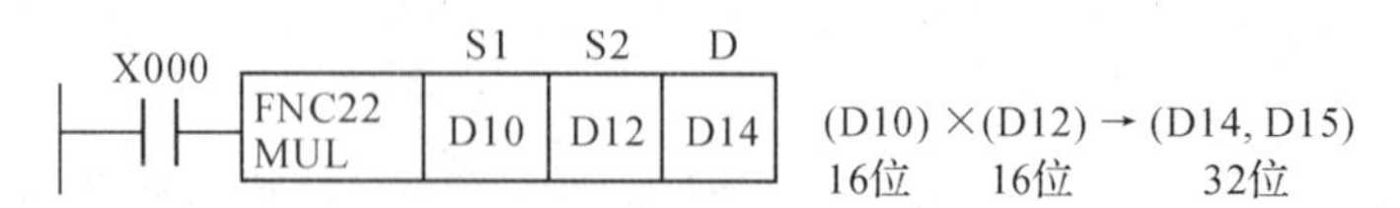

图 17-5　乘法功能指令 MUL

程序说明：如图 17-5 所示为 16 位乘法运算 MUL 的梯形图，对应的指令为 MUL D10　D12　D14。X0 为 ON 时，执行 MUL 指令。

注意事项：

(1)两个数据进行二进制乘法后，以 32 位数据形式存入目标处。

(2)各数据的最高位是正(0)、负(1)的符号位。

(3)这些数据以代数形式进行乘法运算。

(4)在 32 位运算中，目标地址使用位软元件时，只能得到低 32 位的结果，不能得到高 32 位结果，请向字元件传送一次后再进行运算。

(5)即使是使用字元件时，也不能一下子监视 64 位数据的运算结果。

(6)这种情况下，建议进行浮点运算。

(7)不能指定 Z 作为[D]。

(四)BIN 除法运算指令 DIV

二进制除法运算指令的助记符、功能号、操作数和程序步数等指令概要如表 17-5 所示。

表 17-5　二进制除法运算指令概要

BIN 除法运算指令		操作数	程序步数
P	FNC23　DIV DIV (P)	S1, S2：K,H　KnX　KnY　KnM　KnS　T　S　D　V,Z D：KnY　KnM　KnS　T　S　D　V,Z 只限于16位　可指定	DIV, DIV (P)：7 步 (D) DIV, (D) DIV(P)：13 步
D			

指令格式：FNC23　DIV　[S1]　[S2]　[D]

FNC23　DIVP　[S1] [S2]　[D]

FNC23　DDIV　[S1]　[S2]　[D]

FNC23　DDIVP　[S1]　[S2]　[D]

指令功能：

DIV 是 16 位的二进制除法指令，将源操作数[S1]中的除以[S2]中的数，商送[D]中，余数送[D+1]中。

DDIV 是 32 位的二进制除法指令，将源操作数[S1+1][S1]中的数除以[S2+1][S2]中的数，商送[D+1][D]中，余数送[D+3][D+2]中。

[S1]、[S2]操作数范围：K，H，KnX，KnY，KnM，KnS，T，C，D，V，Z。

16 位除法运算进[D]操作数范围：KnX，KnY，KnM，KnS，T，C，D，V，Z。

32 位除法运算进[D]操作数范围：KnX，KnY，KnM，KnS，T，C，D。

例 17-4　DIV 功能指令的应用，如图 17-6 所示。

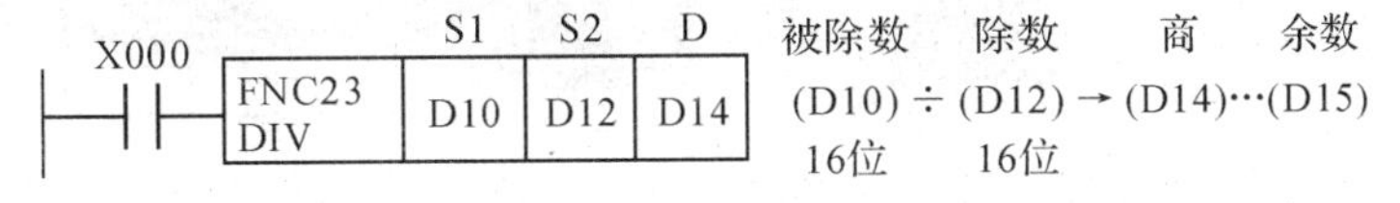

图 17-6　除法功能指令 DIV

程序说明：如图 17-6 所示为 16 位除法运算 DIV 的梯形图，对应的指令为 DIV D10 D12 D14。X0 为 ON 时执行 DIV 指令。

注意事项：

(1)[S1]指定软元件的内容是被除数，[S2]指定软元件的内容是除数，[D]指定软元件和其下一个编号的软元件将存入商和余数。

(2)各数据的最高位是正(0)、负(1)的符号位。

(3)被除数内容是由[S1]指定软元件和其下一个编号的软元件组合而成，除数内容是由[S2]指定软元件和其下一个编号的软元件组合而成，其商和余数存入与[D]指定软元件相连续的 4 点软元件。

(4)即使使用字元件时，也不能一下子监视 64 位数据的运算结果。

(5)不能指定 Z 作为[D]。

三、FX_{0N}－3A 特殊功能模块

FX_{0N}－3A 模拟输入模块有 2 个模拟量输入通道和 1 个模拟量输出通道。输入通道将接收的电压或电流信号转换成数字值送入到 PLC 中，输出通道将数字值转换成电压或电流信号输出。

(一)FX_{0N}－3A 模块功能特点

(1)FX_{0N}－3A 的最大分辨率为 8 位。

(2)在输入/输出方式上，电流或电压类型的区分是通过端子的接线方式决定。两个模拟输入通道可接受的输入为 DC 0～10V、DC 0～5V 或 4～20mA。

(3)FX_{0N}－3A 模块可以与 FX_{2N}、FX_{2NC}、FX_{1N}、FX_{0N} 系列 PLC 连接使用。与 FX_{2N} 系列 PLC 连接使用时最多可以连接 8 个模块，模块使用 PLC 内部电源。

(4)FX_{2N} 系列 PLC 可以对模块进行数据传输和参数设定，为 TO/FROM 指令。

(5)在 PLC 扩展母线上占用 8 个 I/O 点。8 个 I/O 点可以分配给输入或输出。

(6)模拟到数字的转换特性可以调节。

(二)FX_{0N}－3A 模块的外部接线方式和信号特性

(1)FX_{0N}－3A 模块的外部结构及接线方式如图 17 7 所示。

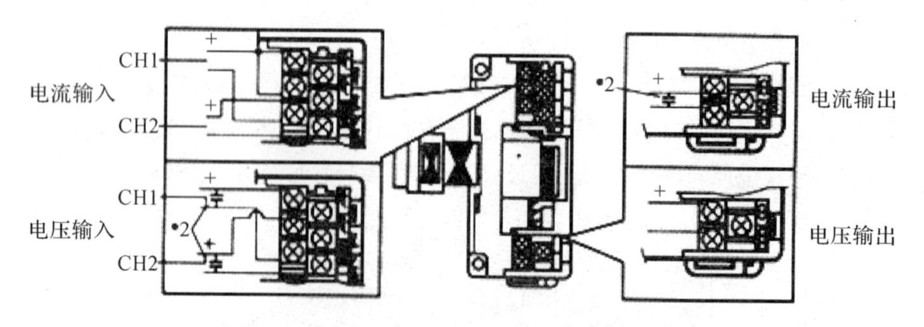

图 17-7　FX_{0N}－3A 模块外部结构及接线方式

模拟输入通道 1 有三个接线端子 Vin1、Iin1 和 COM1，电压模拟信号输入时将信号的地分别接 Vin1 和 COM1，电流模拟信号输入时，先将 Vin1 和 Iin1 短接再接输入信号，COM1 接公共地。模拟输入通道 2 接线方式同通道 1。

要特别注意的是：两个输入通道在使用时必须选择相同类型的输入信号，即都是电压类型或都是电流类型，不能将一个通道作为模拟电压输入而将另一个作为电流输入，这是因为两个通道使用相同的偏量值和增量值。并且，当电压输入存在波动或有大量噪声时，在位置 * 2 处连接一个 0.1～0.47μF 的电容。

电压输出时接 V_{out} 和 COM，电流输出时接 I_{out} 和 COM。

(2)FX_{0N}－3A 模块的信号特性

如图 17-8 所示为三种不同标准类型模拟输入的转换特性图，数据的有效范围是 1～250。

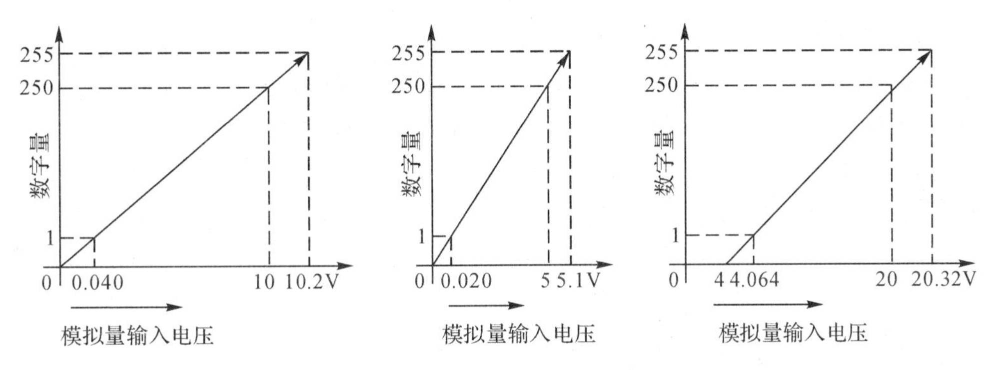

图 17-8　FX_{0N}－3A 模块模拟量输入转换作用

如图 17-9 所示为模拟输出的转换特性图，输出数据的有效范围是 1～250，如果输出数据超过 8 位，则只有低 8 位数据有效，高于 8 位的数据将被忽略掉。

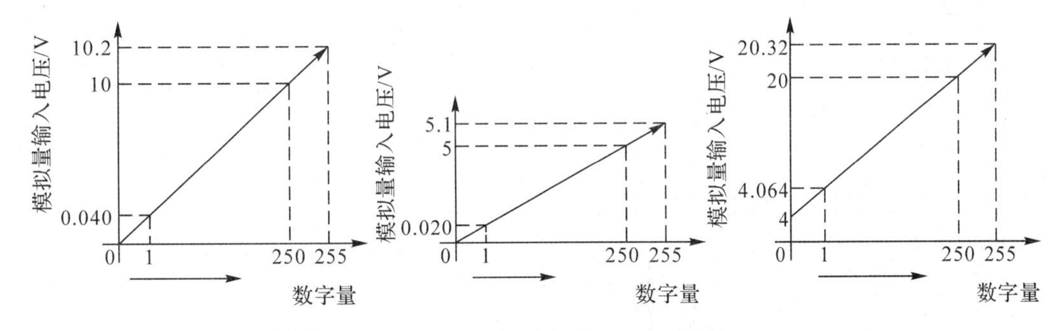

图 17-9　FX_{0N}－3A 模块模拟输出转换特性

(三)FX_{0N}－3A 模块的输入输出控制程序

FX_{0N}－3A 模块内部分配有 32 个缓存器 BFM0～BFM31，其中使用的有 BFM0、BFM16 和 BFM17，其余均未使用。各缓存器的功能如表 17-6 所示。

表 17-6　FX_{0N}－3A 模块内部缓存器功能

缓冲存储器编号	b15～b8	b7	b6	b5	b4	b3	b2	b1	b0
0	保留	通过 BFM＃17 的 b0 选择 A/D 转换通道的当前值输入数据(以 8 位存储)							
16		D/A 转换通道上的当前值输出数据(以 8 位存储)							
17	保留						D/A 转换启动	A/D 转换启动	A/D 转换通道
1～5,18～31	保留								

说明:BFM17 各位作用如下:

b0＝0 选择模拟输入通道 1;

b0＝1 选择模拟输入通道 2;

b1＝0→1,启动 A/D 转换处理;

b2＝0→1,启动 D/A 转换处理。

模拟输入读取程序。如图 17-10 所示程序当中,当 M0 变成 ON 时,从模拟输入通道 1 读取数据;当 M1 变为 ON 时,从模拟输入通道 2 读取数据。

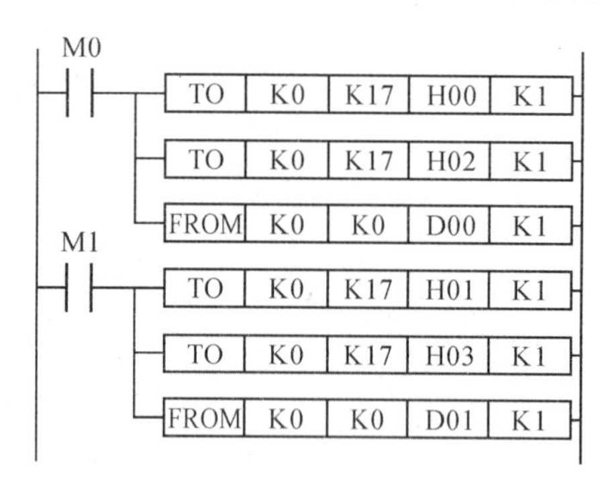

(H00)写入BFM#17，选择输入通道 1
(H02)写入BFM#17，启动通道 1 的 A/D 转换处理读取BFM#0，把通道 1 的当前值存入寄存器 D0 中

(H00)写入BFM#17，选择输入通道 1
(H02)写入BFM#17，启动通道 1 的 A/D 转换处理读取BFM#0，把通道 1 的当前值存入寄存器 D0 中

图 17-10　模拟输入读取程序

模拟输出程序。如图 17-11 所示程序当中,需要转换的数据放于寄存器 D02 中,M0 变成 ON 时,将 D02 中的数据送 D/A 转换器转换成相应的模拟量输出。

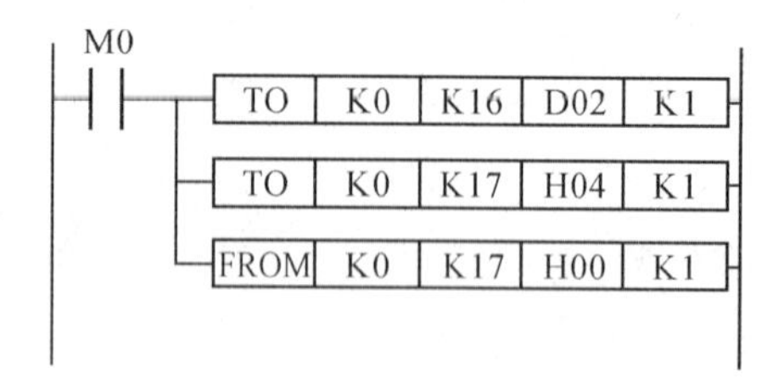

将D02中要转换的数据送到BFM#16中，等待转换
(H04)写入BFM#17，进行D/A转换

图 17-11　模拟输出程序

四、PID 指令应用

(一)PID 运算指令含义

PID 运算指令的助记符、功能号、操作数和程序步数等指令格式如下。

指令格式:PID　S1　S2　S3　D

指令功能:主要用于进行 PID 控制的运算指令。达到取样时间的 PID 指令在其后扫描时进行 PID 运算。其中 S1、S2、S3、D 均为 16 位数据类型。

S1:设定目标值(SV)。PID 调节控制外部设备所要达到的目标,需要外部设定输入。

S2:测定值(PV)。通常由安装于控制设备中的传感器转换来的数据。

S3:设定控制参数。PID 内部工作及控制用寄存器,共占用 25 个数据寄存器。

D:输出值寄存器。PID 运算输出结果,一般使用非断电保持型。

如图 17-12 所示为压力调节 PID 运算指令的梯形图。

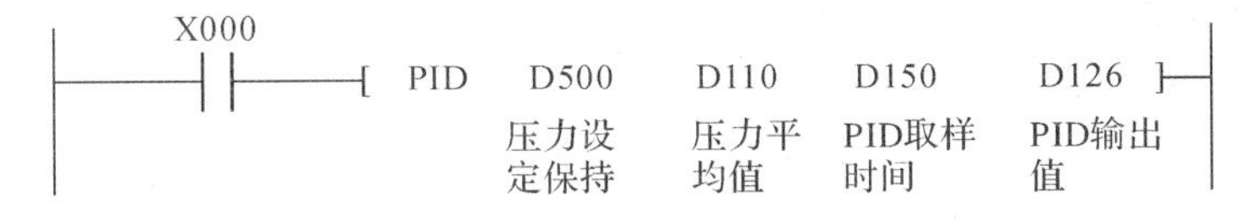

图 17-12　压力调节 PID 指令

程序说明:图中,当 X0 为 ON 时,执行 PID 指令。当 X0 为 OFF 时,不执行 PID 指令。在指令中共使用了 28 个数据寄存器,这是应该注意的地方。

注意:

(1)对于 D 请指定非断电保持的数据寄存器。若指定断电保持的数据寄存器时,在可编程控制器 RUN 时,务必清除保持的内容。

(2)需占用自 S3 起始的 25 个数据寄存器。本例中占用 D150～D174。

(3)PID 指令可同时多次执行(环路数目无限制),但请注意运算使用的 S3 或 D 软元件号不要重复,如图 17-13 所示。

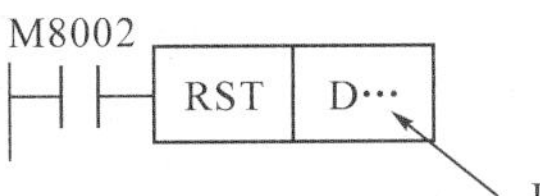

图 17-13　断电保持数据寄存器处理方法

(4)PID 指令在定时器中断、子程序、步进梯形图、跳转指令中也可使用,在这种情况下,执行 PID 指令前,请先清除 S3＋7 后再使用,如图 17-14 所示。

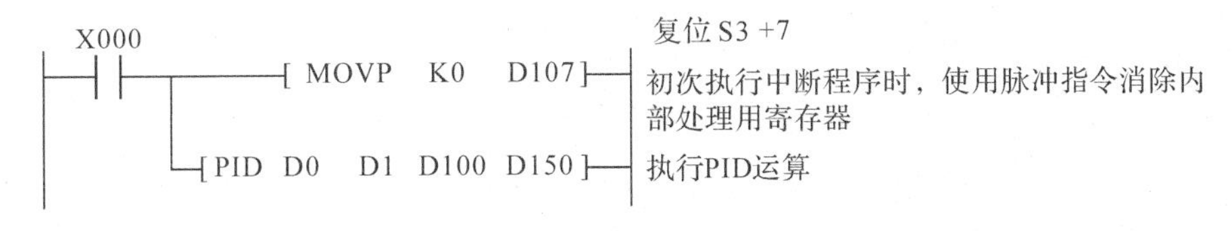

图 17-14　PID 参数清除操作

(二)PID 内部参数设定意义

控制用参数的设定值在 PID 运算前必须预先通过 MOV 等指令写入。另外,指定断电保持区域的数据寄存器时,编程控制器的电源 OFF 之后,设定值仍保持,因此不需进行再次写入。

下面简要说明 PID 占用数据寄存器的功能：

S1：取样时间（Ts），1～32767ms

S1＋1：动作方向（ACT）

bit0　0：正动作　　1：逆动作

bit1　0：输入变化量报警无效　　1：输入变化量报警有效

bit2　0：输出变化量报警无效　　1：输出变化量报警有效

bit3　不可使用

bit4　0：自动调谐不动作　　1：执行自动调谐

bit5　0：输出值上下限设定无效　　1：输出值上下限设定有效

bit6～bit15　不可使用

另外，请不要使 bit5 和 bit2 同时处于 ON。

S3＋2：输入滤波常数（α），0～99［％］，0 时没有输入滤波

S3＋3：比例增益（KP），1～32 767［％］

S3＋4：积分时间（TI），0～32 767（×100 ms），0 是作为∞处理（无积分）

S3＋5：微分增益（KD），0～100［％］，0 时无积分增益

S3＋6：微分时间（TD），0～32 767（×100 ms），0 时无微分处理

S3＋7～S3＋19：PID 运算的内部处理占用

S3＋20：输入变化量（增侧）报警设定值，0～32 767（S3＋1＜ACT＞的 bit1＝1 时有效）

S3＋21：输入变化量（减侧）报警设定值，0～32 767（s3＋1＜ACT＞的 bit1＝1 时有效）

S3＋22：输出变化量（增侧）报警设定值，0～32 767（s3＋1＜ACT＞的 bit2＝1，bit5＝0 时有效），另外输出上限设定值－32 768～32 767（S3＋1＜AcT＞的 bit2＝0，bit5＝1 时有效）

S3＋23：输出变化量（减侧）报警设定值，0～32 767（S3＋1＜ACT＞的 bit2＝1，bit5＝0 时有效），另外输出下限设定值－32 768～32 767（S3＋1＜ACT＞的 bit2＝0，bit5＝1 时有效）

S3＋24：报警输出（S3＋1＜ACT＞的 bit1＝0，bit2＝1 时有效）

bit0 输入变化量（增侧）溢出

bit1 输入变化量（减侧）溢出

bit2 输入变化量（增侧）溢出

bit3 输入变化量（减侧）溢出

说明：S3＋20～S3＋24 在 S3＋1＜ACT＞的 bit1＝1、bit2＝1 时将被占用，不能用作以上功能。

（三）PID 的几个常用参数的输入

（1）使用自动调谐功能。此时将 S1＋1 动作方向寄存器（ACT）的值设为 H10 即可。

其他参数不用设置。

(2)在不执行自动调谐功能时,要求得适合于控制对象的各参数的最佳值。这里必须求得 PID 的 3 个常数[比例增益(KP)、积分时间(TI)、微分时间(TD)]的最佳值。但这一过程非常复杂,要实验若干次以后才能得到较好的效果。有关参数的计算方式请阅相关 PID 参数整定技术。

(3)采用经验法进行参数输入。在 PID 控制要求不是很高的情况下,可以在运行过程中逐步修改,以提高控制效果。如上述项目中采用的就是经验值,比例增益(KP)设为 10,积分时间(TI)为 200,微分时间(TD)为 50,在运行过程中可以改变相应数据,以观察控制效果。

五、举例说明

设计一 PID 控制的恒压供水系统。

(一)控制要求

(1)共有两台水泵,按设计要求一台运行,一台备用,自动运行时泵运行累计 100h 轮换一次,手动时不切换;

(2)两台水泵分别由 M1、M2 电动机拖动,电动机同步转速为 3000rad/min,由 KM1、KM2 控制;

(3)切换后起动和停电后起动须 5s 报警,运行异常可自动切换到备用泵,并报警;

(4)PLC 采用的 PID 调节指令;

(5)变频器(使用三菱 FR－A540)采用 PLC 的特殊功能单元 FX_{0N}－3A 的模拟输出,调节电动机的转速;

(6)水压在 0～98N 可调,通过触摸屏输入调节;

(7)触摸屏可以显示设定水压、实际水压、水泵的运行时间、转速、报警信号等;

(8)变频器的其余参数自行设定。

设计过程如下:

1. I/O 分配

(1)触摸屏输入,M500:自动起动;M100:手动 1 号泵;M101:手动 2 号泵;M102:停止;M103:运行时间复位;M104:清除报警;D500:水压设定。

(2)触摸屏输出,Y0:1 号泵运行指示:Y1:2 号泵运行指示,T20:1 号泵故障;T21:2 号泵故障;D101:当前水压;D502:泵累计运行的时间;D102:电动机的转速。

(3)PLC 输入,Xl:1 号泵水流开关;X2:2 号泵水流开关;X3:过压保护。

(4)PLC 输出,Y1:KM1;Y2:KM2;Y4:报警器;Y10:变频器 STF。

2. 系统接线图

根据要求和 I/O 分配,可画出系统接线图,如图 17-15 所示。

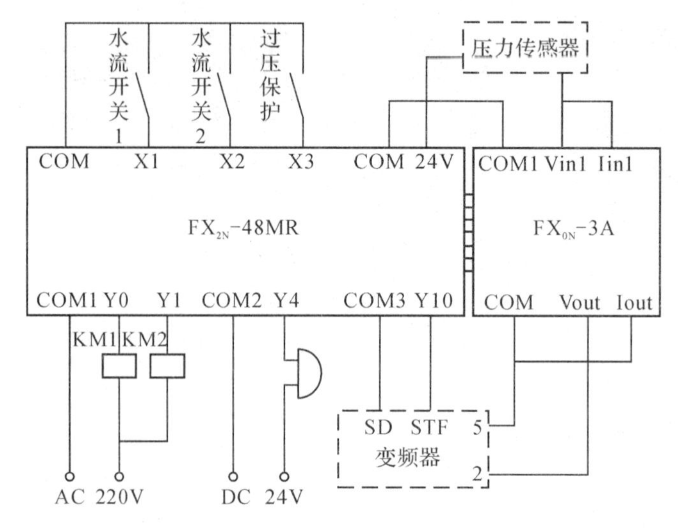

图 17-15　系统接线图

3. PLC 程序

根据控制要求，PLC 程序如图 17-16 所示。

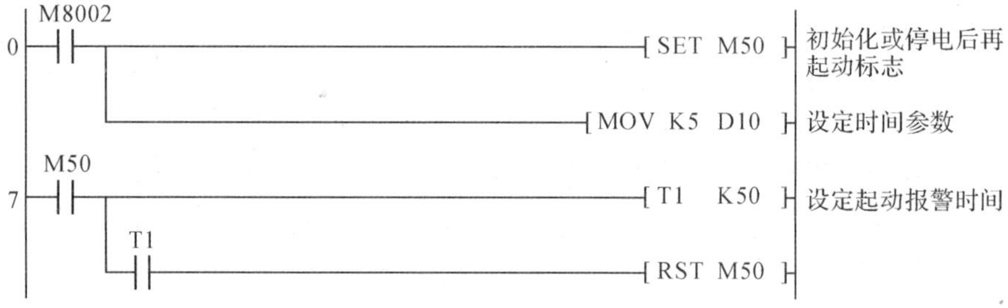

```
    M8002
0 ─┤├──┬──────────────────[SET M50]     初始化或停电后再起动标志
       └──────────────[MOV K5 D10]     设定时间参数
    M50
7 ─┤├──┬──────────────────[T1   K50]     设定起动报警时间
       │ T1
       └┤├────────────────[RST M50]
```

图 17-16　PLC 程序

4. 变频器设置

(1)上限频率 Pr1=50Hz；

(2)下限频率 Pr2=30Hz；

(3)基底频率 Pr3=50Hz；

(4)加速时间 Pr7=3s；

(5)减速时间 Pr8=3s；

(6)电子过电流保护 Pr9=电动机的额定电流；

(7)起动频率 Pr13=10Hz；

(8)DU 面板的第三监视功能为变频器的输出功率 Pr5=14；

(9)智能模式选择为节能模式 Pr60=4；

(10)端子 2～5 间的频率设定为电压信号 0～10V Pr73=0；

(11)允许所有参数的读/写 Prl60=0；

(12)操作模式选择(外部运行)Pr79=2；

(13)其他设置为默认值。

步	触点	指令	说明
13	M50 / X003	CJ P20	起动报警或过压执行P20程序
18	M8000	TO K0 K17 K0 K1	读模拟量
		TO K0 K17 K2 K1	
		FROM K0 K0 D160 K1	
46	M8000	TO K0 K16 D150 K1	写模拟量
		TO K0 K17 K4 K1	
		TO K0 K17 K0 K1	
74	M8000	DIV D160 K25 D101	将读入的压力值校正
		DIV D150 K50 D102	将转速值校正
89	M8000	MOV K30 D120	写入PID参数单元
		MOV K1 D121	
		MOV K10 D122	
		MOV K70 D123	
		MOV K10 D124	
		MOV K10 D125	
120	M8000	PID D500 D160 D120 D150	PID运算
130	M501 / M502，M8014	INCP D501	运行时间统计
136	M8000	DIV D501 K60 D502	时间换算
144	M503 / M503 / M103	RST D501	运行时间复位
153	M100 / M101 / M501，M500，M102	(M501)	手动跳转到P10
		CJ P10	
162	M500	ALTP M502	自动运行标志
166	M502	CJ P63	没有启动命令跳到结束

图 17-16 续 1　PLC 程序

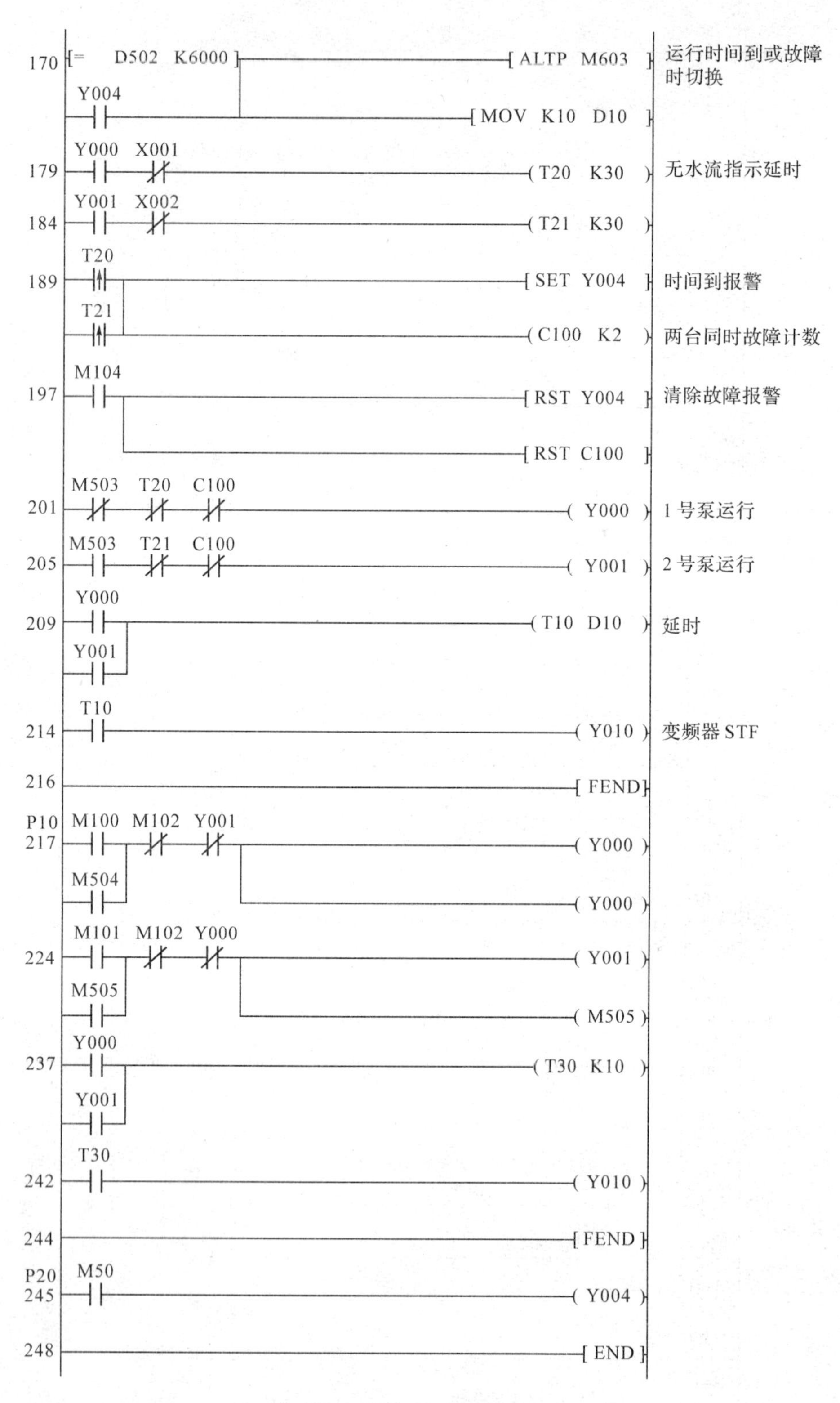

图 17-16 续 2 PLC 程序

➢ 思考练习

1. 写出 PID 调节的具体步骤。
2. 总结 PLC 模拟量输入输出的编程规律。

附录一　FX 系列 PLC 特殊元件

附表 1　PLC 状态(M8000～M8009)

继电器	内　　容	适用机型				继电器	内　　容	适用机型			
		FX_{1S}	FX_{1N}	FX_{2N}	FX_{2NC}			FX_{1S}	FX_{1N}	FX_{2N}	FX_{2NC}
M8000	RUN 监控(常开触点)	○	○	○	○	M8005	电池电压低	×	×	○	○
M8001	RUN 监控(常闭触点)	○	○	○	○	M8006	电池电压低下锁存	×	×	○	○
M8002	初始脉冲(常开触点)	○	○	○	○	M8007	电源瞬停检出	×	×	○	○
M8003	初始脉冲(常闭触点)	○	○	○	○	M8008	停电检出	×	×	○	○
M8004	出错	○	○	○	○	M8009	DC 24V 关断	×	×	○	○

附表 2　PLC 状态(D8000～D8009)

寄存器	内　　容	适用机型				寄存器	内　　容	适用机型			
		FX_{1S}	FX_{1N}	FX_{2N}	FX_{2NC}			FX_{1S}	FX_{1N}	FX_{2N}	FX_{2NC}
D8000	警戒时钟	200ms	200ms	200ms	200ms	D8005	电池电压	×	×	○	○
D8001	PC 型号及系统版本	22	26	24	24	D8006	电池电压低	×	×	○	○
D8002	存储器容量	○	○	○	○	D8007	瞬停次数	×	×	○	○
D8003	存储器类型	○	○	○	○	D8008	停电检出时间	×	×	○	○
D8004	出错 M 编号	○	○	○	○	D8009	DC 24V 关断时的单元	×	×	○	○

附表 3　时钟(M8010～M8019)

继电器	内　　容	适用机型				寄存器	内　　容	适用机型			
		FX_{1S}	FX_{1N}	FX_{2N}	FX_{2NC}			FX_{1S}	FX_{1N}	FX_{2N}	FX_{2NC}
M8010		○	○	○	○	M8015	时间设置	○	○	○	○
M8011	10ms 时钟	○	○	○	○	M8016	寄存器数据保存	○	○	○	○
M8012	100ms 时钟	○	○	○	○	M8017	±30s 修正	○	○	○	○
M8013	1s 时钟	○	○	○	○	M8018	时钟有效	○	○	○	○
M8014	1min 时钟	○	○	○	○	M8019	设置错	○	○	○	○

附表 4 时钟(D8010～D8019)

寄存器	内 容	适 用 机 型				寄存器	内 容	适 用 机 型			
		FX_{1S}	FX_{1N}	FX_{2N}	FX_{2NC}			FX_{1S}	FX_{1N}	FX_{2N}	FX_{2NC}
D8010	当前扫描时间	○	○	○	○	D8015	h(0～23)	○	○	○	○
D8011	最小扫描时间	○	○	○	○	D8016	日(1～31)	○	○	○	○
D8012	最大扫描时间	○	○	○	○	D8017	月(1～12)	○	○	○	○
D8013	s(0～59)	○	○	○	○	D8018	年(0～99)	○	○	○	○
D8014	min(0～59)	○	○	○	○	D8019	星期(0～6)	○	○	○	○

附表 5 标志(M8020～M8029)

继电器	内 容	适 用 机 型				继电器	内 容	适 用 机 型			
		FX_{1S}	FX_{1N}	FX_{2N}	FX_{2NC}			FX_{1S}	FX_{1N}	FX_{2N}	FX_{2NC}
M8020	零标记	○	○	○	○	M8027	PR 模式	×	×	○	○
M8021	借位标记	○	○	○	○	M8028 (FX_{1S})	100ms/10ms 定时器切换	○	×	×	×
M8022	进位标记	○	○	○	○						
M8023						M8028 (FX_{2N},FX_{2NC})	在执行 FROM/TO 指令过程中中断允许	×	×	○	○
M8024	BMOV 方向指定	×	×	○	○						
M8025	HSC 模式	×	×	○	○	M8029	完成标记	○	○	○	○
M8026	RAMP 模式	×	×	○	○						

附表 6 标志(D8020～D8029)

寄存器	内 容	适 用 机 型				寄存器	内 容	适 用 机 型			
		FX_{1S}	FX_{1N}	FX_{2N}	FX_{2NC}			FX_{1S}	FX_{1N}	FX_{2N}	FX_{2NC}
D8020	X0～X17 的输入滤波数值	○	○	○	○	D8025					
D8021						D8026					
D8022						D8027					
D8023						D8028	Z0(Z)寄存器的内容※	○	○	○	○
D8024						D8029	V0(V)寄存器的内容※	○	○	○	○
注:※Z1～Z7,V1～V7 的内容保存于 D8182～D8195 中											

附表 7　PLC方式(M8030～M8039)

继电器	内　容	适用机型				继电器	内　容	适用机型			
		FX_{1S}	FX_{1N}	FX_{2N}	FX_{2NC}			FX_{1S}	FX_{1N}	FX_{2N}	FX_{2NC}
M8030	电池欠压LED灯灭	×	×	○	○	M8035	强制RUN方式	○	○	○	○
M8031	全清非保持存储器	○	○	○	○	M8036	强制RUN信号	○	○	○	○
M8032	全清保持存储器	○	○	○	○	M8037	强制STOP信号	○	○	○	○
M8033	存储器保持	○	○	○	○	M8038	通信参数设定标记	○	○	○	○
M8034	禁止所有输出	○	○	○	○	M8039	定时扫描	○	○	○	○

附表 8　PLC方式(D8030～D8039)

继电器	内　容	适用机型				继电器	内　容	适用机型			
		FX_{1S}	FX_{1N}	FX_{2N}	FX_{2NC}			FX_{1S}	FX_{1N}	FX_{2N}	FX_{2NC}
M8030						M8035					
M8031						M8036					
M8032						M8037					
M8033						M8038					
M8034						M8039	恒定扫描时间(ms)	○	○	○	○

附表 9　步进顺控(M8040～M8049)

继电器	内　容	适用机型				继电器	内　容	适用机型			
		FX_{1S}	FX_{1N}	FX_{2N}	FX_{2NC}			FX_{1S}	FX_{1N}	FX_{2N}	FX_{2NC}
M8040	M8040置ON时禁止	○	○	○	○	M8045	在模式切换时,所有	○	○	○	○
	状态转移	○	○	○	○		输出复位禁止	○	○	○	○
M8041	状态转移开始	○	○	○	○	M8046	STL状态置ON	○	○	○	○
M8042	启动脉冲	○	○	○	○	M8047	STL状态监控有效	○	○	○	○
M8043	回原点完成	○	○	○	○	M8048	信号报警器动作	×	×	○	○
M8044	检出机械原点时动作	○	○	○	○	M8049	信号报警器有效	×	×	○	○

附表 10 步进顺控(D8040～D8049)

寄存器	内容	适用机型				寄存器	内容	适用机型			
		FX_{1S}	FX_{1N}	FX_{2N}	FX_{2NC}			FX_{1S}	FX_{1N}	FX_{2N}	FX_{2NC}
D8040	ON 状态地址号 1	○	○	○	○	D8045	ON 状态地址号 6	○	○	○	○
D8041	ON 状态地址号 2	○	○	○	○	D8046	ON 状态地址号 7	○	○	○	○
D8042	ON 状态地址号 3	○	○	○	○	D8047	ON 状态地址号 8	○	○	○	○
D8043	ON 状态地址号 4	○	○	○	○	D8048					
D8044	ON 状态地址号 5	○	○	○	○	D8049	ON 状态最小编号	×	×	○	○

附表 11 出错检查(M8109、M8060～M8069)

继电器	内容	PROG－E LED	PLC 状态	适用机型			
				FX_{1S}	FX_{1N}	FX_{2N}	FX_{2NC}
M8109	输出刷新错误	OFF	RUN	×	×	○	○
M8060	I/O 构成错误	OFF	RUN	×	×	○	○
M8061	PLC 硬件错误	闪烁	STOP	○	○	○	○
M8062	PLC/PP 通信错误	OFF	RUN	○	○	○	○
M8063	并联连接出错 RS232 通信错误	OFF	RUN	○	○	○	○
M8064	参数错误	闪烁	STOP	○	○	○	○
M8065	语法错误	闪烁	STOP	○	○	○	○
M8066	回路错误	闪烁	STOP	○	○	○	○
M8067	运算错误	OFF	RUN	○	○	○	○
M8068	运算错误锁存	OFF	RUN	○	○	○	○
M8069	I/O 总线检测			×	×	○	○

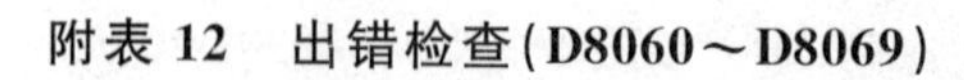

附表 12　出错检查(D8060～D8069)

寄存器	内　容	适用机型			
		FX_{1S}	FX_{1N}	FX_{2N}	FX_{2NC}
D8060	I/O 构成错误的未安装 I/O 的起始地址号	×	×	○	○
D8061	PLC 硬件错误的错误代码序号	○	○	○	○
D8062	PLC/PP 通信错误的错误代码序号	×	×	○	○
D8063	并联连接通信错误错误代码序号	○	○	○	○
	RS232 通信错误错误代码序号	○	○	○	○
D8064	参数错误的错误代码序号	○	○	○	○
D8065	语法错误的错误代码序号	○	○	○	○
D8066	回路错误的错误代码序号	○	○	○	○
D8067	运算错误的错误代码序号	○	○	○	○
D8068	锁存发生的运算错误的步序号	○	○	○	○
D8069	M8065 ~ M8067 错误发生的步序号	○	○	○	○

附录二 FX_{2N}系列PLC功能指令总表

分类	指令编号 FNC	指令助记符	指令格式、操作数	指令名称及功能简介	D命令	P命令
程序流程	00	CJ	S·	条件跳转； 程序跳转到［S·］P指针（P0～P127）指定处 P63为END步序，不需指定		O
	01	CALL	S·	调用子程序； 程序调用［S·］P指针（P0～P127）指定的子程序，嵌套5层以下		O
	02	SRET		子程序返回； 从子程序返回主程序		
	03	IRET		中断返回主程序		
	04	EI		中断允许		
	05	DI		中断禁止		
	06	FEND		主程序结束		
	07	WDT		监视定时器； 顺控指令中执行监视定时器刷新		O
	08	FOR	S·	循环开始； 重复执行开始，嵌套5层以下		
	09	NEXT		循环结束； 重复执行结束		
传送和比较	010	CMP	S1· S2· D·	比较； ［S1·］同［S2·］比较→［D·］	O	O
	011	ZCP	S1· S2· S· D·	区间比较； ［S·］同［S1·］～［S2·］比较→［D·］，［D·］占3点	O	O
	012	MOV	S· D·	传送； ［S·］→［D·］	O	O
	013	SMOV	S· m1 m2 D· n	移位传送； ［S·］第m1位开始的m2个数位数列到［D·］的第n个位置 m1、m2、n＝1～4		O
	014	CML	S· D·	取反； ［S·］取反→［D·］	O	O
	015	BMOV	S· D· n	块传送； ［S·］→［D·］（n点→n点）。［S·］包括文件寄存器。n≤512		O
	016	FMOV	S· D· n	多点传送； ［S·］→［D·］（1点→n点）；n≤512	O	O
	017	XCH	D1· D2·	数据交换； ［D1·］→［D2·］	O	O
	018	BCD	S· D·	求BCD码； ［S·］16/32位二进制数转换成4/8位BCD→［D·］	O	O
	019	BIN	S· D·	求二进制码； ［S·］4/8位BCD转换成16/32位二进制数→［D·］	O	O

续表

分类	指令编号 FNC	指令助记符	指令格式、操作数				指令名称及功能简介	D 命令	P 命令
四则运算和逻辑运算	020	ADD	S1·	S2·	D·		二进制加法：[S1·] + [S2·] → [D·]	0	0
	021	SUB	S1·	S2·	D·		二进制减法：[S1·] - [S2·] → [D·]	0	0
	022	MUL	S1·	S2·	D·		二进制乘法：[S1·] × [S2·] → [D·]	0	0
	023	DIV	S1·	S2·	D·		二进制除法：[S1·] ÷ [S2·] → [D·]	0	0
	024	INC	D·				二进制加 1：[D1·] +1→ [D·]	0	0
	025	DEC	D·				二进制减 1：[D1·] -1→ [D·]	0	0
	026	AND	S1·	S2·	D·		逻辑字与：[S1·] ∧ [S2·] → [D·]	0	0
	027	OR	S1·	S2·	D·		逻辑字或：[S1·] ∧ [S2·] → [D·]	0	0
	028	XOR	S1·	S2·	D·		逻辑字异或：[S1·] ∀ [S2·] → [D·]	0	0
	029	NEG	D·				求补码：[D·] 按位取反→ [D·]	0	0
循环移位与移位	030	ROR	D·	n			循环右移；执行条件成立，[D·] 循环右移 n 位（高位→低位→高位）	0	0
	031	ROL	D·	n			循环左移；执行条件成立，[D·] 循环左移 n 位（低位→高位→低位）	0	0
	032	RCR	D·	n			带进位循环右移；[D·] 带进位循环右移 n 位（高位→低位 + 进位→高位）	0	0
	033	RCL	D·	n			带进位循环左移；[D·] 带进位循环左移 n 位（低位→高位 + 进位→低位）	0	0
	034	SFTR	S·	D·	n1	n2	位右移；n2 位 [S·] 右移→n1 位的 [D·]，高位进，低位溢出		0
	035	SFTL	S·	D·	n1	n2	位左移；n2 位 [S·] 左移→n1 位的 [D·]，低位进，高位溢出		0
	036	WSFR	S·	D·	n1	n2	字右移；n2 字 [S·] 右移→ [D·] 开始的 n1 字，高字进，低字溢出		0
	037	WSFL	S·	D·	n1	n2	字左移；n2 字 [S·] 左移→ [D·] 开始的 n1 字，低字进，高字溢出		0
	038	SFWR	S·	D·	n		FIFO 写入；先进先出控制的数据写入，2≤n≤512		0
	039	SFRD	S·	D·	n		FIFO 读出；先进先出控制的数据读出，2≤n≤512		0
数据处理	040	ZRST	D1·	D2·			成批复位；[D1·] ~ [D2·] 复位，[D1·] <[D2·]		0
	041	DECO	S·	D·	n		解码；[S·] 的 n（n=1~8）位二进制数解码为十进制数 n→ [D·]，使 [D·] 的第 n 位为 “1”		0
	042	ENCO	S·	D·	n		编码；[S·] 的 2^n（n=1~8）位中的最高 “1” 位代表的位数（十进制数）编码为二进制数后→ [D·]		0
	043	SUM	S·	D·			求置 ON 位的总和；[S·] 中 “1” 的数目存入 [D·]	0	0
	044	BON	S·	D·	n		ON 位判断；[S·] 中第 n 位为 ON 时，[D·] 为 ON（n=0~15）	0	0
	045	MEAN	S·	D·	n		平均值；[S·] 中 n 点平均值→ [D·]（n=1~64）		0
	046	ANS	S·	m	D·		标志置位； 若执行条件为 ON，[S·] 中定时器定时 m ms 后，标志位 [D·] 置位。[D·] 为 S900~S999		
	047	ANR					标志复位；被置位的定时器复位		0
	048	SOR	S·	D·			二进制平方根； [S·] 平方根→ [D·]	0	0
	049	FLT	S·	D·			二进制整数与二进制浮点数转换； [S·] 内二进制整数→ [D·] 二进制浮点数	0	0

续表

分类	指令编号 FNC	指令助记符	指令格式、操作数	指令名称及功能简介	D 命令	P 命令
	050	REF	D· n	输入输出刷新； 指令执行，[D·] 立即刷新。[D·] 为 X000、X010、…，Y000、Y010、…，n 为 8，16…256		O
	051	REFF	n	滤波调整； 输入滤波时间调整为 n ms，刷新 X0～X17，n＝0～60		O
	052	MTR	S· D1· D2· n	矩阵输入（使用一次）； n 列 8 点数据以 [D1·] 输出的选通信号分时将 [S·] 数据读入 [D2·]		
	053	HSCS	S1· S2· D·	比较置位（高速计数）； [S1·] ＝ [S2·] 时，[D·] 置位，中断输出到 Y。 [S2·] 为 C235～C255	O	
	054	HSCR	S1· S2· D·	比较复位（高速计数） [S1·] ＝ [S2·] 时，[D·] 复位，中断输出到 Y。[D·] 为 C 时，自复位	O	
高速处理	055	HSZ	S1· S2· S· D·	区间比较（高速计数）； [S·] 与 [S1·] ～ [S2·] 比较，结果驱动 [D·]	O	
	056	SPD	S1· S2· D	脉冲密度； 在 [S2·] 时间（ms）内，将 [S1·] 输入的脉冲存入 [D·]		
	057	PLSY	S1· S2· D·	脉冲输出（使用一次）； 以 [S1·] 的频率从 [D·] 送出 [S2·] 个脉冲 [S1·]：1～1 000 Hz	O	
	058	PWM	S1· S2· D·	脉宽调制（使用一次）； 输出周期 [S2·]、脉冲宽度 [S1·] 的脉冲至 [D·] 周期为 1～36767 ms，脉宽为 1～36 767ms，[D·] 仅为 Y0 或 Y1		
	059	PLSR	S1· S2· S3· D·	可调速脉冲输出（使用一次）； [S1·] 最高频率：10～20 000 Hz；[S2·] 总输出脉冲数；[S3·] 增减速时间：5 000 ms 以下。 [D·]：输出脉冲，仅指定 Y0 或 Y1	O	
	060	IST	S· D1· D2·	状态初始化（使用一次）；自动控制步进顺控中的状态初始化　[S·] 为运行模式的初始输入；[D1·] 为自动模式中的实用状态的最小号码；[D2·] 为自动模式中的实用状态的最大号码		
	061	SER	S1· S2· D· n	查找数据；检索以 [S1·] 为起始的 n 个与 [S2·] 相同的数据，并将其个数存于 [D·]	O	O
	062	ABSD	S1· S2· D· n	绝对值式凸轮控制（使用一次）； 对应 [S2·] 计数器的当前值，输出 [D·] 开始的 n 点由 [S1·] 内数据决定的输出波形		
便利命令	063	INCD	S1· S2· D· n	增量式凸轮顺控（使用一次）； 对应 [S2·] 的计数器当前值，输出 [D·] 开始的 n 点由 [S1·] 内数据决定的输出波形。[S2·] 的第二计数器计数复位次数		
	064	TIMR	D· n	示数定时器；用 [D·] 开始的第二个数据寄存器测定执行条件 ON 的时间，乘以 n 指定的倍率存入 [D·]。n 为 0～2		
	065	STMR	S· m D·	特殊定时器；m 指定的值转成 [S·] 指定的定时器的设定值，[D·] 开始的为延时断开定时器，其次的为输入 ON→OFF 后的脉冲定时器，再次的是输入 OFF→ON 后的脉冲定时器，最后的是与前次状态相反的脉冲定时器		

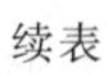
续表

分类	指令编号 FNC	指令助记符	指令格式、操作数	指令名称及功能简介	D 命令	P 命令
便利命令	066	ALT	D·	交替输出；每次执行条件由 OFF→ON 的变化时，[D·]由 OFF→ON、ON→OFF、OFF→ON…交替输出		O
	067	RAMP	S1· S2· D· n	斜坡信号；[D·] 的内容从 [S1·] 的值到 [S2·] 的值慢慢变化，其变化时间为 n 个扫描周期。n:1～32767		
	068	ROTC	S· m1 m2 D·	旋转工作台控制（使用一次）； [S·] 指定开始的为工作台位置检测计数器寄存器，其次指定为取出位置号寄存器，再次指定为要取工件号寄存器，m1 为分度区数，m2 为低速运行行程 完成上述设定，指令就自动在 [D·] 指定输出控制信号		
	069	SORT	S· m1 m2 D· n	列表数据排序（使用一次）； [S·] 为排序表的首地址，m1 为行号，m2 为列号。 指令将以 n 指定的列号，将数据从小开始进行整理排列，结果存入以 [D·] 指定的为首地址的目标元件中，形成新的排序表。m1:1～32，m2:1～6，n:1～m2		
外部机器 I/O	070	TKY	S· D1· D2·	十键输入（使用一次）； 外部十键键号依次为 0～9，连接于 [S·]，每按一次键，其键号依次存入 [D1·]，[D2·] 指定的位元件依次为 ON	O	
	071	HKY	S· D1· D2· D3·	十六键（十六进制）输入（使用一次）； 以 [D1·] 为选通信号，顺序将[S·]所按键号存入[D2·]，每次按数字键以二进制存入，上限为 9999，超出此值溢出； 按 A～F 键，[D3·] 指定位元件依次为 ON	O	
	072	DSW	S· D1· D2· n	数字开关（使用二次）； 四位一组（n＝1）或四位二组（n＝2）BCD 数字开关由 [S·] 输入，以 [D1·] 为选通信号，顺序将[S·]所键入数字送到 [D2·]		
	073	SEGD	S· D·	七段码译码；将 [S·] 低四位指定的 0～F 的数据译成七段码显示的数据格式存入 [D·]，[D·] 高 8 位不变		O
	074	SEGL	S· D· n	带锁存七段码显示（使用二次）； 四位一组（n＝0～3）或四位二组（n＝4～7）七段码，由 [D+] 的第 2 四位为选通信号，顺序显示由 [S·] 经 [D·] 的第 1 四位或 [D·] 的第 3 四位输出的值		
	075	ARWS	S· D1· D2· n	方向开关（使用一次）； [S·]指定位移位与各位数值增减用的箭头开关，[D1·]数值经[D·]的第 1 四位由[D2·]的第 2 四位为选通信号，顺序显示。按位移位开关，顺序选择所要显示位；按位数值增减开关，[D1·]数值由 0～9 或9～0 变化。n 为 0～3，选择选通位		
	076	ASC	S· D·	ASC 码转换；[S·]由微机输入的 8 个字节以下的字母数字。指令执行后，将[S·]转换为 ASC 码后送到[D·]		
	077	PR	S· D·	ASC 码打印(使用两次)；将[S·]的 ASC 码→[D·]		
	078	FROM	m1 m2 D· n	BFM 读出； 将特殊单元缓冲存储器(BFM)的 n 点数据读到[D·]， m1＝0～7，特殊单元特殊模块 No； m2＝0～32 767，缓冲存储器(BFM)号码； n＝0～32 767，传送点数	O	O

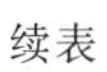

续表

分类	指令编号 FNC	指令助记符	指令格式、操作数				指令名称及功能简介	D命令	P命令
外部机器 I/O	079	TO	m1	m2	S·	n	写入 BFM；可将编程控制器［S·］的 n 点数据写入特殊单元缓冲存储器（BFM），m1 = 0 ~ 7，特殊单元特殊模块 No；m2 = 0 ~ 32 767，缓冲存储器（BFM）号码；n = 0 ~ 32 767，传送点数	O	O
外部机器 SER	080	RS	S·	m	D·	n	串行通信传送；使用功能扩展板进行发送、接收串行数据；发送［S·］m 点数据至［D·］n 点数据；m、n：0 ~ 256		
	081	PRUN	S·		D·		八进制位传送；［S·］转换为八进制，送到［D·］	O	O
	082	ASCI	S·		D·	n	HEX→ASCII 变换；将［S·］内 HEX（十六进制）数据的各位转换成 ASCII 码向［D·］的高低各 8 位传送。传送的字符数由 n 指定。n:1 ~ 256		O
	083	HEX	S·		D·	n	ASCII→HEX 变换；将［S·］内高低各 8 位的 ASCII 字符码转换成 HEX 数据，每 4 位向［D·］传送。传送的字符数由 n 指定。n：1 ~ 256		O
	084	CCD	S·		D·	n	校验码；用于通信数据的校验。以［S·］指定的元件为起始的 n 点数据，将其高低各 8 位数据的总和校验检查［D·］与［D·］+1 的元件		O
	085	VRRD	S·		D·		模拟量输入；将［S·］指定的模拟量设定模板的开关模拟值 0 ~ 255 转换为 BIN8 位传送到［D·］		O
	086	VRSC	S·		D·		模拟量开关设定；［S·］指定的开关刻度 0 ~ 10 转换为 BIN8 位传送到［D·］。［S·］：开关号码 0 ~ 7		O
	087								
	088	PID	S1·	S2·	S3·	D·	PID 回路运算；在［S1·］设定目标值；在［S2·］设定测定现在值；在［S3·］~［S3·］+6 设定控制参数值；执行程序时，运算结果被存入［D·］。［S3·］：D0 ~ D975		
	089								
浮点运算	110	ECMP	S1·		S2·	D·	二进制浮点比较；［S1·］同［S2·］比较→［D·］。［D·］占 3 点	O	O
	111	EZCP	S1·	S2·	S·	D·	二时制浮点区间比较；［S·］同［S1·］~［S2·］比较→［D·］。［D·］占 3 点，［S1·］<［S2·］	O	O
	118	EBCD	S·		D·		二进制浮点转换十进制浮点；［S·］转换为十进制浮点到［D·］	O	O
	119	EBIN	S·		D·		十进制浮点转换二进制浮点；［S·］转换为二进制浮点到［D·］	O	O
	120	EADD	S1·		S2·	D·	二进制浮点加法；［S1·］+［S2·］→［D·］	O	O
	121	ESUB	S1·		S2·	D·	二进制浮点减法；［S1·］-［S2·］→［D·］	O	O
	122	EMUL	S1·		S2·	D·	二进制浮点乘法；［S1·］×［S2·］→［D·］	O	O
	123	EDIV	S1·		S2·	D·	二进制浮点除法；［S1·］÷［S2·］→［D·］	O	O
	127	ESOR	S·		D·		开方；［S·］开方→［D·］	O	O
	129	INT	S·		D·		二进制浮点→BIN 整数转换；［S·］	O	O
	130	SIN	S·		D·		浮点 sin 运算；［S·］角度的正弦→［D·］。0°≤角度 < 360°	O	O
	131	COS	S·		D·		浮点 cos 运算；［S·］角度的余弦→［D·］。0°≤角度 < 360	O	O
	132	TAN	S·		D·		浮点 tan 运算；［S·］角度的正切→［D·］。0°≤角度 < 360	O	O

续表

分类	指令编号 FNC	指令助记符	指令格式、操作数	指令名称及功能简介	D 命令	P 命令
数据处理 2	147	SWAP	S·	高低位变换； 16 位时，低 8 位与高 8 位交换； 32 位时，各个低 8 位与高 8 位交换	O	O
时钟运算	160	TCMP	S1· S2· S3· S· D·	时钟数据比较； 指定时刻［S·］与时钟数据［S1·］时［S2·］分［S3·］秒比较，比较结果在［D·］显示。 ［D·］占有 3 点		O
	161	TZCP	S1· S2· S· D·	时钟数据区域比较； 指定时刻［S·］与时钟数据区域［S1·］～［S2·］比较，比较结果在［D·］显示。 ［D·］占有 3 点， ［S1·］≤［S2·］		O
	162	TADD	S1· S2· D·	时钟数据加法； 以［S2·］起始的 3 点时刻数据加上存入以［S1·］起始的 3 点时刻数据，其结果存入以［D·］起始的 3 点中		O
	163	TSUB	S1· S2· D·	时钟数据减法； 以［S1·］起始的 3 点时刻数据减去存入以［S2·］起始的 3 点时刻数据，其结果存入以［D·］起始的 3 点中		O
	166	TRD	D·	时钟数据读出； 将内藏的实时计数器的数据在［D·］占有的 7 点读出		O
	167	TWR	S·	时钟数据写入； 将［S·］占有的 7 点数据写入内藏的实时计数器		O
格雷码转换	170	GRY	S· D·	格雷码变换； 将［S·］二进制值转换为格雷码，存入［D·］	O	O
	171	GBIN	S· D·	格雷码逆变换； 将［S·］格雷码转换为二进制值，存入［D·］	O	O
接点比较	224	LD =	S1· S2·	触点形比较指令； 连接母线形接点，当［S1·］＝［S2·］时接通	O	
	225	LD >	S1· S2·	触点形比较指令； 连接母线形接点，当［S1·］>［S2·］时接通	O	
	226	LD <	S1· S2·	触点形比较指令； 连接母线形接点，当［S1·］<［S2·］时接通	O	
	228	LD < >	S1· S2·	触点形比较指令； 连接母线形接点，当［S1·］< >［S2·］时接通	O	
	229	LD < =	S1· S2·	触点形比较指令； 连接母线形接点，当［S1·］≤［S2·］时接通	O	
	230	LD > =	S1· S2·	触点形比较指令； 连接母线形接点，当［S1·］≥［S2·］时接通	O	
	232	AND =	S1· S2·	触点形比较指令； 串联形接点，当［S1·］＝［S2·］时接通	O	
	233	AND >	S1· S2·	触点形比较指令； 串联形接点，当［S1·］>［S2·］时接通	O	
	234	AND <	S1· S2·	触点形比较指令； 串联形接点，当［S1·］<［S2·］时接通	O	
	236	AND < >	S1· S2·	触点形比较指令； 串联形接点，当［S1·］< >［S2·］时接通	O	
	237	AND < =	S1· S2·	触点形比较指令； 串联形接点，当［S1·］≤［S2·］时接通	O	

续表

分类	指令编号 FNC	指令助记符	指令格式、操作数		指令名称及功能简介	D 命令	P 命令
接点比较	238	AND≥	S1·	S2·	触点形比较指令； 串联形接点，当［S1·］≥［S2·］时接通	O	
	240	OR =	S1·	S2·	触点形比较指令； 并联形接点，当［S1·］=［S2·］时接通	O	
	241	OR >	S1·	S2·	触点形比较指令； 并联形接点，当［S1·］>［S2·］时接通	O	
	242	OR <	S1·	S2·	触点形比较指令； 并联形接点，当［S1·］≥［S2·］时接通	O	
	244	OR < >	S1·	S2·	触点形比较指令； 并联形接点，当［S1·］< >［S2·］时接通	O	
	245	OR < =	S1·	S2·	触点形比较指令； 并联形接点，当［S1·］≤［S2·］时接通	O	
	246	OR > =	S1·	S2·	触点形比较指令； 并联形接点，当［S1·］≥［S2·］时接通	O	

参考文献

[1] 三菱 FX_{2N}系列微型可编程控制器编程手册.

[2] 三菱 FX_{2N}系列微型可编程控制器使用手册.

[3] 瞿彩萍. PLC 应用技术(三菱)[M]. 北京:中国劳动社会保障出版社,2006.

[4] 韩承江. PLC 应用技术[M]. 北京:中国铁道出版社,2012.

[5] 郁汉琪. 电气控制与可编程序控制器应用技术[M]. 南京:东南大学出版社,2003.

[6] 阮友德. 电气控制与 PLC 实训教程[M]. 北京:人民邮电出版社,2006.

[7] 张万忠. 可编程控制应用技术(第四版)[M]. 北京:化学工业出版社,2005.

[8] 廖常初. FX 系列 PLC 编程及应用[M]. 北京:机械工业出版社,2005.

[9] 程子华,刘小明. PLC 原理与编程实例分析[M]. 北京:国防工业出版社,2006.

[10] 殷庆纵,李洪群. 可编程控制器原理与实践(三菱 FX_{2N}系统)[M]. 北京:清华大学出版社,2006.